21世纪教师教育系列教材

微学习资源设计与制作

吴军其◎著

DESIGN AND DEVELOPMENT
OF MICRO-LEARNING
RESOURCES

北京大学出版社
PEKING UNIVERSITY PRESS

图书在版编目（CIP）数据

微学习资源设计与制作 / 吴军其著 . -- 北京：北京大学出版社，2025.1. -- （21 世纪教师教育系列教材）. -- ISBN 978-7-301-35603-6

Ⅰ. TP317.53

中国国家版本馆 CIP 数据核字第 20247V3K99 号

书　　　名	微学习资源设计与制作	
	WEI XUEXI ZIYUAN SHEJI YU ZHIZUO	
著作责任者	吴军其　著	
责 任 编 辑	周志刚	
标 准 书 号	ISBN 978-7-301-35603-6	
出 版 发 行	北京大学出版社	
地　　　址	北京市海淀区成府路 205 号　100871	
网　　　址	http://www.pup.cn　　　新浪微博：@ 北京大学出版社	
微信公众号	通识书苑（微信号：sartspku）　科学元典（微信号：kexueyuandian）	
电 子 邮 箱	编辑部 jyzx@pup.cn　　　总编室 zpup@pup.cn	
电　　　话	邮购部 010-62752015　发行部 010-62750672	
	编辑部 010-62753056	
印 刷 者	北京宏伟双华印刷有限公司	
经 销 者	新华书店	
	787 毫米 × 1092 毫米　16 开本　28.5 印张　570 千字	
	2025 年 1 月第 1 版　2025 年 1 月第 1 次印刷	
定　　　价	98.00 元	

前 言

在人工智能、大数据、虚拟现实等信息技术发展日新月异的时代背景下，教育正经历着数字化转型的浪潮。这一转型不仅体现在教育技术的革新上，而且深刻地触及了教育理念、教学方法与资源建设的核心。随着社会对教育高质量、个性化和终身学习需求的日益增长，传统教学模式的局限性日益凸显，教育系统只有进行深度改革，才能适应数字化时代的新要求。随着数字技术的飞速发展，人们的生活节奏逐渐加快，同时伴随着微博、微信等社交媒体的普及，碎片化学习已然成为人们日常学习的一种方式，"微学习"（Micro-Learning）应运而生。微学习是学习者可以在任意时间、任意地点采取任意方式开展的学习。学习资源作为教学内容的载体，是课堂教学不可或缺的组成部分，在学生学习过程中发挥着传递知识和拓展思维的重要作用。适应学习者碎片化学习方式的微学习资源为学习者提供了学习内容与资源支持，是学习者进行微学习的必要条件。

本书系统地介绍了多类微学习资源的设计与制作方法及过程。不仅全面阐释了微学习资源设计与制作的理论知识，还以具体的微学习资源制作案例为载体，详细地为资源制作者提供了各类资源的需求场景及资源制作的步骤。全书共八章，分为资源获取、资源制作、工具应用三部分，形成了系统的微学习资源设计与制作体系，主要内容如下。

第一部分为资源获取，包括序章和第一章。该部分是各类微学习资源设计与制作的基础支撑，重点阐述了微学习相关概念的内涵、微学习资源的获取。其中，序章从现实背景及微学习相关定义出发，厘清了本书中微学习的内涵与构成要素，进而明确了微学习资源的内涵、特征及其分类。第一章对微学习资源的获取与处理进行了详细介绍，首先介绍了微资源处理常用工具在教学中的应用、常用功能及使用步骤，接着分别介绍了文本、图片、音频、视频等不同类型资源的获取与处理方法。通过具体实例，展示了如何高效整合、优化微学习资源，为教学设计提供丰富素材。

第二部分为资源制作。包括第二章至第七章，该部分是微学习资源设计与制作的主体部分，主要阐述了思维导图、教学动图、微场景、微课、VR/AR 教学资源、微教材的设计与制作过程。第二章聚焦思维导图在教学中的应用，首先分析了思维导图在教学中的独特优势，随后详细讲解了思维导图的制作方法，包括手绘与软件绘制两种方式。最后，通过《七年级数学思维导图》这一具体案例，展示了思维导图在知识点梳理、教学设计等方面的实际应用效果。第三章探讨了教学动图作为一种新型教学资源的设计与应用。该章首先阐述了教学动图在提升学生学习兴趣、提升教学效果方面的作用，随后介绍了教学动图的获取途径与制作方法。通过教学动图制作案例，展示了如何将动态图像与教学内容紧密结合，为学生提供更加生动、直观的学习体验。第四章则聚焦微场景在教学中的应用。该章首先分析了微场景在营造学习氛围、促进学生主动学习方面的作用，随后详细讲解了教学微场景的制作方法，包括场景设计、元素布局、交互设置等关键环节。通过微场景制作案例，展示了如何运用微场景技术营造课堂教学氛围。第五章以微课为核心，全面介绍了微课的教学应用、形式与技术要求以及制作流程。该章不仅分析了微课在碎片化学习、自主学习等方面的优势，还详细讲解了微课录制、剪辑、发布等具体步骤。通过微课制作案例，展示了如何运用微课技术优化教学设计，提升教学效果。第六章与第七章分别探讨了 VR/AR 教学资源与微教材的开发。其中，第六章从 VR/AR 技术在教学中的应用出发，分析了其在教学资源创新中的潜力与价值，并介绍了 VR/AR 资源的获取与开发方法。通过 AR 教学资源开发案例，展示了如何运用 AR 技术增强教学内容的直观性与互动性。第七章则聚焦于微教材这一新型教材形态的开发与应用，分析了微教材在教学中的优势与挑战，并详细讲解了微教材的开发流程与注意事项。通过微教材开发案例，展示了如何运用微教材形式来实现教学内容的模块化与个性化。

第三部分为工具应用，即本书第八章。重点介绍了智慧教学工具在微学习资源设计与制作中的应用。本章首先分析了智慧学习平台、通用型智慧工具以及学科类智慧教学工具在提升教学效率、促进个性化学习方面的作用与价值。随后，结合当前教育技术的发展趋势，对未来微学习资源的设计与制作进行了展望与预测。

本书凝聚了作者三十年来的教育信息化研究与实践经验，广泛汲取了国内外学者的最新研究成果与实操案例。我们坚信，通过本书的学习与实践，读者将能够更好地理解微学习资源的内涵与价值，掌握其设计与制作的技巧与方法，从而为学生创造更加优质、高效、个性化的学习资源。同时，我们期待本书能够激发更多教育者对微学习资源设计与制作的兴趣与热情，共同推动技术支持的教育资源创新发展，为构建更加高效的教学贡献力量。

全书主要由华中师范大学吴军其教授策划、设计和撰写。此外，团队成员吴飞燕、文思娇、张萌萌、张晋东、邹格等也参与了相关工作。智能技术发展迅猛，利用智能技术来设计与制作符合学习者学习兴趣与学习风格的微学习资源还需要在实践中不断优化。由于作者学识和经验有限，书中难免存在疏漏和不足之处，敬请广大读者批评指正。

  本书特别适合师范生和大、中、小学教师学习使用。

吴军其

2024 年 10 月

目　录

·· 序章　何谓微学习资源 ··

一、微学习

（一）微学习的内涵

随着信息技术的飞速发展，人们的生活节奏逐渐加快，同时伴随着微博、微信等社交媒体的普及，碎片化学习已然成为人们日常学习的一种方式，"微学习"（Micro-Learning）应运而生。

自 2004 年奥地利学者马丁·林德（Martin Linder)首次提出"微学习"这一概念以来，微学习逐渐成为热门研究话题。有学者认为，微学习存在于新媒体生态系统中，是一种基于微型内容和微型媒体的新型学习模式；有学者认为，微学习是将学习内容分割成较小的学习模块、时间较短的学习活动；也有学者认为，微学习涉及相对较小的学习单元和短期学习活动，是学习、教育和培训情境的微观视角。本书认为，微学习是学习者可以在任意时间、任意地点开展任意方式的学习，如图 1 所示；同时，微学习的学习内容由许多微小的学习片段组成，这些片段之间既相对独立，又存在内在的逻辑联系，且可以动态重组与更新。微学习具有学习时空泛在化、学习内容片段化、学习体验轻松化的特点。

图 1　微学习场景

（二）微学习的构成要素

微学习的"微"体现在与微学习相关的各个要素之中。微学习的构成要素可概括为学习者、微学习资源、微学习过程、微媒介，如图 2 所示。

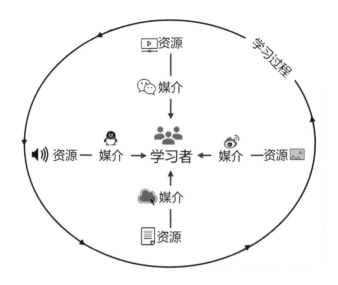

图 2 微学习的构成要素

- **学习者**：参与微学习的个体或群体。
- **微学习资源**：开展微学习所用到的图片、文本、动画、音视频等资源。
- **微媒介**：微资源存储或分享的媒介，如微信、微博、QQ、论坛等。
- **微学习过程**：完成一次微学习的基本过程。

学习者是微学习诸要素的中心，一切资源的设计以及活动的开展都必须围绕着学习者展开。微学习资源为学习者提供了学习内容与资源支持，创设了学习情境，既是学习者进行微学习的必要条件，也是微学习活动顺利开展的充分条件。[①]而微媒介则为微学习资源提供了存储、呈现平台。微学习活动是微学习设计者从学习者的学习需要出发，遵循学习规律，充分组织现有微学习资源而发起的促进微学习效果的一系列学习活动。由此可见，微学习活动的设计与实施建立在丰富且充分的微学习资源的基础之上，微学习资源是整个微学习开展的核心要素。

二、微学习资源

（一）微学习资源的内涵

学习资源即支持学习的资源，包括支持学与教系统的教学材料和环境。[②]那什么是微学习资源呢？目前教育学界对于微学习资源的内涵阐释各有千秋，但互有相通之处。有学者认为，凡是在微学习过程中能被学习者利用的一切要素（人、财、物、信息等）

---

① 赵丽，张舒予．中国优秀传统文化微学习资源开发探索 [J]．现代远距离教育，2017(06): 74—80.
② 李克东．新编现代教育技术基础 [M]．上海：华东师范大学出版社，2002: 267—268.

都能被称为微学习资源。也有学者认为，微学习资源是为了处理较小的、模块化的学习内容，并且聚焦于时间较短的学习活动，以简短、快捷、易获取的方式，系统化呈现的一系列数字化学习资源。这种资源，内容量少，获取方式快速、便捷，且形式多样，适应于学习者的个性化学习需求，符合微时代的发展潮流。

　　基于上述两类观点，不难发现微学习资源本质上就是服务于微学习的一切微型化、数字化的学习资源。微学习资源的"微"并不是要否定资源的多样性，而是从学习者的需求出发，体现在学习资源的容量与时间的"微"上。在微学习中，微学习资源是学习者与学习内容、学习活动之间的桥梁。

（二）微学习资源的特征

　　在微学习的背景下，微学习资源作为一种新型学习资源，呈现出学习内容微型化、资源形式多样化、资源获取便捷化的特征。

1. 学习内容微型化

　　学习内容微型化是微学习资源区别于传统学习资源的最大特点。微学习资源的学习内容通常由微小的知识组块构成，一般来说，知识组块是传统课程知识体系中的某个完整且独立的知识要点，如章节重点、难点或拓展要点。各知识点相对独立，但又有关联。每个知识点有对应的学习目标，学习者通过完成每一个"微目标"，最终建构出完整的知识体系。

> **📋 学习内容微型化案例**
>
> 　　汉字的笔顺是在小学语文正字教学中的重点内容。规范笔顺有助于帮助学生理解汉字的结构，传承汉字文化。在日常学习中，学生容易写错"万"字的笔顺，教学动图《"万"字的书写》（图3）动态呈现了"万"字的书写过程。
>
>
>
> 图3　动图《"万"字的书写》

2. 资源形式多样化

　　微学习资源主要以数字化的形式呈现于各种微媒介上，其形式多样，有文本、图片、视频、动画等多种形式，如图4所示。

文本

图片

视频

动画

图 4 微学习资源形式

3. 资源获取便捷化

图 5 资源获取便捷化

微资源的主要特点为"小、精、快"。首先，微资源的容量小，便于在各种环境下进行传播和分享；其次，微资源的内容精练，使用者通过关键词能快速检索到高度概括的信息；最后，资源传播速度快，微资源可以在微博、微信、网络社区等各类互动交流平台进行传播，有利于资源的快速推广。以上这些特点，决定了微资源的获取途径具有多样化和便捷化的特点，如图5所示。

（三）微学习资源的分类

微学习资源是开展微学习活动的基础，小到一条新闻、一张图片、一段文字，大到一段微视频、一册微教材、一款移动学习软件等，都是微学习资源。人工智能技术的发展为广大教师与学习者带来了更为丰富多元的微学习资源表现形式。从不同的角度出发，微学习资源有着不同的分类方法。有学者按微学习资源的呈现形式，将微学习资源划分为文本型、图片型、动画型、音频型、视频型、混合型共六类；也有学者根据资源交互性的强弱，将微学习资源划分为静态学习资源和动态学习资源。

尽管微学习资源的分类方式不一，但对教师而言，如何高效制作、应用微资源以提升课堂教学效率和效果是最终目标。因此，从教学实际应用的角度出发，本书第一章详细介绍了常见的微资源的获取与处理方法，第二章至第七章通过教学应用案例讲解思维导图、教学动图、微场景、微课、VR/AR资源和微教材这6类微资源的制作方法；第八章列举了常用的微教学工具，即智慧教学工具。

本章彩图
扫码可看

第一章　微资源获取与处理

您在学习和工作中遇到过下列问题吗？

■ 怎样将 PDF 文件转成 Word 文件？

■ 怎样复制图片中的文字？

■ 怎样压缩图片？

■ 怎样裁剪声音的长度？

■ 怎样给视频加字幕？

■ ……

学习目标

1. 列举微资源处理常用工具，并能说明其主要功能和使用方法。

2. 列举文本获取与处理的常用工具，并能进行简单的文本处理，如字体安装、图片文字识别、音频转文本和文档格式转换等。

3. 列举图片获取与处理的常用工具，并能进行简单的图片处理，如图片压缩、图片去水印和图片背景处理等。

4. 列举音频获取与处理的常用工具，并能进行简单的音频处理，如文字转音频、去除音频人声和音频剪辑等。

5. 列举视频获取与处理的常用工具，并能进行简单的视频处理，如视频剪辑、视频配音和视频添加字幕等。

知识图谱

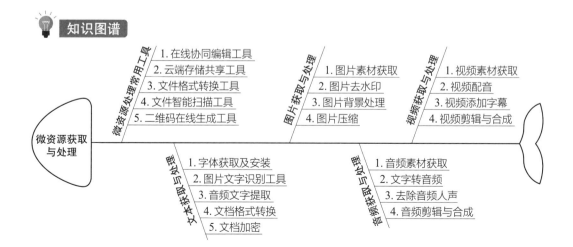

第一节　微资源处理常见工具

在日常教学中，为了提高工作效率，教师会通过互联网等方式获取教学资源，但是有时获取的资源不一定能够完全满足实际需要。此时，教师就需要对资源进行存储、整合、加工、处理。

一、在线协同编辑工具

在线协同编辑工具的出现，帮助师生实现了文件的多人协作编辑、多端同步更新以及实时云端保存。常用的在线协同编辑工具有腾讯文档、金山文档、石墨文档等软件。本节以腾讯文档这一软件为例，介绍在线协同编辑工具的应用。

（一）腾讯文档在教学中的应用

1. 案例描述

新生入学在即，辅导员李老师需要收集学生连续 14 天的健康信息。于是，李老师利用腾讯文档软件创建了在线收集表（《新生每日健康打卡》），并发布至学生 QQ 群中。学生打开在线收集表如实填写个人信息并提交，如图 1-1-1 所示。

图 1-1-1 在线收集表（片段）

2. 应用分析

李老师利用腾讯文档创建《新生每日健康打卡》在线收集表，包含姓名、学号、体温等需采集的信息，同时设置收集表填写名单和截止时间，并将在线收集表共享至学生QQ群中，要求学生按时填写。李老师通过在线收集表后台的数据统计，可查看已填写名单与未填写名单，及时敦促未完成的同学按时填写信息。信息收集完成后，李老师可关联全部收集表的结果至表格，并一键导出汇总表。

3. 效果点评

利用普通文档收集信息时，教师需要下载每位学生的信息表，并将学生信息逐项汇总至总表，这种工作方式耗时长，工作效率偏低，且容易出现遗漏。腾讯文档在线收集表的应用，省去了教师向学生逐个收集信息和逐项汇总信息的工作步骤，大大提高了信息采集的效率。在线收集表支持多人同时填写信息、云端实时保存，并支持一键导出全部信息，极大地提高了教师日常工作效率。同时，教师设置填写名单后，在信息收集过程中，可实时查看学生的填写进度并及时督促学生完成任务。

（二）腾讯文档功能介绍

腾讯文档具有在线编辑、多人协作、实时同步和文档分享等特色功能，如表1-1-1所示。

表1-1-1 腾讯文档功能介绍

特色功能	功能介绍
在线编辑	■ 快捷编辑：支持多人随时随地在线编辑； ■ 实时保存：编辑文档时内容实时云端保存，同时支持离线编辑，网络恢复后将自动同步云端； ■ 多种模板：信息收集、打卡签到、考勤、会议纪要、日报、项目管理等各类模板。
多人协作	■ 协同编辑：支持多人同时在线编辑，可查看编辑记录； ■ 多端同步：多类型设备皆可顺畅访问，随时随地轻松使用。
实时同步	■ QQ或TIM内查看过或修改过的在线文档信息，能自动实时同步至腾讯文档。
文档分享	■ 生成链接，分享给QQ、TIM、微信好友、微博或朋友圈，方便快捷。

（三）腾讯文档使用方法

李老师利用腾讯文档工具创建《新生每日健康打卡》在线收集表的技术路线如图1-1-2所示。

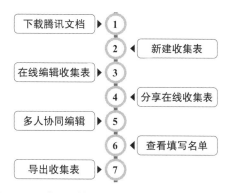

图 1-1-2　腾讯文档创建在线收集表的技术路线

第一步：下载腾讯文档。打开浏览器，在网址栏输入网址"https://docs.qq.com"，进入腾讯文档官网。随后，单击【立即下载】按钮，根据教学需求单击选择软件版本，下载至电脑。如图 1-1-3 和图 1-1-4 所示。

图 1-1-3　进入腾讯文档官网

图 1-1-4　下载腾讯文档软件

第二步：新建收集表。 启动腾讯文档软件，单击【新建】，选择新建【在线收集表】，如图 1-1-5 所示。

图 1-1-5 新建文档

第三步：在线编辑收集表。 创建空白在线收集表后，李老师根据新生每日健康打卡的需求，输入表格标题，添加填写要求及相关问题，操作步骤如图 1-1-6 所示。

图 1-1-6 在线编辑文档

第四步：分享在线收集表。 在线收集表编辑完成后，单击【发布】按钮，在分享弹窗中选择【所有人可填写】，选择分享至 QQ 群邀请多人共同编辑，如图 1-1-7 所示。

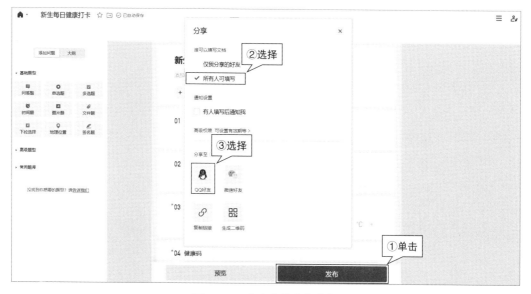

图 1-1-7　分享在线收集表格

第五步：多人协同编辑。学生在 QQ 群内单击接收到的《新生每日健康打卡》在线收集表，即可填写表格，如图 1-1-8 所示。

图 1-1-8　多人填写收集表

第六步：查看填写名单。李老师在腾讯文档统计页面可实时查看已填写名单，以及未填写表格的同学信息，如图 1-1-9 所示。

图 1-1-9　在线收集表统计

第七步：**导出收集表**。全体新生填写完成后，李老师单击【在表格中查看】按钮，将收集结果关联至 Excel 表格，如图 1-1-10 所示。接着，单击【文档操作】按钮 ≡，在【导出为】下拉菜单中单击选择【本地 Excel 表格】，即可导出收集结果，如图 1-1-11 所示。

图 1-1-10 关联收集表到表格

图 1-1-11 导出收集结果

二、云端存储共享工具

云存储是一种网上在线存储的模式，即把数据存放在由第三方托管的多台虚拟服务器中。在教学工作中，云存储和文件共享服务使得教师与学生能够安全便捷地共享大型文件，将它们存储在云端。常用的云端存储共享工具有百度网盘、阿里云盘、腾讯微云等。本节以百度网盘为例，介绍云端存储共享工具的应用。

（一）百度网盘在教学中的应用

1. 案例描述

曾老师的移动硬盘中收集了大量宝贵的教育教学资源。为了避免因硬盘损坏而丢失资源，同时也为了随时随地应用和分享资源，曾老师将资源保存到了百度网盘。

2.应用分析

曾老师首先在百度网盘中创建"教育教学资源"文件夹，并根据已有的教学资源的分类，分别创建了课件、课堂实录、习题库、微课、教学拓展和教学用途等子文件夹，如图 1-1-12 所示。然后将资源上传到对应文件夹中。当曾老师需要使用资源时，可以随时随地登录百度网盘查看、下载或分享资源。

图 1-1-12 百度网盘页面

3.效果点评

曾老师利用百度网盘存储资料，不但可以随时随地调用资源，还可以避免因移动存储设备的损坏而造成资源的丢失。百度网盘所有的数据均存储于云端，拥有较大的存储空间，并支持即时上传、下载、查看和分享，为教师教学中资源的存储和传输提供了极大的便利。

（二）百度网盘功能介绍

百度网盘支持 Web、PC、Mac、Android、IOS 等多运营平台使用，具有文件存储、文件下载、文件预览、文件管理、在线解压缩、文件分享等特色功能，如表 1-1-3 所示。

表 1-1-3 百度网盘功能介绍

特色功能	功能介绍
文件存储	■ 超大空间：百度网盘提供 2T 永久免费容量，可供用户存储海量数据； ■ 快速上传：支持 4G 单文件上传。
文件下载	■ 在线下载：百度网盘中存储的所有文件均支持在线下载； ■ 离线下载：提交下载地址，即可通过百度网盘服务器离线下载文件至个人电脑。
文件预览	■ 文件预览：支持多端在线预览图片、音频、文档文件，无需下载文件到本地即可轻松查看文件； ■ 视频播放：支持主流格式视频在线播放。用户可根据自己的需求和网络情况选择"省流""流畅"和"高清"等多个画质模式，以及播放速度。

（续表）

特色功能	功能介绍
文件管理	■ 文件同步：同步备份本地文件； ■ 图片管理：不仅支持图片智能分类、自动去重等功能，还能以图搜图，在海量图片中精准定位目标。
在线解压缩	■ 支持在线解压 500MB 以内的压缩包，查看压缩包内文件。
文件分享	■ 支持以"链接＋提取码"或二维码的形式分享文件或文件夹。

（三）百度网盘使用方法

案例中曾老师利用百度网盘网页云端存储并共享教学资源的技术路线如图 1−1−13 所示。

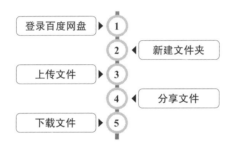

图 1−1−13 百度网盘使用技术路线

第一步：登录百度网盘。进入百度网盘官网"https://pan.baidu.com"，输入账号信息，单击登录，如图 1−1−14 所示。

图 1−1−14 登录百度网盘

第二步：**新建文件夹**。单击【新建文件夹】按钮，在新出现的文件夹图标下方输入文件夹名称，单击【确认】按钮✓，创建文件夹成功，如图1-1-15所示。

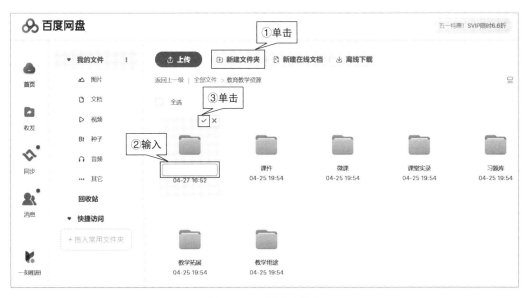

图1-1-15 新建文件夹

第三步：**上传文件**。进入需要上传文件的文件夹，单击【上传】按钮，选择【上传文件】，在打开弹窗中，选中目标文件，单击【打开】按钮，即可完成文件上传，如图1-1-16所示。

图1-1-16 上传文件

　　第四步：分享文件。选中待分享文件，单击【分享】按钮，在"分享文件"弹窗中设置分享有效期和文件提取方式，并单击【创建链接】按钮，如图1-1-17所示。随后，在新的弹窗中选择分享方式，如图1-1-18所示。

图 1-1-17　创建分享链接

图 1-1-18　分享文件

　　第五步：下载文件。选中拟下载文件，单击【下载】按钮，完成下载，如图1-1-19所示。

图 1-1-19　下载文件

三、文件格式转换工具

信息化时代，各类便携移动设备已经成为人们教学工作中不可或缺的部分。有时，许多从网络上下载的音频、视频等资源由于格式问题无法在某些设备上播放，需要转换成合适的格式。运用文件格式转换工具就可以轻松解决这类问题。常用的文件格式转换工具有：格式工厂、迅捷 PDF 转换器、迅捷视频转换器等。本节以格式工厂软件为例，介绍文件格式转换工具的应用。

（一）格式工厂在教学中的应用

1. 案例描述

张老师在备课九年级物理"电流和电路"时，计划利用动画直观呈现电路图。于是，他从网上下载了动画资源"根据实物图画电路图 .FLV"，但当他在自己电脑上打开资源时，播放器显示"不支持此格式"。张老师利用"格式工厂"软件将该段 FLV 格式的动画转换成 MP4 格式后，播放器就能正常播放该段动画了。

2. 应用分析

张老师将视频"根据实物图画电路图 .FLV"导入格式工厂，转换成 MP4 格式，有效解决了视频在播放器间不兼容的问题，如图 1-1-20 所示。

3. 效果点评

教师从网络下载的视频资源，有时会出现因格式不兼容而导致播放器无法直接播放的问题。格式工厂通过转换视频格式，既简单快捷地解决了播放器不兼容的问题，也提高了微学习资源的利用率。

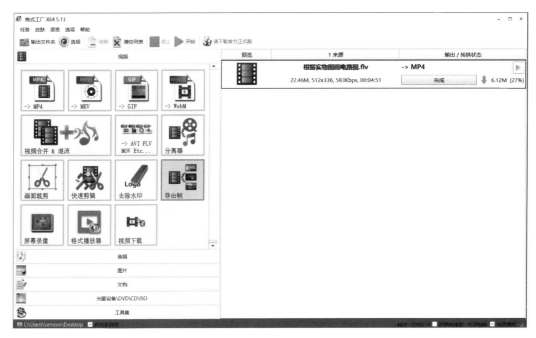

图 1-1-20 格式工厂的格式转换页面

（二）格式工厂功能介绍

格式工厂具有对多种媒体资源进行格式转换和文件简单处理的特色功能，如表 1-1-2 所示。

表 1-1-2 格式工厂功能介绍

特色功能	功能介绍
格式转换	■ 视频格式转换：支持 MP4、3GP、GIF、AVI、MKV、WMV、MPG、VOB、FLV、SWF、MOV、WebM 等格式的视频相互转换； ■ 音频格式转换：支持 MP3、WMA、FLAC、AAC、MMF、AMR、M4A、M4R、OGG、MP2、WAV 等格式的音频相互转换； ■ 图片格式转换：支持 JPG、PNG、ICO、BMP、GIF、TIF、PCX、TGA 等格式的图片相互转换； ■ 文档格式转换：支持 PDF 文档转换为 Pic、Text、Docx、Excel 格式。
文件简单处理	■ 视频简单处理：视频合并&混流、视频画面和音频分离、画面裁剪、去除水印、快速剪辑、视频录屏； ■ 音频简单处理：音频合并&混流；文本转音频； ■ PDF 文档简单处理：PDF 合并、PDF 压缩、PDF 的解密与压缩。

（三）格式工厂使用方法

张老师将视频从 FLV 格式转换成 MP4 格式技术路线如图 1-1-21 所示。

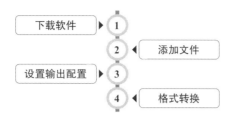

图1-1-21 格式工厂技术使用路线

第一步：下载软件。打开浏览器，在网址栏输入网址"www.pcgeshi.com/index.html"，进入格式工厂官网。随后，点击【立即下载】按钮，下载格式工厂软件，如图1-1-22所示。

图1-1-22 下载软件

第二步：添加文件。启动格式工厂软件，单击选择【视频】选项卡，单击【MP4】图标，如图1-1-23所示。在弹窗中单击【添加文件】按钮，如图1-1-24所示。然后选中需要转换格式的文件，单击【打开】，即可添加转换文件，如图1-1-25所示。

图1-1-23 添加文件（1）

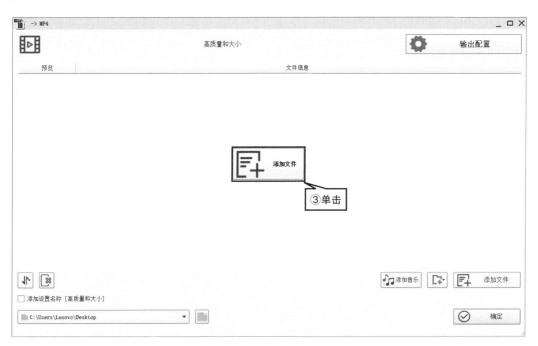

图 1-1-24 添加文件（2）

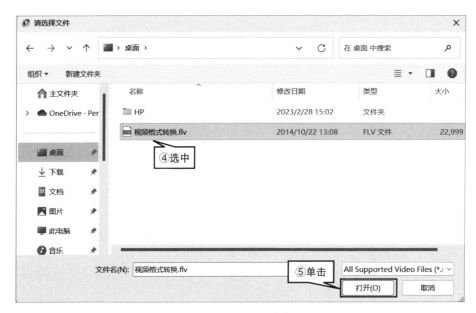

图 1-1-25 添加文件（3）

  第三步：设置输出配置。文件添加完成后，单击【输出配置】按钮，在【高质量和大小】一栏中单击下拉键，设置视频的每秒帧数、宽高比等参数，通常不修改默认参数，设置完成后单击【确定】；随后，单击页面左下方【文件夹】图标 ，选择视频输出文件夹；设置完成后单击【确定】按钮即可。操作过程如图 1-1-26 所示。

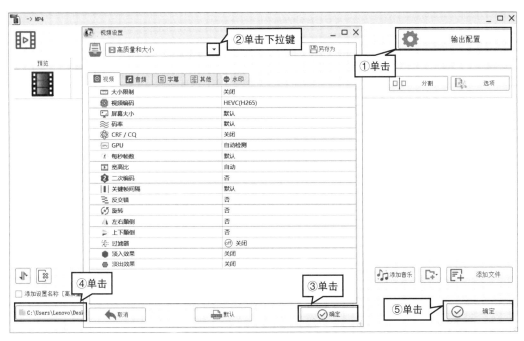

图 1-1-26 设置输出配置

第四步：**格式转换**。单击【开始】按钮，进行视频格式转换。转换完成后，单击【文件夹】图标，即可查看格式转换后的视频，如图 1-1-27 所示。

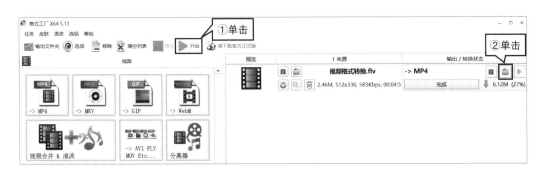

图 1-1-27 格式转换

四、文件智能扫描工具

随着信息技术的快速发展，各种智能设备大量普及，尤其是智能手机。文件智能扫描工具能将智能手机变成随身携带的扫描仪，帮助教师和学生把纸质媒体上的信息快速转化为数字信息。本节以 CS 扫描全能王软件为例，介绍文件智能扫描软件的应用。

（一）CS扫描全能王在教学中的应用

1. 案例描述

高中综合素质评价信息填报在即，小杨需要在省高中学生综合素质评价平台提交社区服务记录、奖惩证明、学业水平考试成绩单、体检报告等电子版材料。小杨收集完所需材料后，利用CS扫描王依次扫描纸质材料，获取电子版材料并上传至平台。

2. 应用分析

小杨将所有纸质材料拍照并导入CS扫描全能王，自动裁剪后，添加"增强并锐化"滤镜，调整对比度、亮度、细节等参数，生成清晰的电子版图片，保存至手机相册。获奖证书如图1-1-28所示。

图 1-1-28 获奖证书（左图：扫描前；右图：扫描后）

3. 效果点评

照片的清晰度受设备像素制约较大，色彩、色调易受环境影响。小杨利用CS扫描全能王扫描纸质材料，软件自动剔除无关因素，生成色彩均匀、还原度高的扫描文件，有效提高了纸质材料转电子版材料的呈现效果。

（二）CS扫描全能王功能介绍

CS扫描全能王是一款集文件扫描、格式转换、图片文字提取识别、文档处理等功能于一体的手机扫描软件，具体功能如表1-1-4所示。

表 1-1-4 CS扫描全能王功能介绍

特色功能	功能介绍
文件扫描	■ 扫描纸质文档、PPT、证件等，智能去除杂乱背景，生成JPEG或PDF文件。支持多种图像优化模式，可手动调节图像参数，将纸质文件快速转为清晰的扫描件。
格式转换	■ 文档格式转换：支持PDF转Word、PPT、表格，PDF逐页输出为图片，PDF输出为长图等功能。

（续表）

特色功能	功能介绍
图片文字提取	■ 智能 OCR 识别文字，支持识别中、英、日、韩、葡、法等41种语言，还能一键复制、编辑图片上的文字，支持导出 Word、Text 格式。
文档处理	■ PDF 文档处理：支持自由组合 PDF 文档，可对多个文件进行页面删除、顺序调整、插入、页面合并、一键涂抹、添加批注、添加水印、添加电子签名等操作； ■ 文档整理：支持一键导入 PDF、图片、表格等多类型电子文档，并通过标签归类，多文件夹保存；支持手机、平板、电脑等多设备端同步查看管理文档。

（三）CS 扫描全能王使用方法

小杨利用 CS 扫描全能王软件获取电子版材料的技术路线如图 1-1-29 所示。

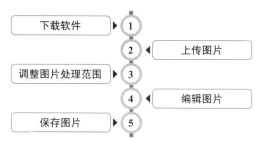

图 1-1-29 CS 扫描全能王技术使用路线

第一步：**下载 CS 扫描全能王软件**。CS 扫描全能王为手机应用软件，小杨直接在手机应用商店搜索并下载安装该软件。

第二步：**上传图片**。启动 CS 扫描全能王 APP，进入软件首页。在软件首页单击【相机】图标 ，随后，单击【相册导入】图标 ，从相册中导入获奖证书照片，如图 1-1-30 所示。

第三步：**调整图片处理范围**。拖动图片周围的锚点，调整图片的处理范围，如图 1-1-31 所示。

第四步：**编辑图片**。选择图片范围后，即可对生成的图像进行编辑，如选择【增强并锐化】效果调整对比度、亮度、细节等，随后单击【确认】按钮 以完成图片的保存操作，如图 1-1-32 所示。

第五步：**保存图片**。编辑完成后，小杨长按图片，点击【保存至相册】按钮即可将扫描后的获奖证书保存至相册，如图 1-1-33 所示。

图1-1-30 上传图片

图1-1-31 调整图片处理范围

图1-1-32 编辑图片

图1-1-33 调整图片处理范围

五、二维码在线生成工具

二维码又称二维条码，是利用某种特定的几何图形按一定规律在平面上分布的黑白相间的图形。相比一维的条码，二维码能够在横向和纵向两个方位同时表达信息，因此，二维码能在很小的面积内表达大量的信息，同时具有较高的容错能力。常用的二维码在线生成工具有草料二维码、码上游、在线二维码生成器等。本节以草料二维码为例，介绍二维码在线生成工具的应用。

（一）草料二维码在教学中的应用

1. 案例描述

张老师在讲授教科版四年级科学课《点亮小灯泡》前，为学生准备了导学案，引导学生自主探究"如何利用灯泡、导线、电池点亮小灯泡"，并将《点亮小灯泡》的导学课件以二维码的形式附于导学案上。

2. 应用分析

张老师将《点亮小灯泡》课件上传至草料二维码网站，并生成对应的二维码。学生在预习时，利用移动设备扫描二维码即可随时随地查看课件，如图 1-1-34 所示。

《点亮小灯泡》导学案	
学习目标	1. 知道只有电流流过灯丝时，小灯泡才会发光。 2. 说出短路对电路的影响。 3. 准确连接简单的电路。 4. 能够观察、描述和记录点亮小灯泡的实验现象。
学习重点	在观察了解小灯泡结构的基础上，能正确连接电路。
学习难点	认识小灯泡的结构，正确连接小灯泡。
资料链接	点亮小灯泡课件

扫一扫

《点亮小灯泡》课件

图 1-1-34 《点亮小灯泡》导学案（片段）

3. 效果点评

张老师以二维码的形式将资源推送给学生，学生可以随时随地扫码获取资源开展学习。教师利用二维码将资源可视化，为教与学过程中资源的传播和分享提供了极大便利。

（二）草料二维码功能介绍

草料二维码是一个二维码在线服务网站，具有二维码生成、二维码美化、二维码解码等特色功能，如表 1-1-5 所示。

表 1-1-5 草料二维码功能介绍

特色功能	功能介绍
二维码生成	■ 二维码生成：可以生成存储多种内容的二维码，包括图片、文件、音视频、表单、链接等； ■ 批量生成二维码：使用批量模板，填入表格数据，可以快速生成大量样式一致、内容不同的子码； ■ 二维码内容实时更新：二维码生成后，通过活码技术，可以在二维码图案不变的前提下随时更改二维码内的内容。
二维码美化	为二维码添加 logo、更换样式、颜色、添加背景图等。
二维码解码	上传二维码图片或利用电脑的摄像头扫描、读取二维码，即可解析出二维码的内容。

（三）草料二维码使用方法

张老师利用草料二维码为《点亮小灯泡》课件制作二维码的技术路线如图 1-1-35 所示。

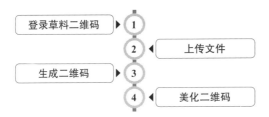

图 1-1-35 使用草料二维码的技术路线

第一步：登录草料二维码。进入草料二维码官方网址"https://cli.im"，选择登录方式，进入二维码制作工作台，如图 1-1-36 所示。草料二维码提供了微信扫码和输入手机号两种登录方式。

图 1-1-36 登录草料二维码

第二步：上传文件。在文件选项下，单击【上传文件】。选中《点亮小灯泡》课件，单击【打开】，即可上传文件，如图1-1-37所示。

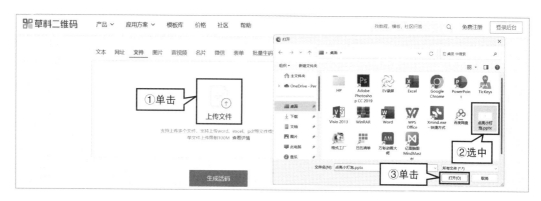

图1-1-37　上传文件

第三步：生成二维码。输入二维码标题，单击【生成活码】按钮，如图1-1-38所示。

图1-1-38　生成二维码

第四步：美化二维码。在二维码生成页面单击【样式美化】按钮，进入二维码美化界面，进行修改样式、上传logo，更改颜色、添加文字、添加外框等二维码美化操作。选择所变化的二维码，然后单击【保存并返回】按钮，下载二维码。美化二维码操作过程如图1-1-39和图1-1-40所示。

图 1-1-39 美化二维码（1）

图 1-1-40 美化二维码（2）

 拓展：微能力点工具箱[①]

（一）软件介绍

为提升全国中小学教师的信息技术能力，并将信息技术运用于教学，中小学教师信息技术应用能力提升工程2.0为教师列举了"多媒体环境""混合学习环境"和"智慧学习环境"三种信息化教学环境下的"学情分析""教学设计""学法指导"和

———————————
① 该工具来源于信息技术教师尚红光老师团队。

"学业评价"四个维度的30项微能力。微能力点工具箱软件则是针对这30个微能力点开发设计而成。软件页面如图1-1-41所示，包括微能力点模块、常用工具栏、推荐工具栏等功能模块。常用工具栏集成了截图、录屏、识别、搜索、读码、直尺、锁屏、键盘、教鞭、录音这10种常用工具。同时，每个微能力面板分别推荐了至少8套工具，共囊括了240余款实用工具，供教师选择使用，且如表1-1-6那样展示了"智慧学习环境"下的微能力点推荐工具。软件中每一个按钮均提供了功能提示说明，鼠标光标在相应的按钮上停留两秒即可显示功能提示说明。

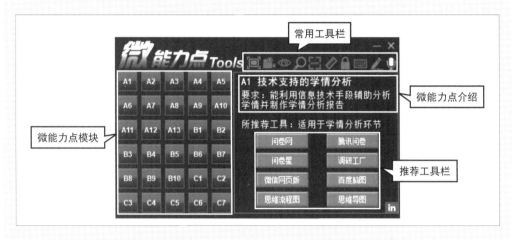

图1-1-41 微能力点工具箱软件页面

表1-1-6 推荐工具列表（智慧教学环境下）

序号	编号	维度	微能力	推荐工具
1	C1	教学设计	跨学科学习活动设计	在线3D建模、中国微课、理化作图、公式编辑器、古诗文网、批改网、自由钢琴、多学科网。
2	C2	教学设计	创造真实学习情境	环游世界、720云全景、全景故宫、国家博物馆、虚拟现实网、VR全景网、3D立体模型、VR导航大全。
3	C3	学法指导	创新解决问题的方法	一个工具箱、函数作图器、几何绘图运算、在线3D建模、数学求解器、参考计算、计算器在线、远程协助。
4	C4	学法指导	支持学生创造性学习与表达	谷歌地图、教育学习工具、Cabri 3D、图床展示、数学求解器、手机投屏、一站式录屏。
5	C5	学法指导	基于数据的个别化指导	数据收集、人人秀问卷、我要自学网、视频学英语、腾讯问卷、数据分析、单词打字。
6	C6	学业评价	应用数据分析模型	RBAC模型、ERD Oline、Web报表、模型会之战、在线模型模板、可视化-图说、数据可视化。
7	C7	学业评价	创建数据分析微模型	图像GP、表单大师、番茄表单、数据分析、SPSSPRO、图标修改、超级表格。

（二）使用方法

下载微能力点工具箱后，可按照以下步骤使用该软件。

第一步：双击打开软件。

第二步：**选择微能力点模块**。如单击【A1】，在页面右边可呈现该微能力点的介绍以及推荐的工具，如图1-1-42所示。

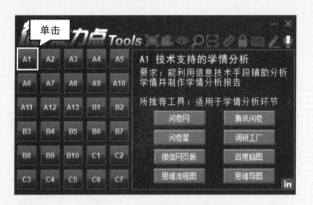

图1-1-42 选择微能力点模块

第三步：**选择工具**。选择自己需要的功能，如单击【问卷星】，即可跳转到问卷星官网页面，如图1-1-43所示。

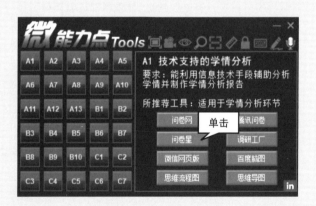

图1-1-43 选择工具

第四步：**使用工具**。进入问卷星官网后，注册或登录账号，即可使用该平台制作问卷，如图1-1-44所示。

图 1-1-44　使用工具

同时，微能力点工具箱还提供了隐藏功能，单击图 1-1-45 中的 TOOLS 控件，跳转至如图 1-1-46 所示的页面。单击软件总设计者【尚红光】，出现隐藏工具箱，如图 1-1-46、1-1-47 所示，点击任意一个工具即可进入相应页面。此外，点击图 1-1-46 中的其他人名也可进入其他工具栏页面，可自行探索更多功能。

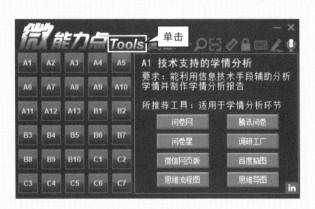

图 1-1-45　探索隐藏功能

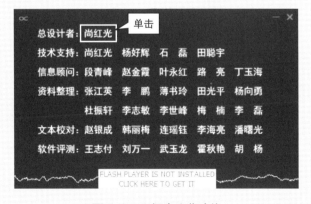

图 1-1-46　探索隐藏功能

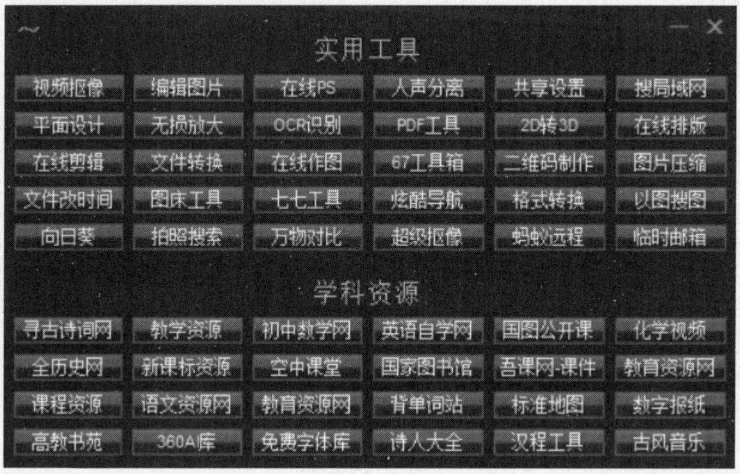

图 1-1-47 探索隐藏功能

第二节 文本获取与处理

对于文本素材，大家常常需要处理哪些问题？可能要进行文本编辑、从图片中识别文字，或者音视频文字提取、文本格式转换。常用的文本处理工具有：Microsoft Office、极简扫描、网易见外工作台、在线文档转换器等，如表 1-2-1 所示。

表 1-2-1 文本获取与处理工具

工具名称	功能
Microsoft Office	■ 格式设置：支持对文本元素的各种格式（字号、颜色、字体、段落缩进、对齐方式等）进行设置。 ■ 艺术处理：可将文本转换为表格、艺术字、SmartArt 图片等多种形式，还能为文本资源添加动画效果。
极简扫描	■ 文字识别：扫描文件或图片，提取文字。
网易见外工作台	■ 音视频文字提取：通过 AI 智能技术对视频、音频进行语音识别，自动生成字幕，还能对外语进行翻译（制作双语字幕）；同时也支持音频转写成文字、文档翻译、会议实时翻译等各种功能。
Convertio	■ 文档格式转换：提供 OCR 文字识别、归档转换器、文档转换器、电子书转换器、图片转换器、演示文稿转换器、字体转换器等工具，支持对多种常用文件格式进行转换。

一、字体获取及安装

（一）需求分析

王老师在备课《中国话—山水画法》时，希望在教学课件中使用与山水画相匹配的字体，但是 PowerPoint 字体库中没有合适的字体。王老师该如何获取心仪的字体呢?

（二）操作方法

字体是影响文本视觉呈现效果的第一要素。一般情况下，微软系统默认安装的字体是有限的。目前，网络上的字体库越来越多，如方正字库、汉仪字库等，它们均提供了丰富的字体资源，经授权后可以下载使用。本节以安装方正字库为例，讲解安装字体的具体操作步骤，其技术路线如图 1-2-1 所示。

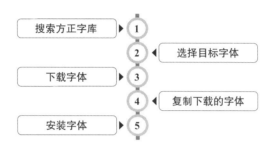

图 1-2-1 字体获取与安装技术路线

第一步：搜索方正字库。在百度输入"方正字库"，单击【百度一下】，随后，单击选择【方正字库官网】，可进入方正字库官网（https://www.foundertype.com/），如图 1-2-2 所示。

图 1-2-2 搜索方正字库

第二步：选择目标字体。依次单击【获得字体】按钮和【清单】按钮，如图1-2-3所示。

图1-2-3 选择目标字体

第三步：下载字体。首先，依次单击【获得字体】和【确认字体】，如图1-2-4所示；其次，单击【下载字体】，单击选择【同意并下载】，如图1-2-5所示；最后，单击【下载字体】，如图1-2-6所示。

图1-2-4 下载字体（1）

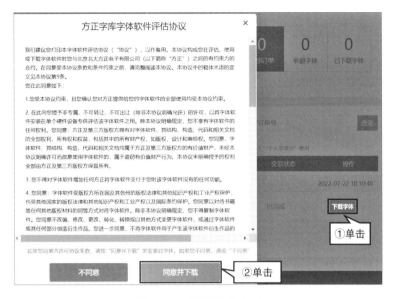

图1-2-5 下载字体（2）

图1-2-6 下载字体（3）

第四步：复制下载的字体。单击页面右上角的【设置及其他】按钮 ···，单击【下载】，如图1-2-7所示。复制所下载的字体【FZZJ-XHFTJW】，如图1-2-8所示。

图1-2-7 复制下载的字体（1）

图 1-2-8 复制下载的字体（2）

第五步：安装字体。把复制的 TTF 文件粘贴到"C 盘 —→ Windows —→ Fonts"文件夹中，如图 1-2-9 所示。重启 PowerPoint，新字体"方正字迹-心海风体 简"加载至【字体】下拉列表，如图 1-2-10 所示。

图 1-2-9 安装字体

图 1-2-10 新字体添加效果

小贴士

电脑上的其他软件，如 Word、Excel、Visio 等，同样可以使用新安装的字体。

二、图片文字识别工具

（一）需求分析

五年级语文教师李老师下节课要讲解古诗《村晚》。备课时，他在网络上搜索到适合《村晚》教学的文本资源。使用该资源不仅能丰富自己的课件资源，还能提高备课效率，但是该资源不支持直接下载或复制文字。李老师把该资源页面截图保存至本地文件夹之后，该如何识别图片中的文字呢？

（二）操作方法

网络上有丰富的文本资源，有时资源是以图片的形式存在的。如果图片上的文字不能直接下载或复制，可以通过图片文字识别工具来识别图片上的文字，轻松获取所需要的资源。本节以微信小程序"传图识字"为例，讲解识别图片中文字的具体操作步骤，技术路线如图 1-2-11 所示。

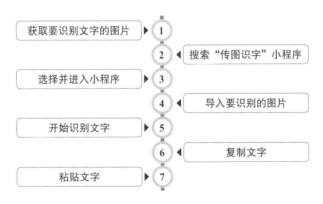

图 1-2-11　图片文字识别的技术路线

第一步：获取要识别文字的图片。在电脑上登录微信，在浏览器中找到要截图的文档《村晚》，使用微信的截图功能，按住【Alt+A】快捷键，选择要截屏的范围，单击【√】，即可截取图片，将图片保存到电脑上，如图 1-2-12 所示。

第二步：搜索"传图识字"小程序。在微信搜索框中输入"传图识字"，单击"传图识字小程序"，如图 1-2-13 所示。

第三步：选择并进入小程序。在新跳转的页面中单击"传图识字小程序"，进入小程序，如图 1-2-14 所示。

微学习 资源设计与制作

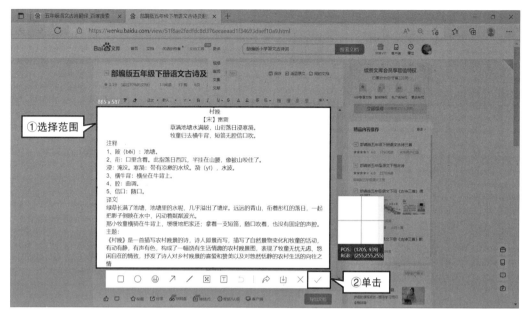

图1-2-12 截取图片

图1-2-13 搜索"传图识字"小程序

图1-2 14 进入小程序

第四步：**导入要识别的图片**。单击【选择图片】，在电脑中选择要识别文字的图片，单击【打开】，如图 1-2-15 所示。

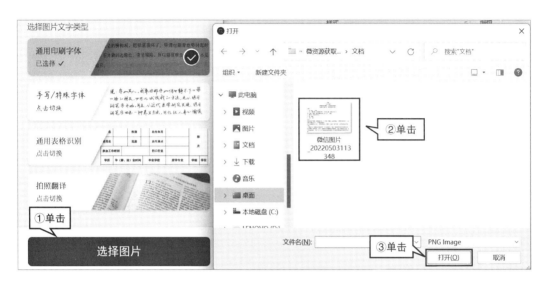

图 1-2-15 导入识别图片

第五步：**开始识别文字**。在文字识别页面，单击【开始识别】，如图 1-2-16 所示。
第六步：**复制文字**。选择要复制的文本内容，单击【复制文字】，如图 1-2-17 所示。

图 1-2-16 开始识别

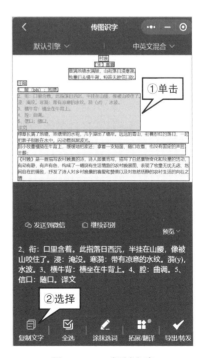

图 1-2-17 复制文字

第七步：粘贴文字。将复制好的文字粘贴到 word 文档中，如图 1-2-18 所示。

图 1-2-18 粘贴文字

小贴士

从图片中识别的文字，不仅可以粘贴到 Word 文档中，还可以粘贴到 QQ、微信、PowerPoint 等平台。

三、音频文字提取

（一）需求分析

小明是一名教育技术学专业的大学生，在一次听"学习科学"讲座过程中，未能及时消化所有知识，于是小明对讲座内容进行了全程录音。讲座结束后，小明想要学习自己尚未理解的讲座内容，于是他把音频内容转写成文字，快速定位到自己不理解的部分，进而提高了学习效率。

（二）操作方法

本节以"网易见外平台"为例，讲解小明将"学习科学"讲座音频转化成文字的操作步骤，音频转文字的技术路线如图 1-2-19 所示。

第一步：搜索"网易见外平台"。在百度搜索框中输入"网易见外平台"，单击【百度一下】，单击选择【网易见外 -AI 智能语音转写听翻平台】，如图 1-2-20 所示。

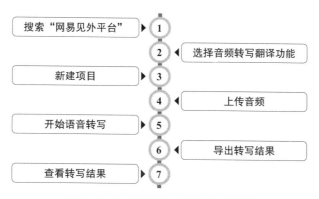

图 1-2-19 音视频文字提取技术路线

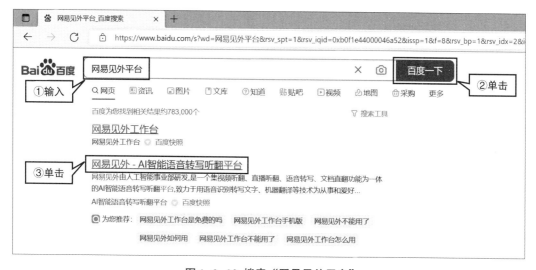

图 1-2-20 搜索"网易见外平台"

第二步：选择音频转写翻译功能。在网易见外平台官网选择【音频转写翻译】功能，如图 1-2-21 所示。单击【立即试用】，如图 1-2-22 所示。

图 1-2-21 选择音频转写

图 1-2-22 选择试用功能

第三步：新建项目。单击【新建项目】，如图 1-2-23 所示。在弹出的页面中选择【语音转写】功能，如图 1-2-24 所示。

图 1-2-23 新建项目

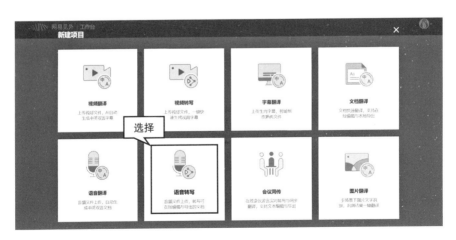

图 1-2-24 选择语音转写功能

第四步：上传音频。 在【项目名称】一栏中输入项目名称"《学习科学》音频"，单击【添加音频】，在电脑中选择待转写的音频，单击【打开】，如图1-2-25所示。

图1-2-25 上传音频

第五步：开始语音转写。 在【文件语言】一栏，单击【中文】框，选择转写后的文字为【中文】，单击【提交】，即可开始转写，如图1-2-26所示。

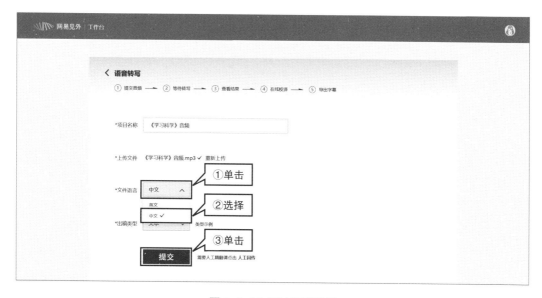

图1-2-26 开始语音转写

第六步：导出转写结果。 单击弹出页面中的【学习科学音频】，如图1-2-27所示。然后单击【导出】，如图1-2-28所示，即可导出转写结果。

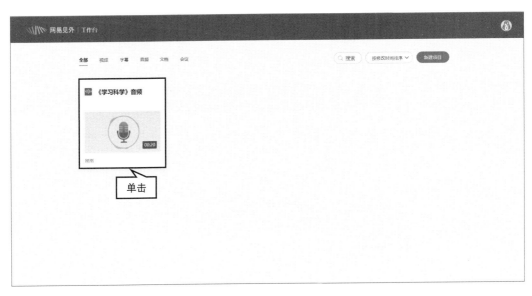

图 1-2-27 导出转写结果（1）

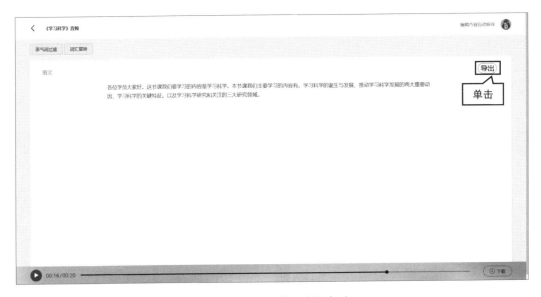

图 1-2-28 导出转写结果（2）

第七步：查看转写结果。单击【设置及其他】按钮 ⋯ ，在弹出页面中单击【下载】，如图 1-2-29 所示。单击【《学习科学》音频（1）】下的【打开文件】，如图 1-2-30 所示，即可得到音频转写后的文字，如图 1-2-31 所示。

图 1-2-29　查看转写结果（1）

图 1-2-30　查看转写结果（2）

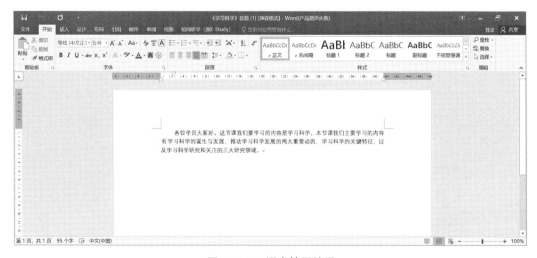

图 1-2-31　语音转写结果

四、文档格式转换

（一）需求分析

小张是一名高中一年级的学生，他时常因忘记完成学习任务而影响学习效果。因此，他想做一份学习计划表，以合理规划时间、安排任务。他从网络上下载了一份学习计划表，但该学习计划表是 PDF 格式的文件，不能直接在文件上编辑文本。他该如何将学习计划表转为可编辑的 word 格式的文件呢？

（二）操作方法

本节以格式工厂软件为例，讲解将 PDF 格式的文档转成 Word 文档的操作步骤，其技术路线如图 1-2-32 所示。

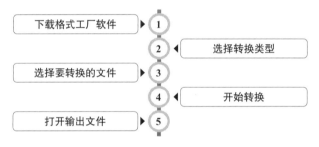

图 1-2-32 文档格式转换的技术路线

第一步：下载格式工厂软件。在百度中输入"格式工厂"，依次单击【百度一下】和【格式工厂官方主页】，如图 1-2-33 所示，进入官网下载并安装软件。并准备好要转换的 PDF 文件。

图 1-2-33 选择格式工厂软件

第二步：**选择转换类型**。选择【文档】，如图 1-2-34 所示。选择【PDF —→ Docx】，如图 1-2-35 所示。

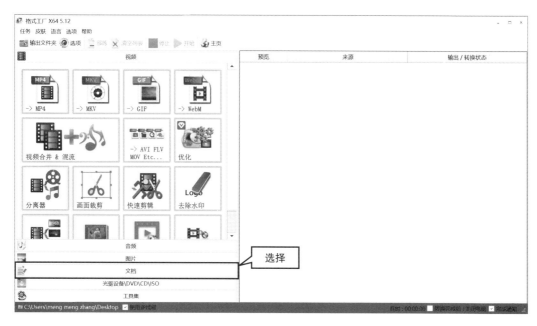

图 1-2-34 选择转换类型（1）

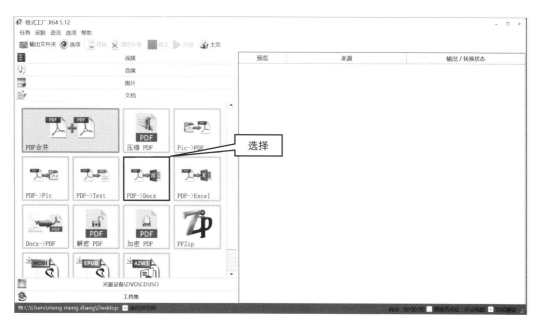

图 1-2-35 选择转换类型（2）

第三步：**选择要转换的文件**。单击【添加文件】，选择要转换的文档《学习计划表》，单击【打开】，如图 1-2-36 所示。在弹出的页面中单击【确定】，如图 1-2-37所示。

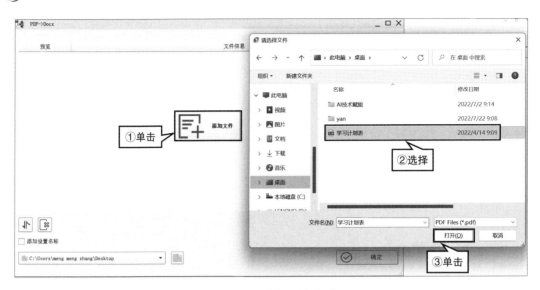

图 1-2-36 选择文件（1）

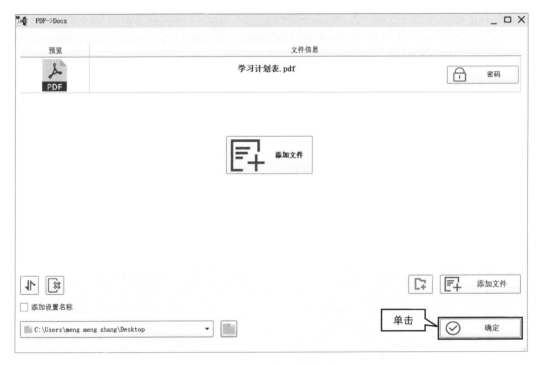

图 1-2-37 选择文件（2）

第四步：开始转换。单击【开始】按钮▶，如图 1-2-38 所示，开始文档格式转换。

第五步：打开输出文件。转换完成后，状态栏中有文件夹标记，单击文件夹图标，如图 1-2-39 所示，即可定位到转换完成的 Word 文件所要输出的位置。

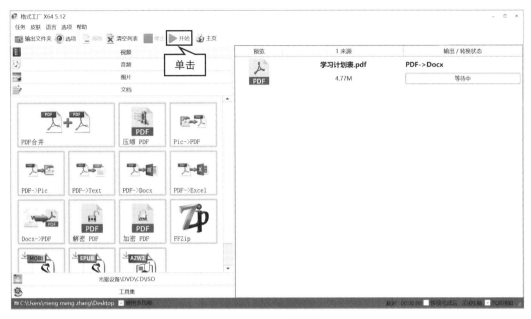

图 1-2-38 开始转换

图 1-2-39 打开输出文件

五、文档加密

（一）需求分析

张老师是一名化学老师，下周要参加省级教学技能大赛。为使活动顺利进行，他需要先把自己的 PPT 课件传给主办方。但他担心自己的课件会被外部人员窃取，于是希望通过给文档加密的方式来防止课件外泄。

（二）操作方法

常见的文档类型主要有：docx、xlsx、txt、pptx、PDF 等。本节以 PPT 课件为例，具体讲述 PPT 文档加密的操作过程，技术路线如图 1-2-40 所示。

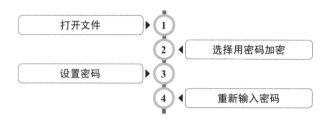

图 1-2-40 PPT 文档加密技术路线

第一步：打开文件。单击菜单栏中的【文件】按钮，如图 1-2-41 所示。

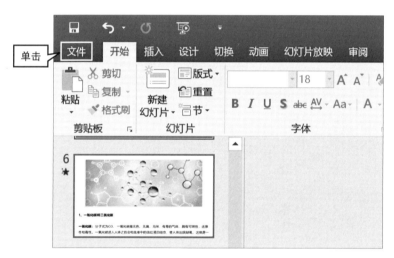

图 1-2-41 打开文件

第二步：选择用密码加密。选择【信息】，单击【保护演示文稿】，并单击【用密码进行加密】，即可弹出加密对话框，如图 1-2-42 所示。

第三步：设置密码。在输入密码空格处输入加密的密码，点击【确定】，如图 1-2-43 所示。忘记密码后文档不可恢复，因此应牢记所输入的加密密码。

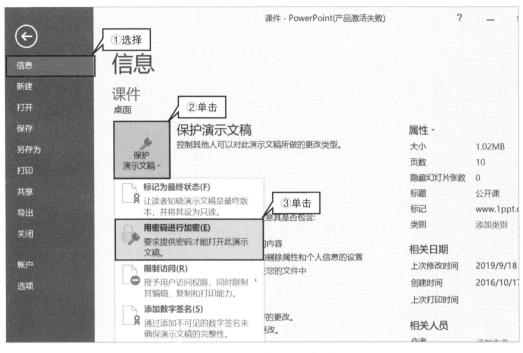

图 1-2-42　用密码进行加密

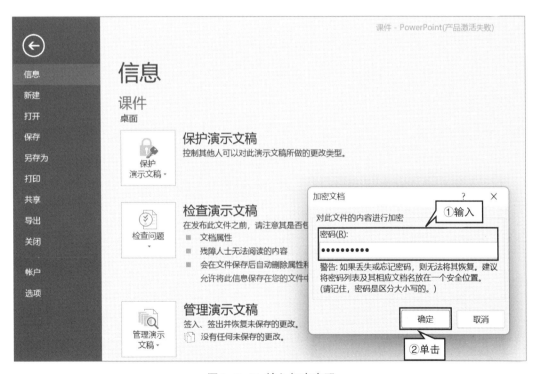

图 1-2-43　输入加密密码

　　第四步：重新输入密码。在输入密码空格中再次输入密码，并单击【确定】，即可完成对 PPT 文档的加密，如图 1-2-44 所示。再次打开文件，需先输入加密密码。

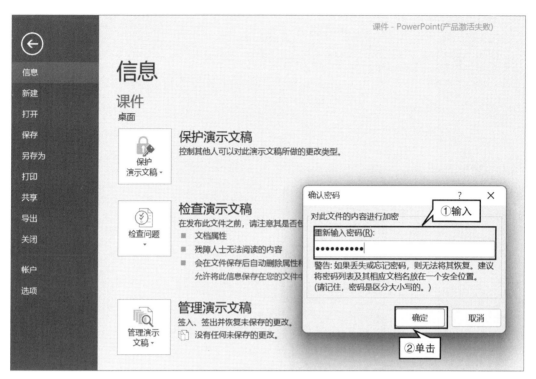

图 1-2-44 重新输入密码

第三节 图片获取与处理

对于图片素材，大家常常需要处理哪些问题？可能需要获取图片、处理图片、去除图片水印、转换图片格式或压缩图片等。常用的图片处理工具有：搜图 114、PicsArt 美易、"去水印"小程序、iLoveIMG，如表 1-3-1 所示。

表 1-3-1 图片获取与处理工具

工具名称	功能
搜图 114	■ 免费获取图片素材。
PicsArt 美易	■ 图片处理：剪切、剪辑、拉伸、克隆图片，为图片添加文本、滤镜、贴纸、背景、边框等。
"去水印"小程序	快速去除图片水印。
iLoveIMG	■ 图片压缩：压缩图像文件、调整图像的大小、裁剪图片。 ■ 图片格式转换：JPG、PNG、GIF、TIF、PSD、SVG、WEBP 等格式图片批量转换。

一、图片素材获取

（一）需求分析

教信息技术的张老师计划制作一个有关直播教学技巧的微课，他在制作过程中需要大量图片素材，他可以怎样获取图片素材呢？

（二）操作方法

信息时代离不开网络，网络提供了海量的信息和资源。教师在明确教学需求后，可使用百度、谷歌等搜索引擎直接搜索、下载图片。也可以在图片素材网站如千库网、包图网、搜图 114 等下载图片。本节以"直播教学"为主题，讲解从搜图 114 网站获取图片素材的操作过程，技术路线如图 1-3-1 所示。

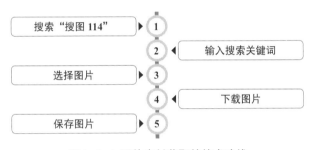

图 1-3-1　图片素材获取的技术路线

第一步：搜索"搜图 114"。在百度搜索框中输入"搜图 114"，单击【百度一下】，单击选择【搜图 114】，进入搜图 114 官网，如图 1-3-2 所示。

图 1-3-2　搜索"搜图 114"

第二步：输入搜索关键词。在搜索框中输入"直播"，单击【搜索元素】按钮，如图 1-3-3 所示。

图 1-3-3 输入搜索关键词

第三步：选择图片。在搜索列表中，选择符合需求的图片，如图 1-3-4 所示。

图 1-3-4 选择图片

第四步：下载图片。进入图片详情页，单击【下载图片】，如图 1-3-5 所示。

图 1-3-5 下载图片

第五步：**保存图片**。首先，输入验证码，单击【确认】按钮，完成下载。随后，单击右上角的【设置及其他】按钮 …，单击【下载】，单击【打开文件】，即可打开所保存的图片文件，如图 1-3-6 所示。

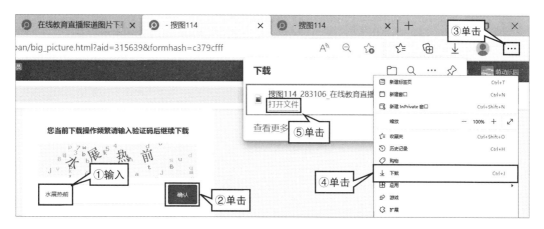

图 1-3-6　保存图片

小贴士

图片文件的常见格式有：PNG、JPG、JPEG、WEBP、ITF、RAW、PSD 等，不同格式的图片在压缩方式、颜色表示方式、编码方式等方面不尽相同。因此在下载图片时，必须保存为对应的图片格式，否则容易导致图片失真或无法正常读取等情况。如小丁下载"小孔成像"实验 gif 动图时，将下载类型误选成了 jpg 格式，该动图就失去了动态演示效果。

二、图片去水印

（一）需求分析

"五一劳动节"来临之际，小林作为某大学教育科学学院的学生会成员，正在参与策划"五一劳动节"主题活动。他需要做一张活动宣传海报，但从网上直接下载的背景图片有较多水印，如图 1-3-7 所示，他该怎么去除图片水印呢？

图 1-3-7　带水印的壁纸原图

（二）操作方法

本节以微信小程序"去水印"为例，讲解图片去水印的操作步骤，技术路线如图1-3-8所示。

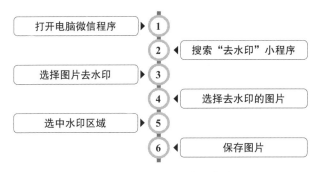

图 1-3-8 图片去水印的技术路线

第一步：打开电脑微信程序。双击电脑微信图标 ，打开电脑微信程序，如图1-3-9所示。

第二步：搜索"去水印"小程序。在微信搜索框中输入"去水印"，选择【去水印】小程序，如图1-3-10所示。

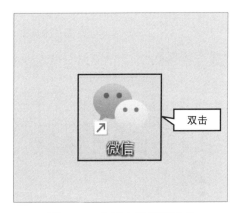

图 1-3-9 打开电脑微信程序

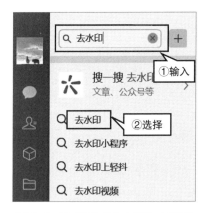

图 1-3-10 搜索"去水印"小程序

第三步：选择图片去水印。在搜索列表中单击【图片去水印】，如图1-3-11所示。

第四步：选择去水印的图片。单击【点击选择图片去水印】功能区，选择想要去掉水印的图片，再单击【打开】，导入图片，如图1-3-12所示。

第五步：选中水印区域。在去除水印页面中，拖动处理框至带有水印的区域，单击【确认】后，小程序自动去除水印，如图1-3-13所示。如果还有其他区域有水印，可重复上述操作。

第六步：保存图片。单击【保存】，下载去除水印后的图片，如图1-3-14所示。

图 1-3-11　选择图片去水印

图 1-3-12　选择去水印的图片

图 1-3-13　选中水印区域

图 1-3-14　保存图片

三、图片背景处理

（一）需求分析

张强是一名教育技术学专业的大学生，他报名参加了微课大赛，设计的微课主题是"南北极动物知多少"，主要向小学生介绍南北极动物种类的差异。在微课制作过程中，他从网上获取了一张关于企鹅的图片，但该图片的背景与画面整体风格不符，于是他想去除图片的原背景。他应该怎么做呢？

（二）操作方法

从网上获取图片素材后，有时需要去除图片背景，傲软抠图、美图秀秀、抠图神手、Word、PowerPoint 等工具可以实现这一需求。本节以 PowerPoint 为例，介绍去除图片背景的操作步骤，去除图片背景的技术路线如图 1-3-15 所示。

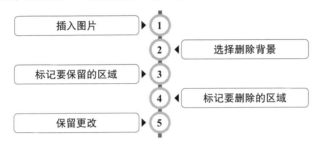

图 1-3-15 图片背景处理的技术路线

第一步：插入图片。启动 PowerPoint 软件，选择【插入】菜单，单击【图片】选项卡，在本地文件夹中选择待处理的图片，单击【插入】，如图 1-3-16 所示。

图 1-3-16 插入图片

第二步：**选择删除背景**。单击已插入 PowerPoint 的图片，选择【格式】，单击【删除背景】，如图 1-3-17 所示。

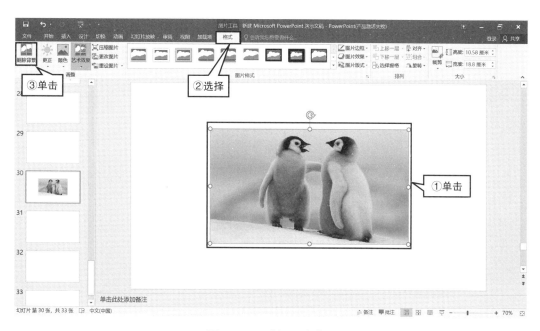

图 1-3-17　选择删除背景

第三步：**标记要保留的区域**。单击【标记要保留的区域】，在图片中选择要保留的部分，即小企鹅区域，如图 1-3-18 所示。

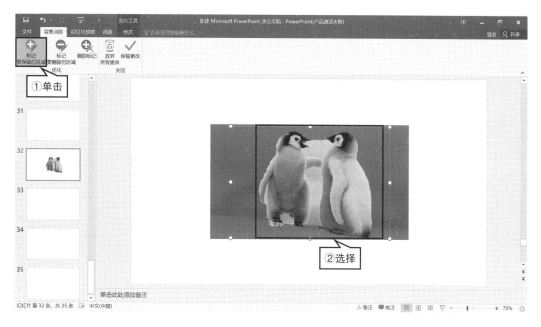

图 1-3-18　标记要保留的区域

第四步：标记要删除的区域。单击【标记要删除的区域】，在图片中选择要删除的区域，即图片主体（企鹅）之外的区域，如图1-3-19所示。

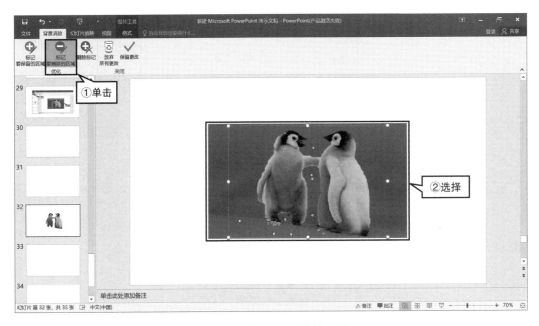

图1-3-19 标记要删除的区域

第五步：保留更改。单击【保留更改】，如图1-3-20所示，完成删除背景，提取出两个小企鹅的图像。如图1-3-21所示。

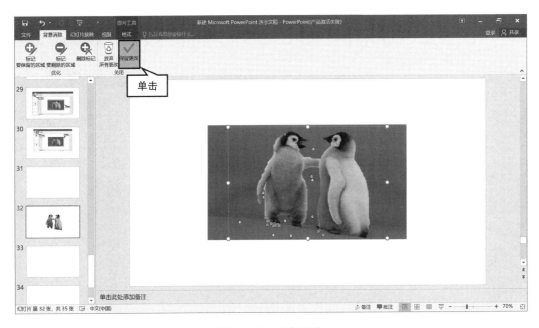

图1-3-20 保留更改

图 1-3-21　删除背景效果图

四、图片压缩

（一）需求分析

晓芳是一名教育学专业的大三学生，她正在线上报考教师资格证考试。在个人信息收集环节，系统显示上传的电子证件照不能大于 200kb，但她的证件照文件较大。那么，她可以使用什么方法压缩图片呢？

（二）操作方法

微信小程序（zip 照片压缩）、squoosh 网站、Optimizilla 网站、Tinypng 在线图片压缩等都可以压缩图片。本节以 iLoveIMG 网站为例，讲解图片压缩的具体操作步骤，其技术路线如图 1-3-22 所示。

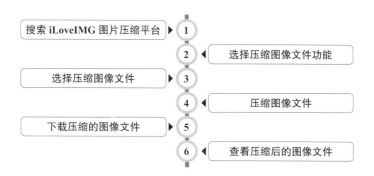

图 1-3-22　图片压缩的技术路线

第一步：搜索 iLoveIMG 图片压缩平台。首先在百度搜索框中输入"iLoveIMG"，单击【百度一下】，单击【iLoveIMG｜图像文件在线编辑工具】，如图 1-3-23 所示。

第二步：选择压缩图像文件功能。单击【压缩图像文件】，跳转至压缩图像文件功能页面，如图 1-3-24 所示。

第三步：选择压缩图像文件。单击【选择多张图片】，在电脑中选择多张要压缩的图像，单击【打开】，如图 1-3-25 所示。

图 1-3-23 搜索 iLoveIMG 图片压缩平台

图 1-3-24 选择压缩图像文件功能

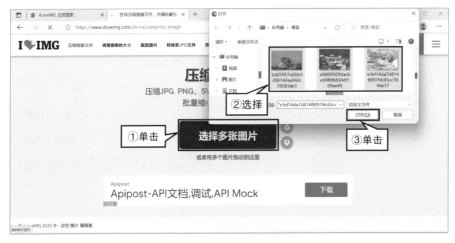

图 1-3-25 选择压缩图像文件

第四步：压缩图像文件。上传要压缩的图片后，单击【压缩多个图像文件】，开始压缩图片，如图 1-3-26 所示。

图 1-3-26　压缩图像文件

第五步：下载压缩的图像文件。单击【下载已压缩的图像文件】，开始下载，如图 1-3-27 所示。

图 1-3-27　下载压缩图像文件

第六步：查看压缩后的图像文件。单击【设计及其他】按钮 ⋯，选择【下载】，即可查看压缩后的图像文件，如图 1-3-28 所示。

图 1-3-28 查看压缩后的图像文件

第四节　音频获取与处理

对于音频素材，大家常常需要处理哪些问题？可能需要获取音频素材、将文字合成音频、去除音频人声，以及对音频进行剪辑与合成等。常用的处理工具有讯飞快读、微软听听文档、Audacity、耳聆网等，如表 1-4-1 所示。

表 1-4-1 音频获取与处理工具

工具名称	功能
讯飞快读	■ TTS 语音合成：可将文字转成语音； ■ OCR 图像识别：利用图像识别能力，用户可识别和提取图片上的文字； ■ 网页文章检索：接入 URL 链接取字功能，可识别大部分链接文章，如微信文章、简书、知乎。
微软听听文档	■ 添加语音信息：为 Word、PPT、PDF、Excel、图片等多种类型文档添加语音信息。
Audacity	■ 录制音频； ■ 音频播放：支持各种格式的音频文件播放； ■ 音频的简单处理：消除噪声、裁剪音频、多轨道混音。
耳聆网	■ 获取音频资源：拥有庞大的声音资源云库，提供永久性的免费上传 / 下载服务。

一、音频素材获取

（一）需求分析

张老师在制作微课时，希望在微课的开头插入一段上课铃声，营造真实的校园课堂氛围，提高学生观看微课时的临场感。张老师该怎么获取清晰的铃声呢？

（二）操作方法

耳聆网拥有庞大的免费音频资源，包含各类声效、乐段、自然声、音效等，能够帮助教师轻松获取各种音频资源。本节以耳聆网为例，讲解音频资源的获取方法，技术路线如图 1-4-1 所示。

图 1-4-1　音频素材获取的技术路线

第一步：登录（注册）用户账号。 在网址栏输入 "https://www.ear0.com"，进入耳聆网首页，点击【用户登录】界面的【立即注册】，先注册后登录，如图 1-4-2 所示。

图 1-4-2　登录（注册）用户账号

第二步：搜索音频。 在网页上方搜索栏中输入"上课铃声"，单击搜索图标，如图 1-4-3 所示。

第三步：试听并下载。 单击搜索结果列表中每一条音频的【播放按钮】▶，试听音频，若满足需求，则单击下载按钮⬇进行下载，如图 1-4-4 所示。

图 1-4-3 搜索音频

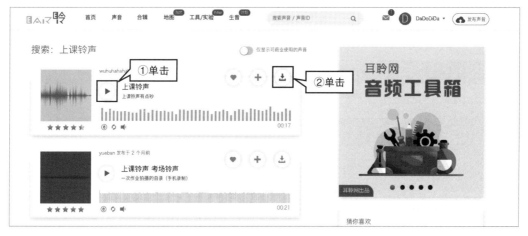

图 1-4-4 试听并下载

二、文字转音频

（一）需求分析

教英语的王老师在备课时，希望通过一段父母与孩子的英语对话来创设语言应用情境，帮助学生理解一般疑问句和特殊疑问句。现场录制耗时耗力，且容易出现发音不标准的问题，于是她想直接将文字转换为不同音色的音频。有什么工具能够帮助王老师实现这一需求呢？

（二）操作方法

本节以"讯飞快读"微信小程序为例，讲解文字转音频的操作方法，技术路线如图 1-4-5 所示。

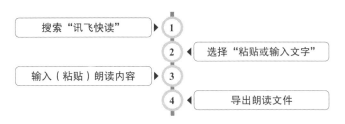

图 1-4-5 文字转音频的技术路线

第一步：搜索讯飞快读小程序。打开电脑版微信搜索框，输入"讯飞快读"，单击搜索结果中【讯飞快读】，如图 1-4-6 所示。

第二步：选择"粘贴/输入文字"。单击【粘贴/输入文字】，进入子功能界面，如图 1-4-7 所示。

图 1-4-6 搜索讯飞快读小程序

图 1-4-7 选择"粘贴/输入文字"

第三步：输入（粘贴）朗读内容。输入或粘贴需要语音朗读的文字，接着单击【选朗读员】，找到【免费】一栏中的【楠楠-童声】，最后返回点击【朗读文字】，如图 1-4-8 所示。

第四步：导出朗读文件。点击新页面底部【MP3】按钮，将朗读声音文件导出，如图 1-4-9 所示。

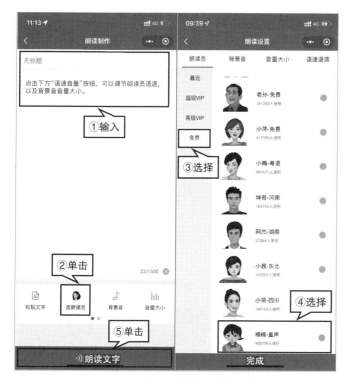

图 1-4-8 输入（粘贴）朗读内容

图 1-4-9 导出音频文件

三、去除音频人声

（一）需求分析

小美是音乐学院的一名学生，她报名参加了学校 2022 年度歌唱大赛，比赛要求每位选手自己提供音乐伴奏。可是小美手中仅有参赛歌曲的原声音乐，需要想办法找到纯音乐伴奏或去除原音频中的人声。在网络上搜索许久后，她仍没有找到合适的伴奏乐曲，她该如何将原音乐中的人声去除呢？

（二）操作方法

本节以 Audacity 软件为例，讲解去除音频人声的方法，技术路线如图 1-4-10 所示。

图 1-4-10 去除音频人声的技术路线

第一步：**下载软件**。在网址栏中输入"https://www.audacityteam.org"，进入软件官方网站，其首页如图 1-4-11 所示，接着单击【DOWNLOAD AUDACITY】创建下载任务。跟随软件安装指令即可完成安装。

图 1-4-11　Audacity 官方网站首页

第二步：**添加音频文件**。打开 Audacity 软件，导入想要处理的音频文件。单击【文件】菜单按钮，选择【导入】，单击【音频】即可从文件夹中导入音频文件，如图 1-4-12 所示。

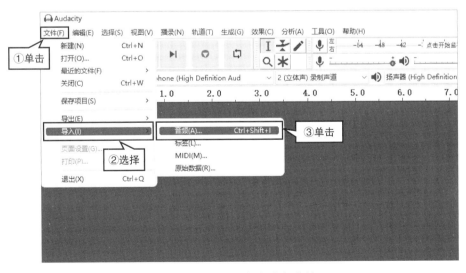

图 1-4-12　添加音频文件

第三步：**选中拟消除人声的片段**。鼠标左键单击音轨，并沿音轨移动光标，选中拟消除人声的片段，如图 1-4-13 所示。

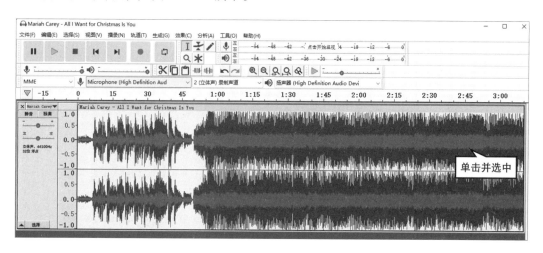

图 1-4-13 选中拟消除人声的片段

第四步：**添加人声消除效果**。在菜单栏选择【效果】菜单，单击其中的【人声消除和隔离】，如图 1-4-14 所示。

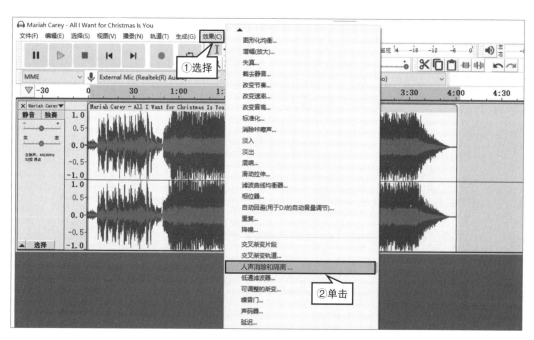

图 1-4-14 添加人声消除效果

第五步：**预览并确定效果**。在【动作】选择栏中选择【移除人声：至单声道】选项后，根据需求输入【强度】【人声低切】【人声高切】这三项参数值。随后点击【预览】，试听音频效果是否符合要求。如果未达到预期效果，则重新调整三项参数值，直到音频呈现最佳效果，人声几乎消失，则点击【确定】，如图1-4-15所示。

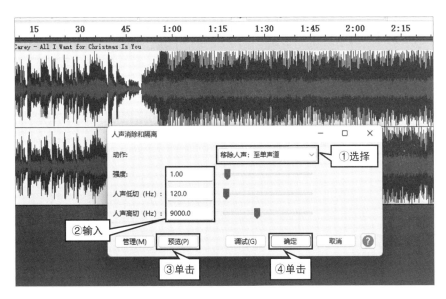

图1-4-15　预览并确定效果

　　第六步：导出音频文件。单击【文件】菜单按钮，选择【导出】，单击【导出为MP3】选项，即可导出消除人声后的音频，如图1-4-16所示。

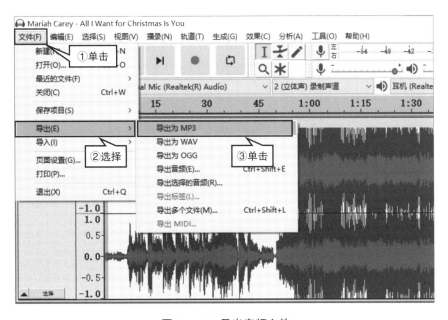

图1-4-16　导出音频文件

四、音频剪辑与合成

（一）需求分析

郭老师在讲解《行路难》时，想组织一场朗诵表演小组 PK 活动，希望学生通过朗诵来体会诗歌的韵律美和诗人丰富的情感。《行路难》一诗中诗人的情绪经历了从苦闷茫然到急切不安再到乐观豪迈的变化，郭老师想根据感情基调的变化为朗诵搭配不同的背景音乐，以提高学生的朗诵效果。为此，她需要截取不同乐曲的片段，并将这些片段合成完整的背景音乐。

（二）操作方法

本节以 Audacity 软件为例，讲解音频的剪辑与合成操作方法，技术路线如图 1-4-17 所示。

图 1-4-17 音频剪辑与合成的技术路线

第一步：添加音频文件。打开 Audacity 软件，导入想要合成的音频文件。单击【文件】菜单按钮，选择【导入】，单击【音频】即可从文件夹中导入音频文件，如图 1-4-18 所示。

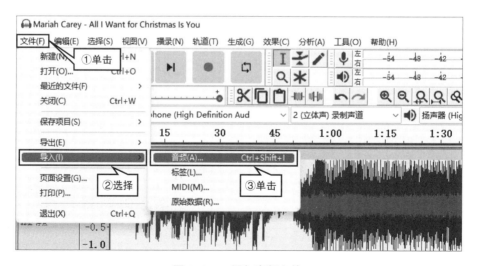

图 1-4-18 添加音频文件

第二步：**去除冗余音频片段**。单击音轨并选中想要去除的片段，之后单击软件上方【剪切】按钮✂。另一段音轨重复同样的操作，只保留需要的部分。如图1-4-19所示。

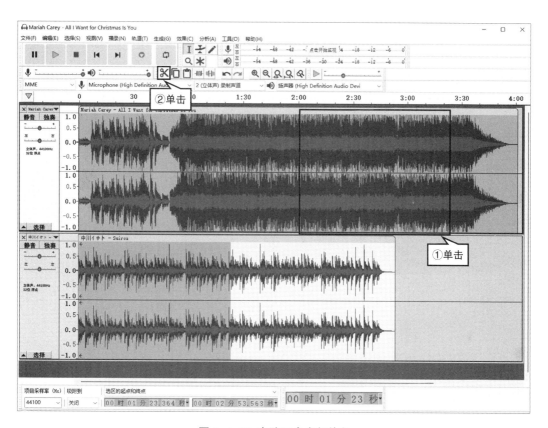

图1-4-19　去除冗余音频片段

第三步：**调整音轨位置**。将鼠标移动至音频轨道上方边缘，拖拽音轨到合适的位置，使音轨片段1的末尾与音轨片段2的开头紧密贴合，如图1-4-20所示。

第四步：**导出文件**。单击【文件】菜单按钮，选择【导出】，并单击【导出为MP3】，即可导出合成后的音频，如图1-4-21所示。

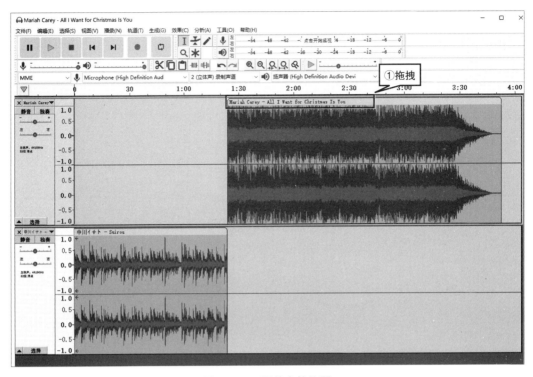

图 1-4-20 调整音轨位置

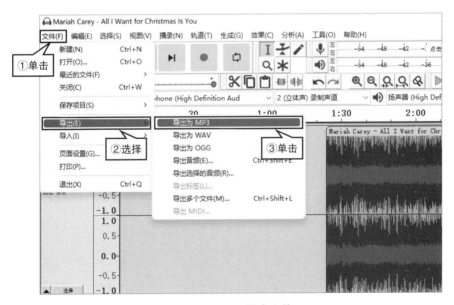

图 1-4-21 导出文件

第五节　视频获取与处理

　　教学视频是教学过程中常用的微资源之一，对于视频素材，大家可能需要完成视频获取、视频录制、视频编辑、转换视频格式等过程。秭麦是常用的视频获取工具，视频处理工具有 Camtasia Studio、EV 录屏、剪映、123APPS 等软件，如表 1-5-1 所示。本节将以秭麦视频下载器为例，讲解教学视频资源下载的操作方法；以 Camtasia Studio 为例，讲解视频配音、添加字幕、视频剪辑与合成的操作方法。

表 1-5-1　视频获取与处理工具

工具名称	功能
秭麦	■ 视频获取：复制链接即可将优酷视频、腾讯视频、微信公众号中的视频下载到电脑中； ■ 视频搜索：内置视频搜索功能，方便快速寻找视频； ■ 自动合并：支持视频分块下载，下载完成后自动合并。
EV 录屏	■ 屏幕录制：支持全屏录制、选区录制等多种录制方式； ■ 添加水印：可为录制的视频添加图片水印或文字水印； ■ 本地直播：开启本地直播后，用手机扫描二维码，或在 PC 端复制浏览器中以 http 开头的链接即可观看直播。
剪映	■ 视频处理：分割、变速、旋转、倒放视频，添加背景音乐、花式字幕、动画、滤镜，设置视频背景。
123APPS	■ 视频格式转换：主要用于转换各种视频格式，支持大多数格式； ■ 视频剪切：方便的在线编辑工具，可剪切视频文件； ■ 视频录像：通过设备的网络摄像头来录制视频或捕获照片。
Camtasia Studio	■ 屏幕录制：支持全屏录制、选区录制等多种录制方式； ■ 视频编辑：提供视频剪切、添加特效、添加交互等丰富的视频编辑功能。

一、视频素材获取

（一）需求分析

　　刘老师正在为一年级科学课《家养小动物——猫和兔》准备教学素材。他希望利用一段兔子饮食的视频让学生直观感受兔子的生活习性，激发学生学习兴趣。所以他在视频网站上以"兔子"为关键词进行搜索，并成功搜索和下载了一份合适的视频。

（二）操作方法

　　在网站直接搜索并下载网络视频素材的技术路线如图 1-5-1 所示。

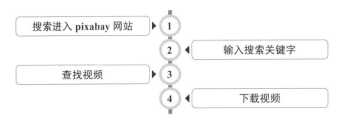

图 1-5-1 获取视频素材的技术路线

第一步：搜索进入pixabay网站。在浏览器的网址栏中输入网址"https://pixabay.com/zh/"，如图1-5-2所示。随后，敲击键盘上的【enter】键，进入该网站首页。

图 1-5-2 搜索进入视频素材网站

第二步：输入搜索关键字。首先，将检索类型改为视频，单击【照片】框，选择【视频】，如图1-5-3所示。随后，在搜索框中输入"兔子"，如图1-5-4所示，敲击键盘上的【enter】键，即可呈现有关兔子的视频页面。

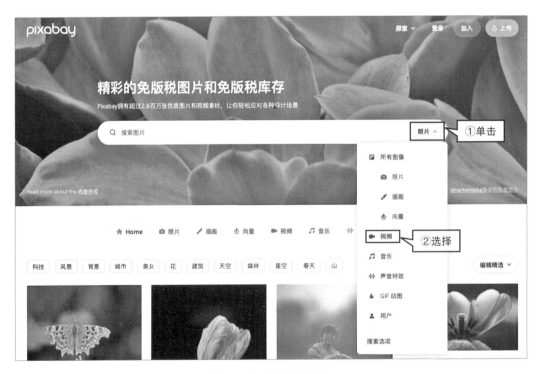

图 1-5-3 修改检索类型

图 1-5-4 输入搜索关键字

第三步：选择视频。浏览检索结果，选择合适的有关兔子饮食的视频，进入视频详情页，如图 1-5-5 所示。

图 1-5-5 选择视频

第四步：下载视频。单击【免费下载】按钮，选择合适的分辨率后单击【下载】按钮，即可下载视频，如图 1-5-6 所示。

图 1-5-6 下载视频

二、视频配音

（一）需求分析

周老师在为八年级体育课准备"排球垫球技巧"的教学素材时，计划课后推送一个动作分解视频供学生模仿练习。但他从网络上下载的符合教学需求的视频并未配置语音讲解，为此，他需要利用视频编辑工具为视频配音。

（二）操作方法

利用 Camtasia Studio 为视频配音的技术路线如图 1-5-7 所示。

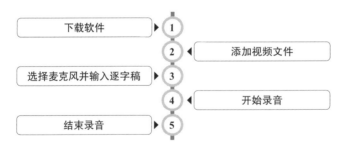

图 1-5-7 视频配音技术路线

第一步：下载软件。在浏览器的网址栏中输入网址"https://www.luping.net.cn"，网站首页如图 1-5-8 所示，单击导航栏中【下载】以获取该软件。

第二步：添加视频文件。启动"Camtasia Studio"软件，单击【导入媒体】按钮 导入媒体... ，如图 1-5-9 所示，导入视频资源，并将其拖拽到时间轴上，如图 1-5-10 所示。

图 1-5-8 Camtasia Studio 官网首页

图 1-5-9 添加视频文件（1）

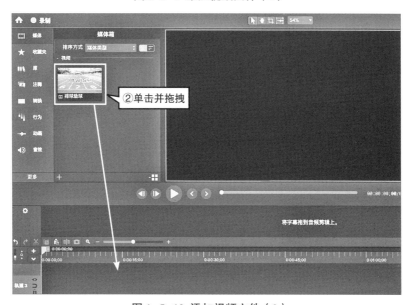

图 1-5-10 添加视频文件（2）

第三步：选择麦克风与输入逐字稿。点击【旁白】选项卡 ，选择麦克风并在文本框中输入逐字稿，如图 1-5-11 所示。

图 1-5-11 选择麦克风并输入逐字稿

第四步：开始录音。拖拽时间轴上的定位针到计划添加录音的开始位置，接着单击【开始录音】按钮 ，如图 1-5-12 所示，并等待倒计时如图 1-5-13 所示。

图 1-5-12 开始录音

图 1-5-13 等待倒计时

第五步：结束录音。单击【停止】按钮 █ 停止 ，如图 1-5-14 所示，录制完成的旁白将自动导入时间轴，如图 1-5-15 所示。

图 1-5-14 结束录音

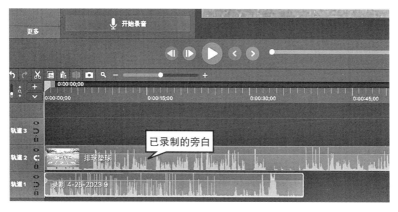

图 1-5-15 录制完成的旁白

三、视频添加字幕

（一）需求分析

字幕在教学视频中发挥着重要的作用，不仅符合学生的学习习惯，还能让重点知识内容更加突出，提高学生的学习效率，所以字幕往往成了优质作品的"标配"。李老师用软件制作动画类微课《人工智能知识表示方法》后，为了优化微课的观感，想要为它添上字幕。

（二）操作方法

利用 Camtasia Studio 为视频添加字幕的技术路线如图 1-5-16 所示。

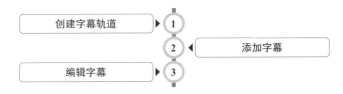

图 1-5-16 添加字幕的技术路线

第一步：创建字幕轨道。单击【音效】 🔊音效 选项卡中的【字幕】效果，将其拖拽至音频轨道上（Camtasia Studio 中，在默认情况下，导入后的素材的音频与视频不分离，处于同一轨道），如图 1-5-17 所示。添加【字幕】效果后，Camtasia Studio 将一整段音频自动地分成若干片段。任意片段在被点击后若变成紫色高亮状态，即代表该段字幕的持续时间，如图 1-5-18 所示。

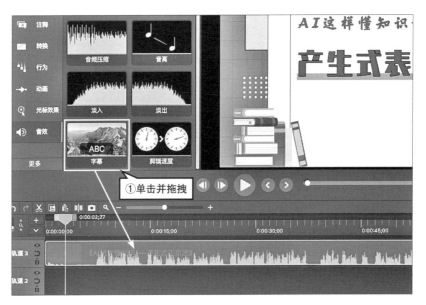

图 1-5-17 创建字幕轨道

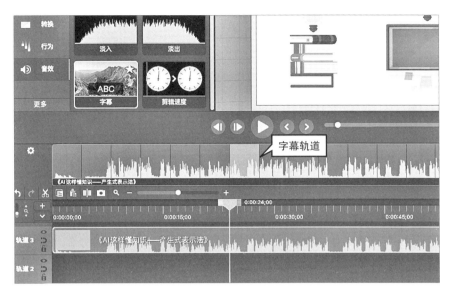

图1-5-18 字幕轨道

第二步：添加字幕。添加字幕时会出现两种情况。

如果已经被Camatsia Studio自动分割的音频片段是一句完整的讲解，教师可以直接单击该片段，在弹出的字幕窗口中输入该段音频的讲解内容，如图1-5-19所示。

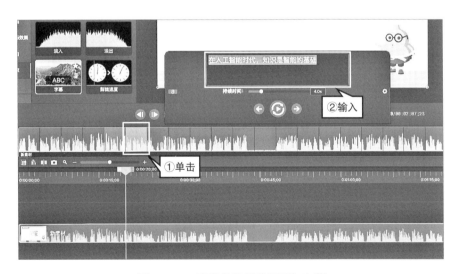

图1-5-19 直接为音频片段添加字幕

如果该音频片段中无法与一句完整的讲解相匹配，那么教师需要调整该音频片段所对应的字幕持续时间。点击字幕窗口右边的齿轮状按钮，通过"延长持续时间""缩短持续时间""分割当前字幕"或"与下一个字幕合并"四项功能来调整一句字幕的持续时间，如图1-5-20所示，使一句字幕文本精准契合一句讲解内容。接下来，按照第一种情况编辑字幕即可。

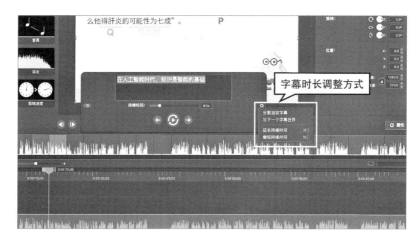

图 1-5-20　调整字幕持续时间

　　第三步：编辑字幕。单击字幕轨道，在弹出的字幕编辑窗口中单击左侧的按钮 **a**，如图 1-5-21 所示；对字幕的字体、大小、背景等属性进行设置，如图 1-5-22 所示。最终效果如图 1-5-23 所示。

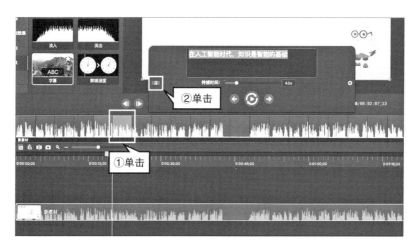

图 1-5-21　编辑字幕（1）

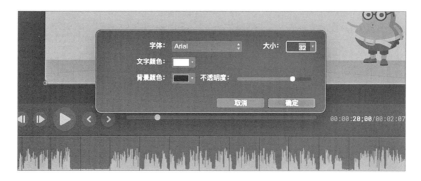

图 1-5-22　编辑字幕（2）

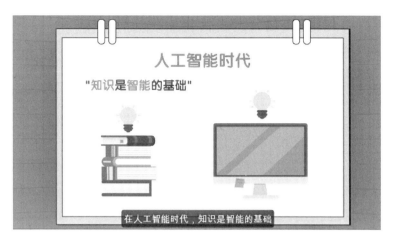

图 1-5-23 字幕添加效果

四、视频剪辑与合成

（一）需求分析

单一教学视频有时并不能满足教师的教学需求，此时就需要剪辑合成多个视频素材来形成一个逻辑性强、表意完整的教学视频。为此，李老师利用 Camtasia Studio 软件对多段微课视频进行了剪辑与合成。

（二）操作方法

利用 Camtasia Studio 完成视频的剪辑与合成的技术路线如图 1-5-24 所示。

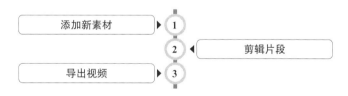

图 1-5-24 视频剪辑与合成技术路线

第一步：添加新素材。在媒体选项卡 中，单击【添加】按钮，导入新媒体素材，如图 1-5-25 所示。

第二步：剪辑片段。首先，单击并拖拽定位针到将要分割视频的位置，单击【分割】按钮，将视频分成若干部分。随后，选中要删除的片段，敲击键盘删除键【Delete】，只保留目标片段，如图 1-5-26 所示。

第三步：导出视频。首先，单击屏幕右上角【导出】按钮，接着单击【本地文件】，如图 1-5-27 所示，然后根据教学需求设置参数即可完成导出。

图1-5-25 添加新素材

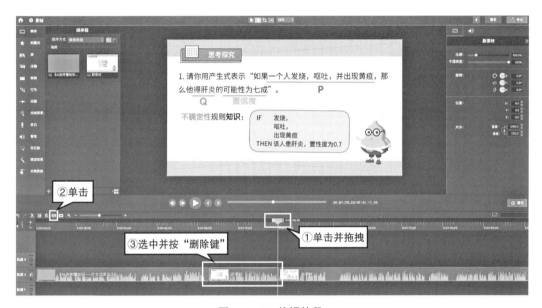

图1-5-26 剪辑片段

图1-5-27 导出视频

第二章　思维导图

何谓思维导图？

　　思维导图（mind map）又名心智导图，它以"思维"为核心，以"导"为目的，以"图"为形式，是一种用于记录发散思维的笔记工具，也是一种开放的思维方式。每一幅完整的思维导图都包含中心主题、分支主题和关联线这三大核心要素，从中心主题出发，运用图文并茂的形式，逐层向外扩散，形成分支主题，并通过关联线描述各节点之间的关系，具有发散性、联想性、条理性和整体性的特点。思维导图被广泛应用于教育领域，如课堂教学、协作学习、课后复习等多种教学场景之中，成为辅助教师教学与学生学习的微工具。

学习目标

　　1.举例说明思维导图在教育中的应用。

　　2.罗列思维导图的主要种类。

　　3.举例说明思维导图制作的基本要求。

　　4.熟悉思维导图的制作流程，并能制作出思维导图。

知识图谱

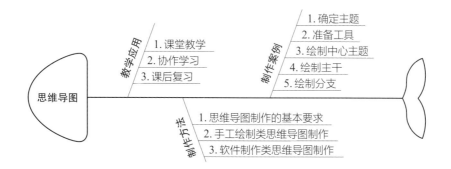

第一节 思维导图教学应用

一、思维导图在课堂教学中的应用

（一）案例描述

在三年级科学课《动物王国》中，教师以"走进动物王国"为主题，带领学生认识动物。首先，教师通过课件向学生展示一系列动物图片。然后，引导学生说出每张图片所对应的动物名称，并将其输入思维导图中。接着让学生进行头脑风暴，说出自己认识的其他动物，并将学生答案继续输入思维导图中。最后，教师带领学生一起对动画进行归类，形成完整的"动物王国"思维导图，如图 2-1-1 所示。

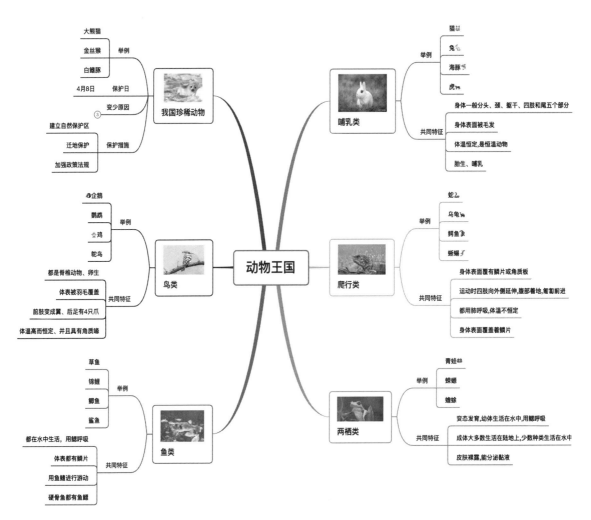

图 2-1-1《动物王国》思维导图

（二）应用分析

1. 教师通过引导学生认识图片中的动物，并将动物名称记录在思维导图中，向学生呈现了一个粗略的动物知识图，如图2-1-2所示。

2. 激发学生进行头脑风暴，将学生说出的动物名称不断地添加到思维导图的新节点上。

3. 带领学生分析各种动物的特征，对动物进行分类。将同类的动物放到思维导图的同一节点上。

4. 为了让学生更直观地认识动物，教师将提前准备好的动物图片插入思维导图对应的框中。

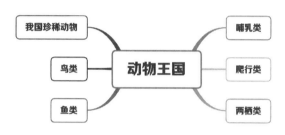

图2-1-2 课件呈现动物名称

（三）效果点评

三年级学生所处的认知发展阶段具有明显的符号性特点，思维活动依赖具体的事物并依靠经验的支持。在课堂上教师口头讲解各种动物及其特征时，学生难以具体感知动物的形态。本节课中，教师以具体的动物图片唤醒学生对动物的认知，然后利用思维导图工具，将学生说出的动物名称及其特征及时记录下来，及时肯定了学生的思考成果，有助于激发学生的学习热情；同时，思维导图有层级、有条理化地展示了本课的知识框架，有助于学生对动物种类有一个全面的认识。

二、思维导图在协作学习中的应用

（一）案例描述

在四年级语文课的一次协作探究活动中，探究任务要求"每四名同学为一个小组，设计一份黄河治理方案"。小明提议所在小组通过绘制思维导图来辅助探究学习。首先，在确定探究主题为"治理黄河"后，小组成员各自阅读课文《黄河是怎样形成的》及其拓展资料，并利用平板电脑将自己的想法绘制成思维导图，如表2-1-1所示。其次，小组成员轮流发言，分享其思维导图。接着，学习小组基于各成员的方案进行讨论，形成"治理黄河"思维导图的一级分支主题。最后，小组合作细化扩展思维导图分支，并剔除其中重复、无效的治理方法，形成最终方案。如图2-1-3所示。

表2-1-1 小组中四名成员的黄河治理方案

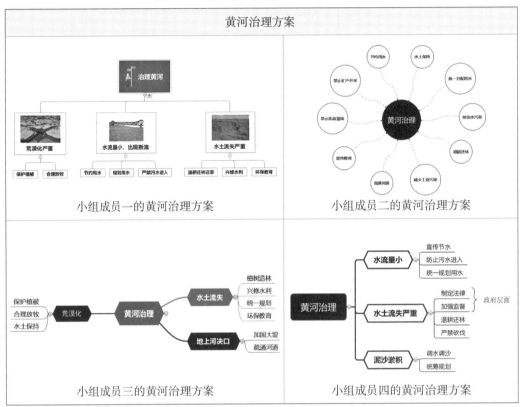

图2-1-3 黄河治理方案

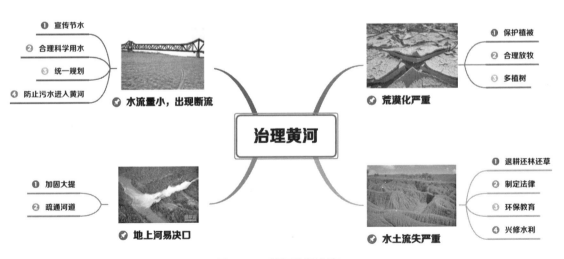

图2-1-3 黄河治理方案

（二）应用分析

该学习小组利用 Xmind 软件以"治理黄河"为中心主题绘制了思维导图。在该思维导图中，一级分支主题为目前黄河存在的环境问题：水流量小、出现断流、地上河易决口、荒漠化严重和水土流失严重，并添加了与环境问题相匹配的图片补充说明。针对一级分支主题所讨论的四项黄河环境问题，每发现一条与之对应的治理措施，小组成员就会创建一个二级分支主题，并为其添加序号图标使其合理有序，直至治理黄河方案梳理完毕，形成完整的思维导图，即小组活动探究的成果。

（三）效果点评

课文《黄河是怎样形成的》和拓展阅读材料描述了黄河的现状与治理方向，要点较为零散，学生在阅读材料时容易遗忘，且难以直观地发现环境问题与治理措施之间的对应关系。针对这些不足，学习小组在协作探究黄河治理方案的过程中，运用了思维导图，它既是支持学生协作探究的工具，又是学生呈现探究成果的工具。

在协作探究过程中，思维导图凭借其直观性、条理性的特点帮助学生筛选、整理和重组信息。同时，小组成员在交流讨论中不断扩展思维导图的分支和节点，这一过程有助于培养学生的发散思维能力和自主思考能力。

三、思维导图在课后复习中的应用

（一）案例描述

小军是一名九年级的学生，他对化学十分感兴趣，每天晚上都会对当天所学的化学课程进行梳理和复习。今天化学课上学习的是《物质构成的奥秘》，小军将自己学到的知识整理成思维导图，如图 2-1-4 所示。

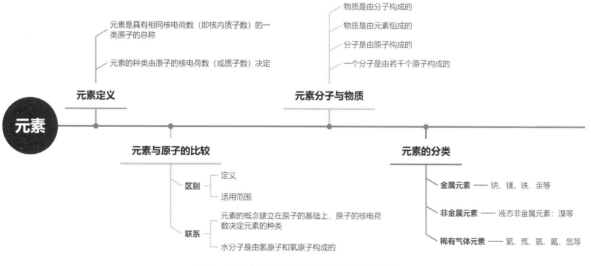

图 2-1-4《物质构成的奥秘》思维导图

（二）应用分析

1. 小军回顾老师讲课的内容顺序及板书，形成思维导图的一级分支。

2. 小军再细化自己对每一个主题的认识、其包含的内容及其定义等，形成思维导图的下一级分支。

3. 通过反复的补充，形成了本课《物质构成的奥秘》的知识思维导图。

（三）效果点评

学生在学完一节课甚至是一门课程后，知识在脑子里面仍然是零散的，这时候就需要通过回顾、梳理和复习的方式进行知识的组合、重构。思维导图有助于学生在复习中将零散的知识有机地组织起来。同时，学生制作思维导图的过程，也是再次理解和加工知识的过程，有助于深度学习的形成。

第二节　思维导图制作方法

一、思维导图制作的基本要求

（一）思维导图分类

按照绘制技术进行分类，可分为手工绘制类思维导图和软件制作类思维导图。

1. 手工绘制类思维导图

手工绘制类思维导图即通过手工的方式绘制思维导图。早期的思维导图是手工绘制的，手绘思维导图需要的材料较为简单，只需纸和笔即可绘制，并且具有较大的自主性，可以充分发挥想象力和创造力，通过不同色彩的笔自由绘画图形、线条和文字，如图 2-2-1 所示。

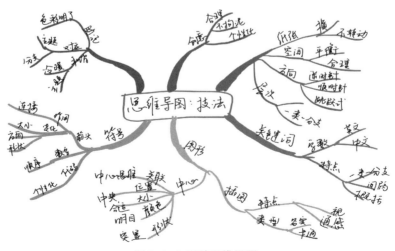

图 2-2-1　手绘思维导图

2. 软件制作类思维导图

软件制作类思维导图是指在电脑或手机等电子设备上用思维导图软件制作思维导图，如图2-2-2所示。软件类思维导图利用软件内置的思维导图模板和丰富的功能，可以迅速更改文字和色彩，完成思维导图的绘制。

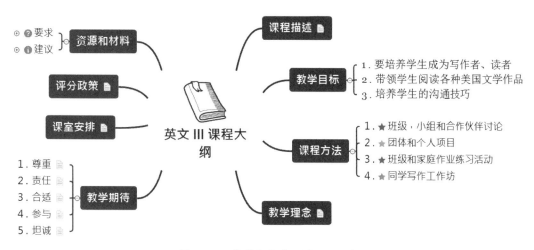

图2-2-2　软件制作类思维导图示例

3. 手工绘制类与软件制作类思维导图的比较

手工绘制类和软件绘制类思维导图各有特点和优势，两者之间的不同如表2-2-1所示。

表2-2-1　手工绘制类与软件制作类思维导图的比较

思维导图分类	特点	优势
手工绘制	■ 只需笔和纸就能绘制 ■ 可以自由绘制色彩线条 ■ 思维不受限制	■ 随时随地 ■ 随心随性 ■ 加强记忆 ■ 激发大脑潜能
软件制作	■ 字迹工整、布局规范、呈现效果好 ■ 随时修改、保存、复制 ■ 提供绘制模板	■ 规范化的工作呈现 ■ 修改、保存、复制方便 ■ 提高工作效率

在日常教学过程中，教师或学生的教与学需求决定了绘制思维导图的方式。表2-2-2为两种思维导图绘制方式的不同适用场景。

表2-2-2 手工绘制类和软件制作类思维导图方式的适用场景

思维导图分类	应用场景
手工绘制类	■ 整理学科知识点 ■ 读书笔记、课堂笔记 ■ 天马行空的草稿 ■ 方案初稿 ■ 写文章的最初框架、提纲 ■ 演讲、报告或讲课的基本思路
软件制作类	■ 分配工作任务 ■ 列工作计划和个人规划（需要做较多调整） ■ 梳理各种人物关系 ■ 呈现思路和框架

（二）思维导图的要素

思维导图基本构成要素有三点：中心主题、分支主题和关联线，如图2-2-3所示。

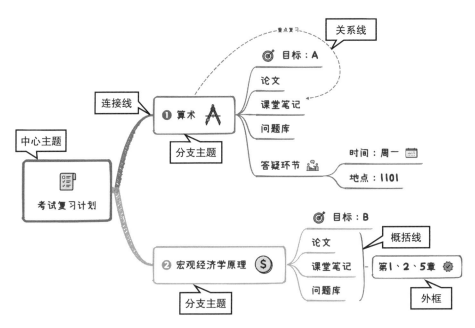

图2-2-3 思维导图的构成要素

1. 中心主题

中心主题是思维导图的核心，处于整幅思维导图的中心位置，也是思维发散的起点。思维导图围绕一个中心主题，逐层向外扩散，体现的就是发散思维。中心主题可以是学生思考的议题、讨论的话题、研究的主题，或者是一本书的名字、一个课题的名称，等等，但必须是一项可以向四周延展出更多内容的核心。如图2-2-3所示的中心主题是"考试复习计划"。

2.分支主题

分支主题是由中心主题直接或间接延伸出来的"子主题"，又称为节点。如图2-2-3所示，"算术"和"宏观经济学原理"是直接从中心主题延伸而来，因此称为一级分支主题。从一级分支主题延伸出来的"子主题"称为二级分支主题，如"论文""课堂笔记"等，以此类推。

3.关联线

思维导图中有四种关联线，分别是连接线、关系线、外框和概括线，这四种关联线在思维导图中的作用各不相同。

（1）连接线

连接线用于更好地体现不同分支主题之间的层级关系。一般情况下，一个分支主题下方的连接线使用同一种颜色，这样通过连接线的颜色便可快速判断是哪一分支下的内容。如图2-2-3所示，"考试复习计划"连接"算术"和"宏观经济学原理"的线。

（2）关系线

关系线用于连接两个主题，以此来建立两者之间的联系，一般以虚线的形式呈现，并以箭头表明主题之间的逻辑关系。

（3）外框

外框中的主题内容能起到强调作用，一般以虚线圆角矩阵的形式呈现。

（4）概括线

概括线，顾名思义就是起到概括总结作用的关联线，例如常见的小括号、中括号、大括号都属于概括线。概括线选中的对象一般具有某种共性，或是能组合成一个整体。

（三）思维导图绘制原则

作为思维可视化利器，思维导图可以帮助教师与学生梳理思路，更好地整理复杂思绪。那么，怎样才能快速地绘制思维导图呢？

思维导图中的核心要素是"关键词""联想和发散""逻辑分类"以及"视觉呈现"。师生们抓住这四个核心要素，便能在绘制思维导图的过程中事半功倍。

1.关键词

以关键词作为出发点能帮助教师与学生展开联想，让思绪像蜘蛛网一样扩散蔓延。提取关键词是一个变被动吸收为主动思考的过程，不停运用关键词容易刺激大脑进行联想，促进大脑对信息进行内化。因此，筛选关键词是大脑自动填充相关内容的过程，也是思维不断扩展的过程，使用思维导图能提高办事效率、提升思维能力。

提取关键词时可以遵循以下原则。

■ 选择能阐明关键概念的词，以名词为主，以动词为辅，再辅以必要的形容词和副词。

■ 力求精简到不能再精简为止。

2. 联想和发散

在绘制思维导图时，要善于运用类比的方式进行联想和发散，尝试穷尽所有的可能性。

3. 逻辑分类

逻辑分类是思维导图中至关重要的要素，因为大脑更善于处理有序、有规律的信息。思维导图可以帮助教师与学生更全面地思考，理清逻辑关系。

从发散到归纳，需要经过一系列的概括总结，列出所有的要点，再对要点进行分类，进而总结要点、形成观点。

4. 视觉呈现

色彩、图像、线条都是非常重要的视觉呈现方式。在脉络清楚、逻辑清晰的基础上，选择一个好的视觉呈现方式能让思维导图焕发更多活力。

■ 色彩：用不同的色彩可以区分不同级别的主题。

■ 图像：在关键部分插入图像可以激发联想，强调关键概念。

■ 线条：线条粗细变化可以让主题之间形成重要差异，使用者可以选择合适的线形来提高思维导图的协调性。

（四）思维导图绘制过程

思维导图的绘制一般包括确定主题、准备工具、绘制中心主题、绘制主干、绘制分支和发布等六步，如图 2-2-4 所示。

确定主题 ＞ 准备工具 ＞ 绘制中心主题 ＞ 绘制主干 ＞ 绘制分支 ＞ 发布

图 2-2-4 思维导图绘制过程

1. 确定主题

思维导图是围绕某个主题或者某个问题进行思维发散而形成的，绘制思维导图的第一步就是确定主题，然后围绕着该主题进行知识梳理或头脑风暴等。

2. 准备工具

与其他事物的创造过程一样，绘制思维导图也需要工具来辅助。最简单的工具可以是纸和笔，采用任何纸和笔都能进行绘制。如果寻求更加丰富和高级的表达，也可以使用其他绘制工具，如画板、水彩笔和思维导图制作软件等，如图 2-2-5 所示。

图 2-2-5　思维导图准备工具

3. 绘制中心主题

中心主题可以直接用文字表示，也可以以图片或者图文的形式展示，如图 2-2-6 所示。中心主题应清晰明了地表达思维导图所要讨论的中心内容。

图 2-2-6　中心主题的两种表达形式

4. 绘制主干

思维导图的绘制原则是从主要到次要，从核心到细节。主干用来记录较为核心的信息。一般利用较粗的线条或者较鲜艳的颜色来绘制思维导图的主干，主干上的文字要清晰、醒目，如图 2-2-7 所示。

图 2-2-7　主干的绘制形式

5. 绘制分支

思维导图的分支可以无限延展，只要纸张空间允许，即可进行充分的联想和记录。可以选择柔和的曲线绘画分支，比如弧形线条和波浪形线条，如图 2-2-8 所示，这样可以使关键词或分支主题的布局更加灵活。

图 2-2-8　分支的绘制形式

6. 发布

手工绘制类的思维导图可以通过拍照或扫描成电子版在网络上发布。软件制作类思维导图制作完成后利用软件直接导出文件即可。

二、手工绘制类思维导图的制作方法

手工绘制类思维导图可以根据绘图者的想法直接绘制，不受时间地点限制，且可以展示较强的个人风格。在手工绘制思维导图时，绘图者需要进行相关的准备工作，掌握绘制步骤，明晰绘制过程中的注意事项。

（一）制作过程

手工绘制思维导图可以分为以下几步。

1. 确定主题

手绘思维导图首先应根据需要，梳理、确定绘制的主题，如五年级英语下册 Unit 4 "What are your hobbies" 的教学目标为 "学生能够听说读写动词短语的 ing 形式：collecting stamps、riding a bike、diving 等"。因此围绕教学内容与目标，确定绘制思维导图的主题为 "what are your hobbies"，以此展开思维导图的分支内容。

2. 准备工具

手工绘制思维导图最基本的工具包括白纸和笔。最常见的是 A4 大小规格的白纸。如果思维导图信息量较大，也可以使用 A3 规格大小或者更大的白纸。可以选择日常的签字笔或铅笔进行绘制，如果追求灵活的制作风格，也可以选择多色水彩笔或者彩铅。

3. 绘制中心主题

找到白纸的中心位置，开始写中心主题并画图。如图 2-2-9 所示，用丰富的色彩和合适的图像来表达思维导图的核心主题。倘若时间不允许，可以简单地利用线条将核心主题圈出。

图 2-2-9 中心主题效果图

4. 绘制主干

由核心主题向外发散，从中心主题到主干，各级内容层层相连。如图 2-2-10 所示，经中心主题延伸出来的主干包括"make、dance、do、collect"等。

图 2-2-10 思维导图主干效果图

5. 绘制分支

绘制主干后，接着向外发散与延伸，绘出分支主题，以补充和描述主干内容。如图 2-2-11 所示，在各主干下面，延伸出多条分支，如 doing housework、doing my job，是对主干 do 的具体扩展。

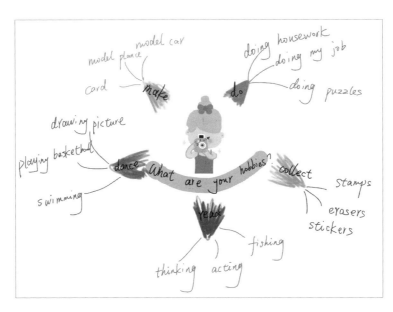

图 2-2-11 思维导图分支效果图

（二）制作要点

在手工绘制思维导图时，需注意如下事项：

1. 思维导图上任意的点与点之间用线连通，将文字或图像符号放置在线条上；

2. 连接线要自然弯曲，呈现曲线美感；

3. 一级分支主题在3～7个之内，避免画面混乱、不均衡；

4. 不同的主干与分支尽量使用不同的颜色；

5. 色彩的使用以及搭配要合理恰当；

6. 多使用图表或图形等直观形式来表现内容。

 拓展：手工绘制类思维导图制作案例

图2-2-12 手工绘制类思维导图案例

图2-2-12是一幅名为"5步速读法"的思维导图。绘制时，先确定中心主题为"5步速读法"，以形象生动的图片阐释主题；接着，用不同颜色的画笔画出五条由粗到细的主干，五条主干按照顺时针顺序分别记录速读法的五个步骤，每条主干下的分支又对主干进行了补充。

三、软件制作类思维导图的制作方法

（一）工具介绍

1. 百度脑图

百度脑图是一个思维导图制作网站，支持在线创建、编辑思维导图。操作界面简单，仅包括生成主题、操作主题、插入信息（链接、图片、备注、标签）三大功能模块，技术壁垒低，教师容易上手。百度脑图网页界面如图2-2-13所示。

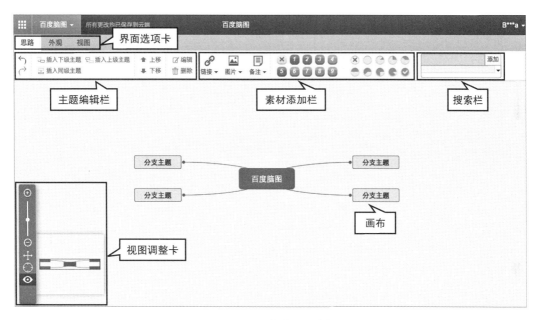

图2-2-13 百度脑图网站界面

2. Xmind

Xmind是一款操作简易的思维导图软件，提供了经典思维导图、鱼骨图、组织架构图等14款思维导图结构模板，三十多种样式，以及丰富的图标和贴纸，并支持自由创建分支主题、音频笔记，且内置拼写检查、搜索、加密等功能，为教师快速绘制内容丰富、图文并茂的思维导图提供了有力支持。Xmind软件界面如图2-2-14所示。

3. MindMaster

MindMaster是一款功能全面的专业思维导图软件，除基础的思维导图制作功能外，还具有添加多个主题、头脑风暴、分支遍历、幻灯片展示等功能。"添加多个主题"功能支持快速转化文字版笔记或同时编辑多个主题，有助于提高思维导图制作效率。分支遍历、幻灯片展示功能可以用来展示思维导图创作过程或重点局部内容，从而辅助教师教学活动。头脑风暴功能支持多名学生通过在线网络编辑同一幅思维导图，为思维导图应用于协作学习提供了技术支持。MindMaster软件界面如图2-2-15所示。

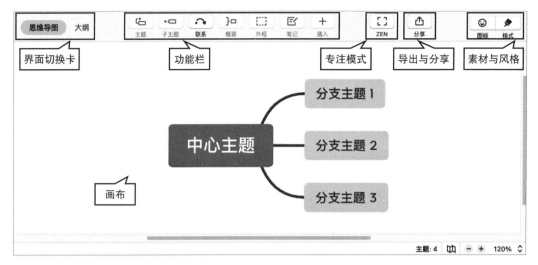

图 2-2-14 Xmind 软件界面

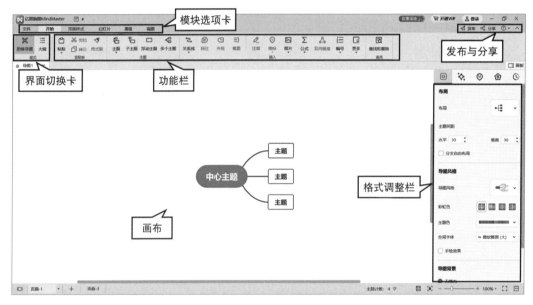

图 2-2-15 MindMaster 软件界面

（二）制作过程

本节以 Xmind 软件为例讲解运用软件制作思维导图的过程。

1. 确定主题

本节课讲授的是计算机的硬件系统。它是本节课所有知识的总括，属于上位知识。因此思维导图直接以其为主题，并基于它进行发散与扩展。

2. 新建思维导图

打开 Xmind 软件，将弹出如图 2-2-16 所示页面，绘图者可以自主选择适合主题内容的思维导图风格，双击样式图标即可创建，或选中风格图标后单击【创建】按钮。

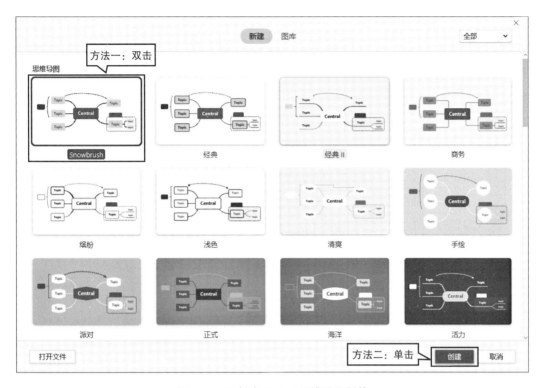

图 2-2-16　创建 Xmind 思维导图风格

3. 绘制中心主题

思维导图新建后，其初始状态包括位于中心的中心主题与 3 个一级分支主题，如图 2-2-17 所示。双击【中心主题】，即可输入主题文字。

图 2-2-17　绘制中心主题

4. 绘制分支

主干即 Xmind 中的一级分支主题，添加分支主题常用方法如下。

方法一：单击【中心主题】，选择【子主题】按钮，即可创建中心主题的主干，如图 2-2-18 所示，"中心主题" 为 "计算机硬件系统"。

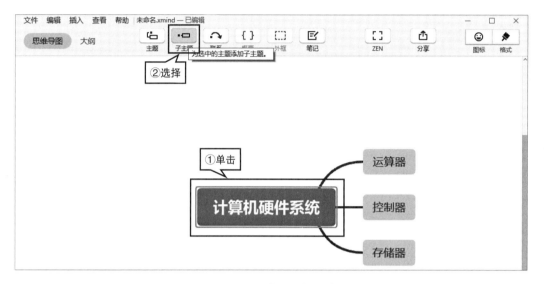

图 2-2-18 绘制分支（1）

方法二：选中任意一级【分支主题】，单击【主题】按钮，为选中的主题新增一个同级主题，如图 2-2-19 所示，"运算器" 即为分支主题之一。

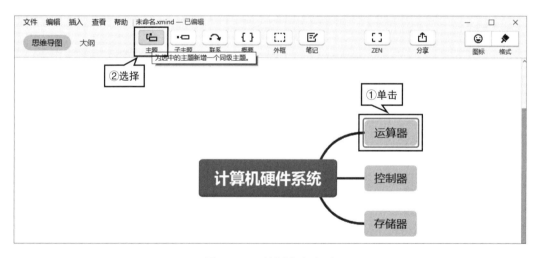

图 2-2-19 绘制分支（2）

方法三：选中【中心主题】，敲击键盘上的【Insert】键插入所选主题的子主题。将所有主干添加完成后如图 2-2-20 所示。

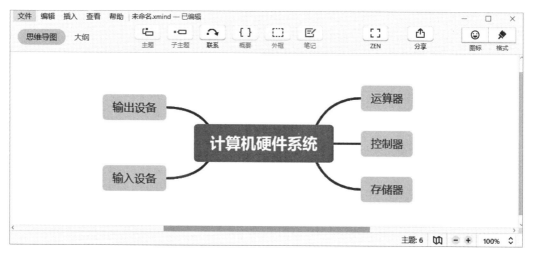

图 2-2-20 绘制分支（3）

5.绘制分支主题

分支主题即从主干向下层层递进。创建分支主题，需先选中主干框，其余操作步骤与绘制主题和绘制分支相同。

6.调整格式

选中想要修改的主题框，单击右侧边栏的【格式】按钮，即可对思维导图进行格式修改，如图 2-2-21 所示。格式调整包括【样式】和【画布】两部分。

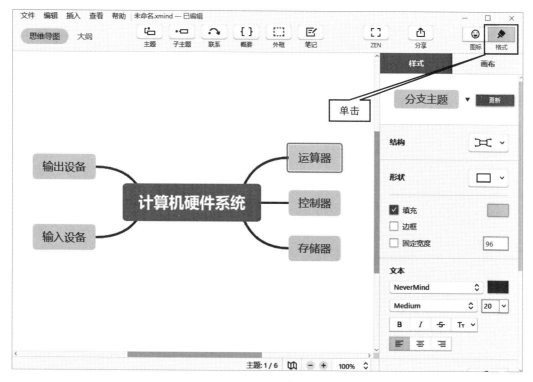

图 2-2-21 调整格式

拓展

"格式"和"画布"选项还具备丰富的属性和功能,如表2-2-3、表2-2-4所示。

表2-2-3 "格式"选项的属性和功能

属性	功能介绍
结构	选择主题的分支结构。
形状	设置主题形状,填充颜色、边框和固定宽度。
文本	设置字体属性、样式、颜色、大小、对齐方式,类似word文字功能。
分支	设置分支线条的形状、颜色、粗细。

表2-2-4 "画布"选项的属性和功能

属性	功能介绍
更换风格	选择其他的思维导图风格。
背景颜色	对画布的背景颜色进行设置。
结构	除了设置分支结构,还可以选择彩虹分支和线条渐细模式。
高级布局	可选择自动平衡布局、分支自由布局和主题层叠模式。

7. 添加图标

选择想要修改的框,单击右上角【图标】,按自己的想法在该位置添加相应的【标记】或【贴纸】图案,如图2-2-22所示。

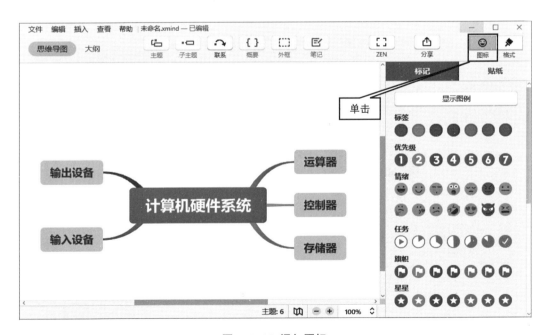

图2-2-22 添加图标

拓展："图标"选项具有丰富的属性及功能，如表2-2-5所示。

表2-2-5 "图标"选项的属性和功能

属性	功能介绍
标记	内含有标签、优先级、情绪、任务、旗帜、星星、箭头等符号，添加符号可以突出重点内容，使形式新颖。
贴纸	内含Xmind自带的相关主题贴纸图案，包括商务、教育、表情等主题。

对案例中的思维导图添加相关图标后，效果如图2-2-23所示。

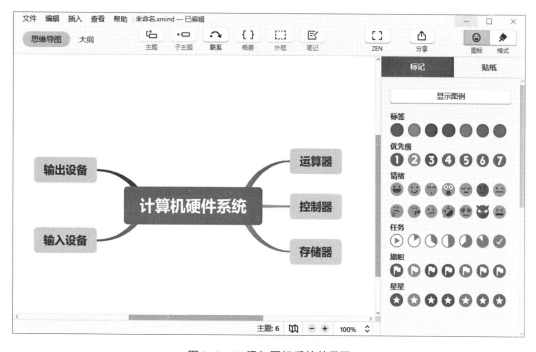

图2-2-23 添加图标后的效果图

8. 增加效果

为了使思维导图内容更加清晰、重点更加突出、联系更加明晰，可以使用页面顶部的几个特殊符号，具体包括以下几种。

- 【联系】：增加各主题之间的联系。选中任一主题后，点击【联系】按钮，接着选中要建立联系的另一主题，即可为两个主题建立联系。

- 【概要】：为选中的主题添加概要。选中若干主题，点击【概要】按钮，即可为这些主题建立概要。

- 【外框】：利用外框将选中的主题分组。选中若干主题，点击【外框】按钮，即可为这些主题建立分组。

- 【笔记】：为选中的主题插入笔记。选中任意主题，点击【笔记】按钮 ▣ ，即可为其主题建立笔记。

为上述思维导图增加联系、概要、外框、笔记等要素后的效果如图2-2-24所示。

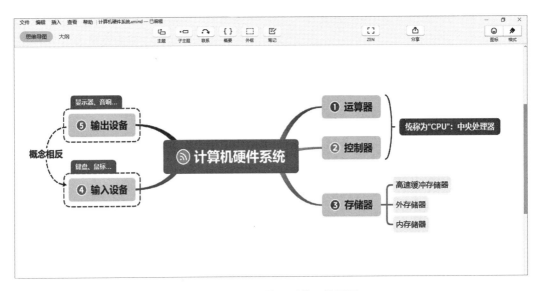

图2-2-24 增加效果后的思维导图

9.保存并导出思维导图

思维导图制作结束后，需要对思维导图进行保存，根据需要还可以将思维导图导出为pdf、png、word等格式的文件。

单击左上角【文件】，选择【保存】，自定义保存位置和文件名称，后缀为.Xmind。保存完成后，单击左上角【文件】，选择【导出】。可选择导出为PNG格式的文件，以方便查看，如图2-2-25所示。

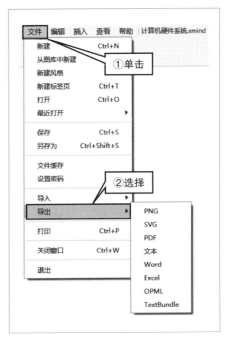

图2-2-25 导出思维导图

拓展：软件制作类思维导图制作案例

图 2-2-26 是一幅围绕九年级化学中关于"元素"这个知识点的思维导图。该思维导图利用软件 Xmind 制作而成，以"元素"为中心主题，以"元素"和"元素符号"为主干内容，主干又包括了多级分支，覆盖了该节全部教学内容，知识点之间的逻辑清晰。此外，该思维导图添加了与内容贴切的图片，提高了思维导图的可读性和艺术性。

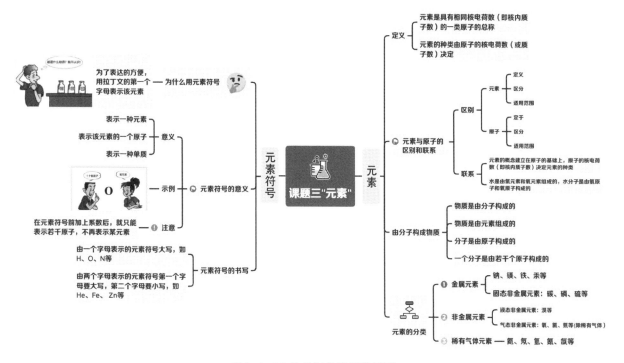

图 2-2-26 软件制作类思维导图

第三节 思维导图制作案例——《七年级数学思维导图》

七年级上册数学学科的新知识学习结束后，教师需要带领学生复习本学期知识，以帮助学生查找学习过程的知识盲点，并将所学知识体系化。但七年级数学知识体系较为庞大，课程内容较多，知识较为零散，知识之间的联系不紧密。于是，在展开复习课教学之前，教师用思维导图向学生呈现本学期所学的所有知识点，帮助学生完善知识体系，全面把握知识结构。思维导图如图 2-3-1 所示。

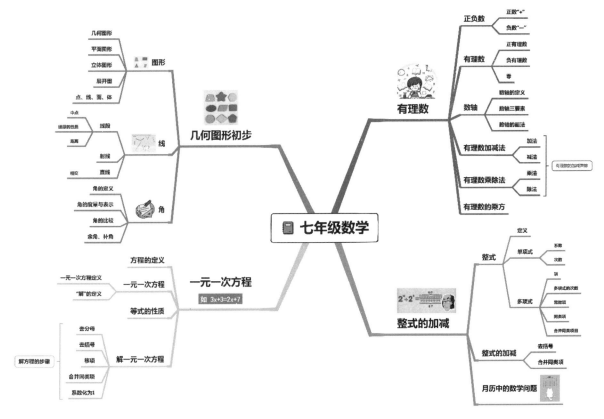

图 2-3-1 七年级数学思维导图

一、确定主题

根据上述需求分析可知，该思维导图的主题是七年级上册数学学科知识体系，内容包括有理数、整式的加减、一元一次方程、几何图形初步四章，其中每章包含多个知识点。

在正式绘制思维导图之前，需对每个单元的知识点进行梳理、总结。"有理数"一章包括正负数、有理数、数轴、有理数加减法、有理数乘除法、乘方等知识；"整式的加减"一章包括整式、整式的加减、月历中的数学问题等知识；"一元一次方程"一章包括一元一次方程、等式性质、解一元一次方程等知识；"几何图形初步"一章包括图形、直线、射线、线段和角等知识。

二、准备工具

■ 准备一台电脑。

■ 电脑中下载 Xmind 软件。电脑端用户可以直接在官方网站下载 Xmind。

■ 搜集并下载阐释知识的图片、网页链接或附件等。

三、绘制中心主题

绘制中心主题即在思维导图绘制软件中输入思维导图的主题，还可以通过插入图片、贴纸等主题元素对其进行美化。图 2-3-2 是一个思维导图模板，包括一个中心主题及四个主干。

绘制中心主题效果图

绘制中心主题的效果如图 2-3-2 所示。

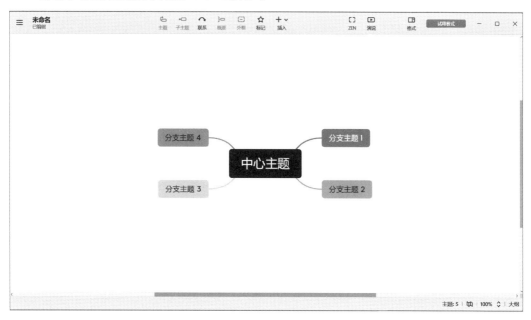

图 2-3-2　绘制中心主题效果图

操作步骤

绘制《七年级数学思维导图》中心主题的技术路线如图 2-3-3 所示。

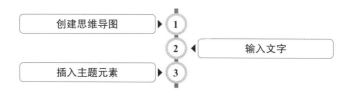

图 2-3-3　绘制中心主题技术路线

第一步：创建思维导图。双击打开 Xmind，点击菜单栏中的【最近】，选择【新建】，即可创建思维导图页面，如图 2-3-4 所示。也可以单击菜单栏中的【模板】，在弹出的模板页面中根据自己的需要选择合适的风格，如图 2-3-5 所示。

第二步：输入文字。双击【中心主题】，在中心主题文本框中输入文字"七年级数学"，如图 2-3-6 所示。

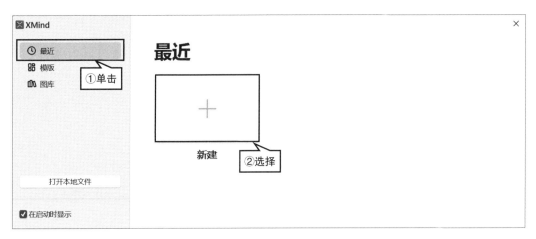

图 2-3-4 创建思维导图（1）

图 2-3-5 创建思维导图（2）

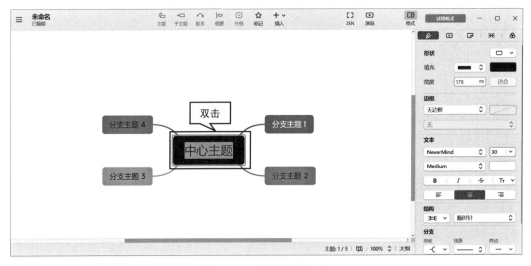

图 2-3-6 输入主题文字

第三步：**插入主题元素**。选中【七年级数学】文本框后，单击【插入】，选择【贴纸】，选中合适贴纸，即可插入文本框中，操作过程如图2-3-7所示。此外，在插入工具栏中还可选择添加笔记、标签、链接、附件、插图、本地图片等主题元素。

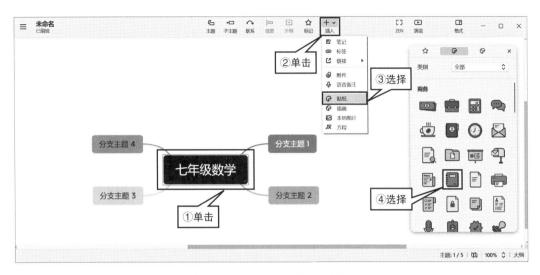

图2-3-7 对中心主题插入元素

四、绘制主干

绘制主干即新建中心主题的下一级分支（具体操作可见二维码），并在各文本框中输入相应文字，设置主题样式。该页面已呈现分支主题，下面主要介绍输入文字、设计格式等操作。

绘制主干效果图

绘制主干的效果如图2-3-8所示。

图2-3-8 绘制主干效果图

操作步骤

绘制《七年级数学思维导图》主干的技术路线如图 2-3-9 所示。

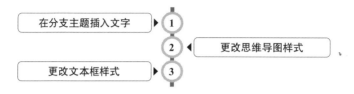

图 2-3-9 绘制主干技术路线

第一步：在分支主题插入文字。双击文本框中的【分支主题 1】，输入"有理数"，对其他三个分支主题进行同样的操作，输入七年级上册其他三章名称，如图 2-3-10 所示。

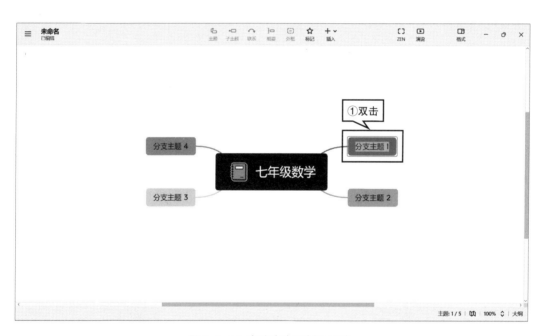

图 2-3-10 在分支主题插入文字

第二步：更改思维导图样式。单击【格式】，单击【骨架】按钮 ，选择想要使用的样式，即可替换样式，如图 2-3-11 所示。

第三步：更改文本框样式。选择【七年级数学】文本框，单击边框栏目下的【无边框】，选择边框样式，如图 2-3-12 所示。

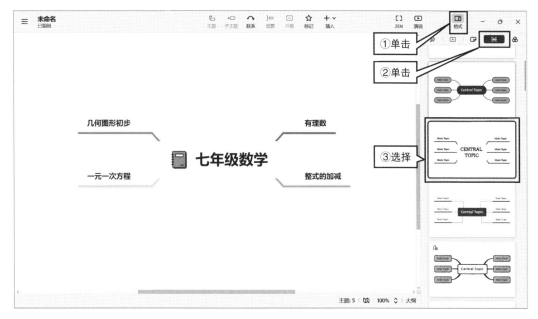

图 2-3-11 更改思维导图样式

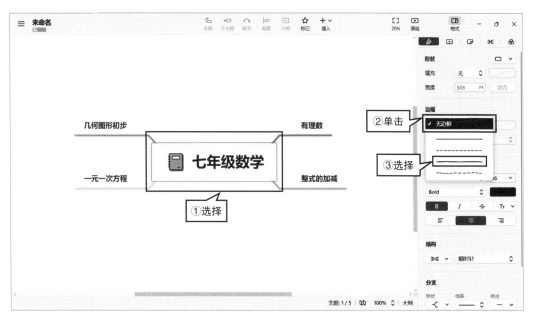

图 2-3-12 更改文本框样式

五、绘制分支

分支是主干主题发散出来的下一级主题，可以新建一条或多条分支，其内容是主干内容的细化。如从主干主题"有理数"中延伸出了"正负数""有理数""数轴""有理数加减法"等分支。

绘制分支效果图

绘制分支的效果如图 2-3-13 所示。

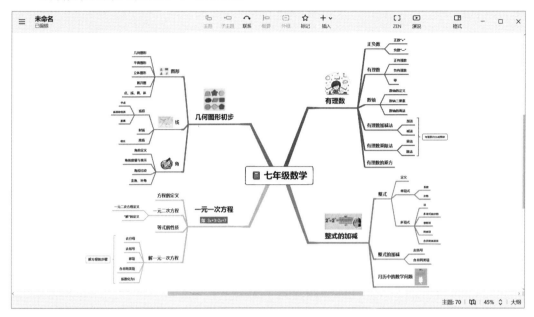

图 2-3-13 绘制分支效果图

操作步骤

绘制《七年级数学思维导图》分支的技术路线如图 2-3-14 所示。

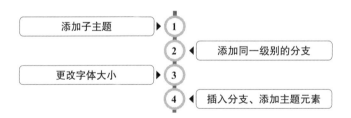

图 2-3-14 绘制分支技术路线

第一步：**添加子主题**。选择主题【有理数】，单击工具栏中的【子主题】选项进行添加。此外，还可以选中主题，在菜单栏的【插入】选项中选择【子主题】进行添加；也可以选中主题，通过 Tab 键进行添加。添加完成后，输入文字"正负数"，如图 2-3-15 所示。

第二步：**添加同一级别的分支**。选择主题【正负数】，单击工具栏中的【主题】，即可添加与原主题同一级别的分支，如图 2-3-16 所示。此外，也可按照这种方法继续添加子分支。如此可将该分支的知识点补充完整。

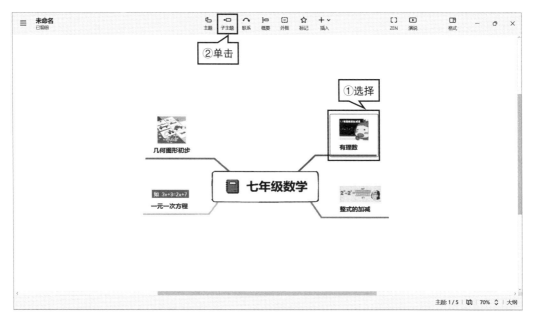

图 2-3-15 添加子主题

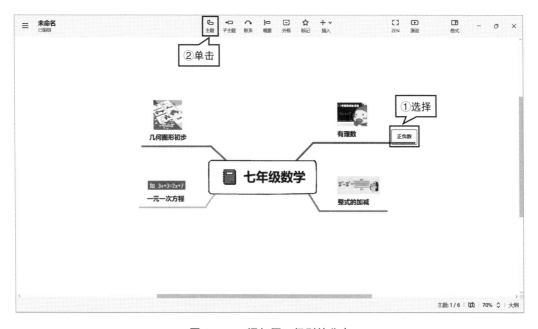

图 2-3-16 添加同一级别的分支

第三步：更改字体大小。新建知识点分支后，字体变小，可以选择主题【正负数】，单击【格式】，选择【样式】按钮，选择文本框下面的字体按钮，调大字号，如图 2-3-17 所示。

117

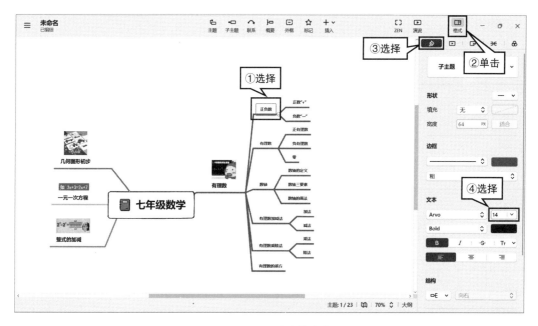

图 2-3-17 更改字体大小

第四步：**插入分支、添加主题元素**。按照上述方法，将其他主干下面的分支补充完整，依次插入图片、贴纸、图标等元素，并调整字号。插入主题元素后的效果如图 2-3-18 所示。

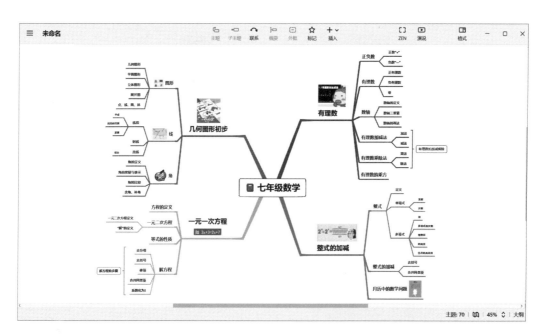

图 2-3-18 插入主题元素后的效果图

六、导出发布

思维导图制作完成后，可单击画面左上角图标≡，单击【导出】，选择【PNG】，即可导出 PNG 格式的思维导图，如图 2-3-19 所示。还可以选择导出 SVG、PDF、Markdown、Excel、Word 等不同格式文件。

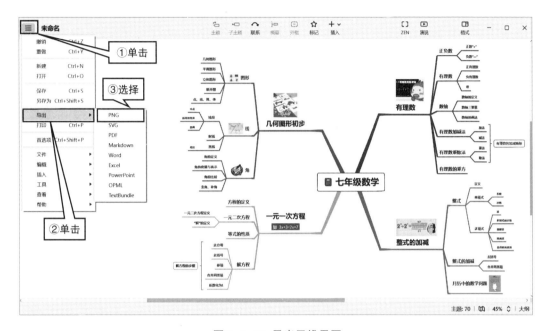

图 2-3-19 导出思维导图

第三章　教学动图

什么是教学动图?

　　动图又被称为动态图片,是指由一组特定的静态图片以特定的频率切换,从而产生某种动态效果的图片。它以静态图片为对象、以特定的动态过程为样式,以释放和呈现图像信息为目的。动图的出现极大地丰富了教育教学资源,有助于科学现象的形象化展现、抽象概念的生动化呈现以及实验操作的直观化演示。动图作为信息的载体,被广泛应用于教育教学中,如原理知识讲解、实验教学、技能训练等。教学动图内容聚焦、容量小、成像清晰、传播速度快、制作成本低。教学动图的特性赋予了它更简明、更集中、更强化地呈现教学内容的功能。

学习目标

1. 举例说明动图在教育教学中的应用。

2. 能说出教学动图制作的基本原则。

3. 能通过互联网获取教学动图资源。

4. 熟悉教学动图的制作流程,并能根据教学需要制作教学动图。

知识图谱

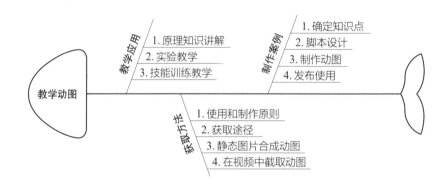

第一节 教学动图的应用

一、教学动图在原理知识讲解中的应用

（一）案例描述

在初中数学"勾股定理的证明"课堂上，教师首先带领学生复习勾股定理：$a^2+b^2=c^2$，并引导学生思考如何证明勾股定理。然后，教师播放勾股定理证明动图，如图 3-1-1 所示，并引导学生思考勾股定理原理。学生运用"数形结合"的思想以小组为单位合作探索勾股定理不同的证明方法，教师巡视课堂，给予指导。最后，教师总结典型的勾股定理证明方法及其所蕴含的数学思维。

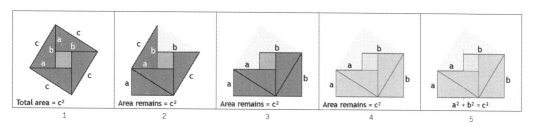

图 3-1-1 勾股定理证明动图截图

（二）应用分析

勾股定理证明动图分步骤展示了四个相同的直角三角形（直角边为 a、b，斜边为 c）拼成边长为 c 的正方形，再通过移动直角三角形，重组成两个小正方形（边长分别为 a、b）的过程。教师借助该动图，搭建了从抽象的定理论证到具体图形拼接的"思维桥梁"——在图形割补拼接的过程中，面积不会改变。根据面积关系，列出等式，即可推导出勾股定理，引导学生用拼图的方法验证勾股定理，启发学生形成"数形结合"的思维模式。

（三）效果评述

勾股定理是平面几何中最重要的定理之一，但是它的证明过程对于初一的学生来说较为晦涩难懂。而教学动图作为一种可视化的媒介，直观地展示出运用拼图法证明勾股定理的过程，能帮助学生学习从现象中提炼解决数学问题的方法，形成数形结合的思维。勾股定理教学动图的应用，既激发了学生学习的兴趣，又能帮助学生深刻理解原理知识，并提高其学习效率。

二、教学动图在实验教学中的应用

（一）案例描述

九年级"化学药品的取用"一课旨在让学生学会固体药品和液体药品的取用方法。教师首先讲解药品取用的原则，然后分别介绍固体药品及液体药品的取用方法，并通过动图展示其具体操作细节，如图 3-1-2 所示，以启发学生思考这些操作细节中所隐藏的化学原理。

图 3-1-2 固体粉末药品取用动图截图

（二）应用分析

教师运用动图分别展示取用固体及液体药品的具体操作，如取用粉末状药品的动图，它展示了用药匙从容器中取出粉末药品、放入纸槽、将试管横放、用纸槽将药品送入试管底部、再把试管直立起来、让药品滑入试管底部的全过程。固体粉末药品取用动图将实验操作过程进行了切割和细化，通过文字信息呈现操作步骤和操作要点，通过具体操作示范展示了固体粉末药品的取用规范动作。

（三）效果评述

在初中化学实验操作过程中，固体粉末药品、固体块状药品和液体药品的取用方法不同，学生容易混淆。教师利用教学动图，直观展示了每种药品的操作要点，并用文字来说明每种药品取用上的区别。通过文字和动效图片来刺激学生的感官，以强化学生对知识的理解和掌握，大大提升其学习的效率。

三、教学动图在技能训练教学中的应用

（一）案例描述

刘老师是一名初中体育老师，在体育课堂上，他向学生讲解了立定跳远的动作要领，并且现场演示如何标准地完成立定跳远动作。但在教学过程中他发现，学生观看完示范动作后仍无法做出标准的动作。于是刘老师在课后将一套立定跳远的标准动作加以分解，制作成动图发送给学生，供学生观察学习和课后练习，立定跳远演示动图的截图如图 3-1-3 所示。

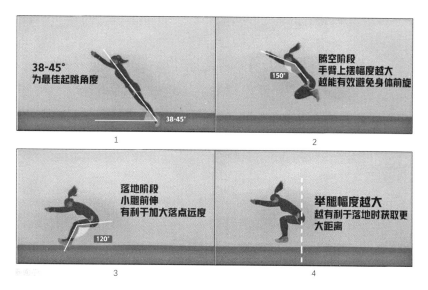

图 3-1-3 立定跳远演示动图截图[①]

（二）应用分析

立定跳远教学动图记录了跳远的全套动作，包含"起跳、腾空、落地"三个阶段中身体所呈现的姿势。学生可以在课余时间观看动图，记忆动作，感悟动作要领；也可以自行参考动图练习，在每次跳跃之前观看动图，熟悉关键动作要领；或者在跳跃之后观看动图，反思自己的动作是否规范。

（三）效果评述

立定跳远是一个较为复杂且重要的体育考试项目，其要求学生的手臂、腰部、腿部相互协调，且每个动作有不同的操作标准。然而常规的课堂演示中，教师的一次完整示范操作在几秒内即可完成，学生不仅记不住动作姿势，而且难以捕捉整套动作中的细节。刘老师将跳远过程制作成动图，并对关键要领进行慢速处理，使学生能够更细致地观察立定跳远全过程中的每个分解动作。另外，在关键处设置的画面暂停与图文说明能够帮助学生明确技术要求，有效地掌握动作要领。

---

① 搜狐网.送给立定跳远不及格的同学，你离满分就差一份技巧[EB/OL].（2021-04-02）[2024-01-10].https://www.sohu.com/a/458661728_578050.

第二节　教学动图获取方法

一、教学动图使用和制作原则

（一）教学性原则

在教学中使用教学动图，往往以提高教学效果、优化课堂教学结构为目的，因此，要根据教学的要求和学生的需要综合选择教学动图。教学动图的使用还应有助于提高学生的主观能动性。一组成功的教学动图要具备三个元素：一是生动、有张力的图像，二是恰到好处的动态表现，三是恰当的文字标注。

📋 **符合教学性原则的动图示例**

如图 3-2-1 所示，物理教师用动图清晰地展示出不同条件下摩擦力的不同。

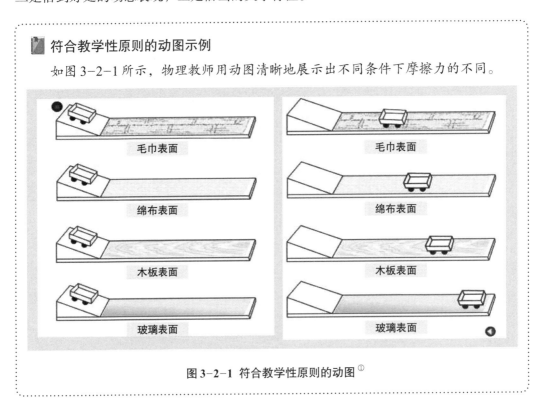

图 3-2-1 符合教学性原则的动图 [①]

（二）科学性原则

科学性是教学动图应用于课堂教学的第一要义。科学性原则是指教学动图必须反映科学的、严谨的知识内容，这是在教学过程中应用动图的前提。在制作动图时，动图的知识要素构成、动图过程的情景展示、动图所表达的学科知识规律以及教师对动

---

① 21 世纪教育网. 不同条件下的摩擦力动图 [EB/OL]. [2024-01-10]. https://www.21cnjy.com/H/6/57196/13038520.

图内容的讲解都必须符合学科本身以及教育学的科学规律，不能出现科学性、常识性的错误。

📋 **符合科学性原则的动图示例**

如图 3-2-2 所示，动图科学地展示了近日点与远日点的速度关系，符合天体运动的客观规律。

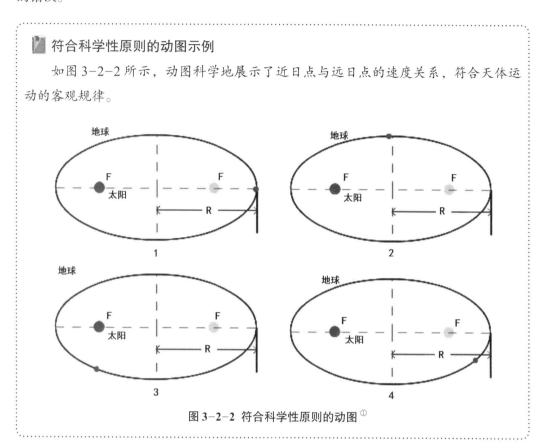

图 3-2-2 符合科学性原则的动图[1]

（三）创新性原则

教学动图通常具有较强的趣味性和生动性，因此，教师在应用微课过程中应发挥创新思维，充分考虑该教学动图的应用场景，如：采用单独呈现还是结合使用的方式，在课前、课中还是课后使用，以达到最优的使用效果。在动图素材设计过程中以及在课堂教学实施环节，在不违背科学性、严谨性的前提下，教师应尽可能创新思维模式，激发学生对学习的热情。

📋 **符合创新性原则的动图示例**

如图 3-2-3 所示，在小学体育课上，教师用动漫兔子来模拟集体跳绳，展示跳绳要领：需要两个人牵绳往同一方向甩，跳绳的人需要同时起跳。

---

[1] 科普中国 .37 张动图读懂整个高中物理，满满都是高中的回忆 [EB/OL].（2018-03-09）[2023-01-20].http://mb. yidianzixun.com/article/0IVSOphn?s=mb&appid=mibrowser&ref=browser_news&from=timeline.

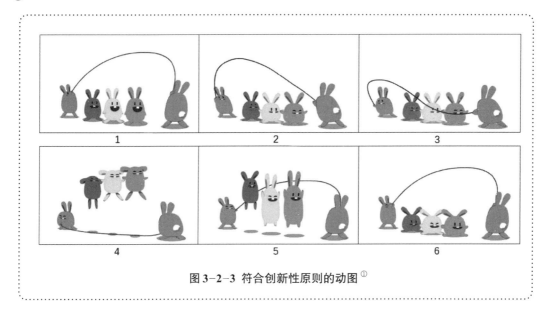

图 3-2-3 符合创新性原则的动图 [1]

（四）实用性原则

教学动图的应用旨在辅助教学内容的呈现，因此要根据教学目标、课标要求、学习者特征等各方面因素，综合考虑采用动画教学的必要性，要知道，并非所有学习内容都适合用动图来呈现。例如：通过动图呈现数学应用题时，应删除多余的干扰信息，不能为了增加趣味性而添加学生可能感兴趣的无用内容，从而分散学生的注意力，增加学生的认知负荷。

📕 **符合实用性原则的动图示例**

如图 3-2-4 所示，在小学数学课上，教师利用动图，动态地展示速度与行程之间的关系。

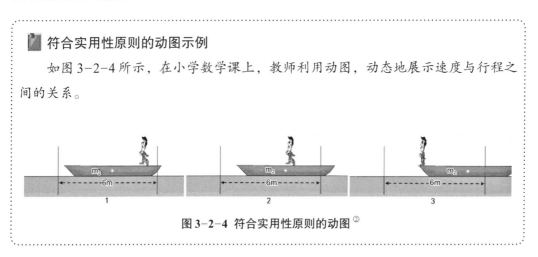

图 3-2-4 符合实用性原则的动图 [2]

---

① GIF 中文网 . 动态分割线 兔子跳绳 [EB/OL]. [2023-12-12].https://www.gif.cn/material/detail_192.

② 高中物理二课堂 . 高中物理人船模型 [EB/OL]. [2023-12-12].https://www.bilibili.com/video/BV1CK411D79Z/?vd_source=a83a6e0f41ec200b587c1c4c5b88022a.

（五）速度适中原则

动图的画面播放速度不宜过快。在播放过程中，要给学生留出观看、理解和思考的时间，可以将不同类别的动图分开呈现。同时，画面播放速度也不宜过慢，否则将会导致学生的注意力难以集中，从而影响学习。速度适中原则要求教师设计和制作动图时，能够充分掌握素材所涵盖的知识点，并把握学生的认知能力，综合考虑上述因素，将动图播放速度调整到最为合适的状态，从而促使学生有效加工和建构知识。

📖 **符合速度适中原则的动图示例**

如图3-2-5所示，书法课上，教师通过动图展示写硬笔书法从提笔到落笔的每一步，速度适中，方便学生观看。

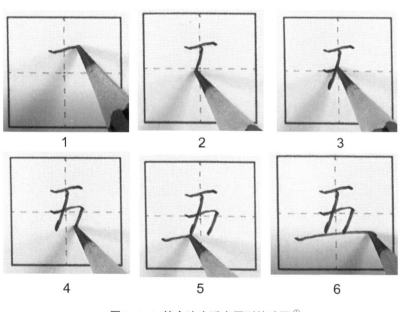

图3-2-5　符合速度适中原则的动图 ①

（六）微小化原则

研究表明，使用时间较短的教学动图，能显著提高教学效果。比如小学生注意力持续时间短，抗干扰能力弱，微小的教学动图能利用其有意注意和无意注意间的转换，加深知识印象。因此，教师在选择教学动图时，一定要根据教学内容和动图本身来决定是否使用该动图。在制作动图时，更不能将所有的教学内容或者所有想要传达的信息一股脑地放进同一张动图中。这样会造成信息的冗余，分散学生的注意力。

---

① 善墨书法学堂.停课不停学，练字免费学！聊城善墨书法公益练字第4天："五" [EB/OL]. (2020-02-11) [2023-12-12]. https://www.ixigua.com/6791969272638734861.

符合微小化原则的动图示例

如图3-2-6所示，在课堂引入环节，教师利用微小动图有效地吸引学生注意力，导出本节课知识点：抛物线。

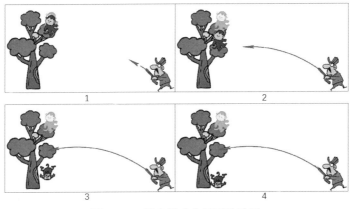

图3-2-6 符合微小化原则的动图

二、教学动图获取途径

（一）资源平台获取动图

1.网络下载动图

信息时代离不开网络，网络提供了海量的信息和资源。教师在明确教学需求后，使用百度、谷歌等搜索引擎以"教学需求＋动图"为关键词搜索动图，是最为方便快捷的教学动图获取途径。

网络下载动图过程

网络下载动图的技术路线如图3-2-7所示。

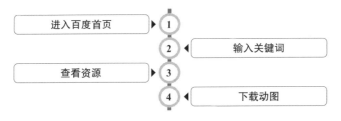

图3-2-7 网络下载动图过程技术路线

第一步：进入百度首页。打开浏览器，在地址栏中输入"https://www.baidu.com"，敲击键盘上的【Enter键】进入百度首页。

第二步：关键词。在搜索栏输入需要查找的关键词，如：高中物理原理动图，单击【百度一下】按钮，显示搜索结果列表。

第三步：**查看资源**。在搜索列表中查找符合教学需求的动图，单击该动图，查看效果。

具体操作步骤如图3-2-8所示。

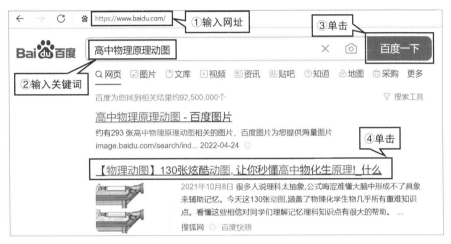

图3-2-8 网络搜索动图

第四步：**下载动图**。将鼠标移至图片上方，单击右键，选择【另存图像为】命令，选择保存动图的位置如图3-2-9所示。最后单击【保存】按钮即可完成下载。

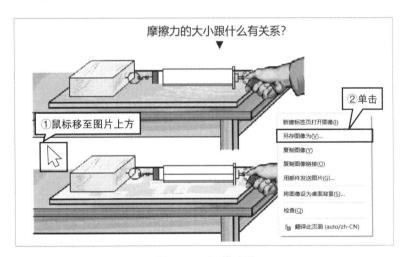

图3-2-9 下载动图

 拓展：动图资源平台

随着动图资源被广泛应用，互联网上逐渐涌现出一批免费的优质动图资源网站。

■ SOOGIF：https://www.soogif.com

■动态图片基地：https://www.asqql.com

■GIPHY：https://giphy.com

■动图宇宙：https://dongtu.com

■Theoretical And Computational Biophysics Group：https://www.ks.uiuc.edu（此网站主要提供生物专题教学的教学动图）

2. 简单编辑动图

若从网络上下载的动图不能完全满足教学需求，则需要在平台中对动图资源进行简单编辑。本节以 SOOGIF 平台为例，介绍如何在动图资源平台简单编辑动图。

简单编辑动图过程

利用 SOOGIF 平台简单编辑动图的技术路线如图 3-2-10 所示。

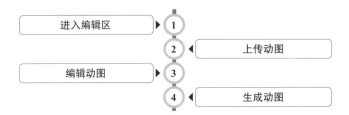

图 3-2-10 简单编辑动图过程的技术路线

第一步：进入 GIF 编辑功能区。打开浏览器，在地址栏中输入"https://www.soogif.com"，敲击键盘上的【Enter 键】进入 SOOGIF 官网，单击【GIF 编辑】选项卡中的【立即使用】，如图 3-2-11 所示。

图 3-2-11 进入 GIF 编辑功能区

第二步：**上传动图**。单击【上传图片】按钮，在文件上传弹窗中，选择待编辑的动图，单击【打开】按钮，完成动图上传，如图3-2-12、3-2-13所示。

图 3-2-12 上传动图（1）

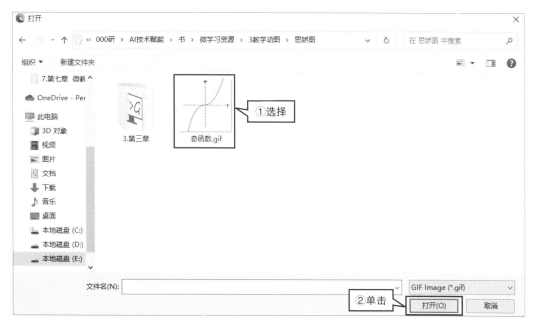

图 3-2-13 上传动图（2）

第三步：**编辑动图**。SOOGIF平台提供了图片效果、文字动效、贴纸水印和GIF滤镜等多种编辑效果，如表3-2-1所示。教师根据教学需要，单击选择所需特效即可，如图3-2-14所示。

表 3-2-1 动图编辑功能

编辑效果	功能
图片效果	调整画布比例，设置画布背景，调整展示效果（旋转、播放倍速、循环播放、翻转）。
文字动效	添加文字，设置文字字体、颜色、动效。
贴纸水印	去除水印，添加贴纸。
GIF 滤镜	添加滤镜（平台提供了变亮、黑白、反色、阈值等滤镜）。

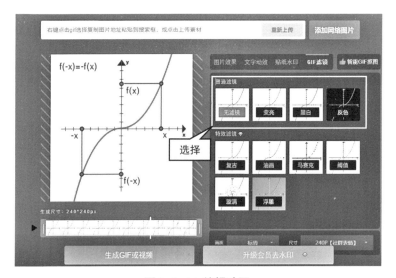

图 3-2-14 编辑动图

第四步：生成动图。单击【生成 GIF 或视频】按钮，在"GIF 制作成功"弹窗中，输入动图名称后单击【立即下载】，即可保存至本地，如图 3-2-15、3-2-16 所示。

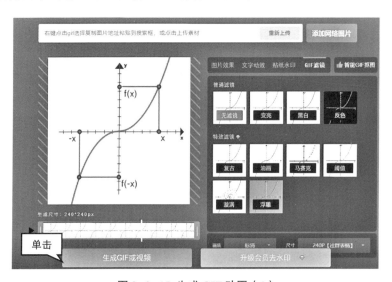

图 3-2-15 生成 GIF 动图（1）

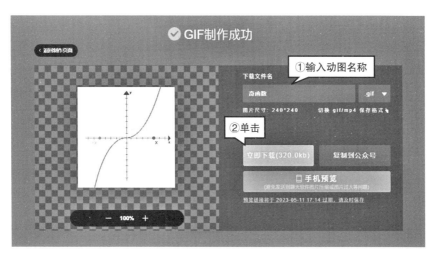

图 3-2-16　生成 GIF 动图（2）

　　动图的主要格式为 GIF 格式，该格式文件压缩比高、磁盘占用率低。除此之外，动图还有 FLV、SWF 等多种格式。这些格式存储的动图所占内存小，加载速度快，便于保存与传播。

（二）工具制作动图

1. 动图制作方法

按照制作方式不同，可将动图分为静态图片合成的动图和视频中截取的动图两种类型。

（1）静态图片合成类动图

静态图片呈现的是一种瞬间状态，而静态图片合成类动图通过合成多张静态图片从而赋予图片中的对象以形态变化、位移变化、节奏变化、颜色变化等动态效果，重现事物变化过程。

　　静态图片合成类动图示例

　　高中地理教师白老师为了帮助学生更为直观地认识"正断层"这一经典地貌成因，收集了如图 3-2-17 所示的四张静态图片，利用动图制作软件合成了一张正断层过程动图。

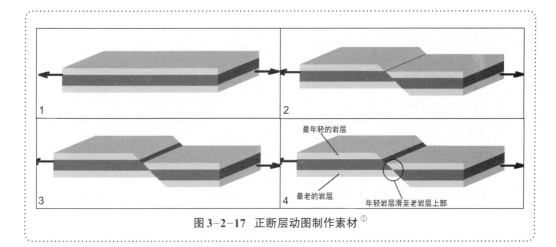

图 3-2-17　正断层动图制作素材[1]

（2）视频截取类动图

视频或动画通常通过纷繁多变的动态画像来输出大量信息，但是在教学过程中，视频承载的知识和信息，并非越多越好，有时仅仅只需强调某个片段即可。在这种情况下，就可以通过截取视频或动画中的片段，调整播放速度与画面重复次数，制作成动图。动图短且无声，除去了声音的干扰，它大大减少了信息量，将信息分割成一个个微小组块，能有效地降低理解难度。

📋 视频截取类动图示例

为了帮助学生快速了解鉴定生物组织中淀粉实验的操作步骤以及实验现象，高中生物教师王老师从检测生物组织中的糖类实验视频中截取了淀粉鉴定的片段，并调慢了动图的播放速度，最终制成了一张教学动图，效果如图 3-2-18 所示。

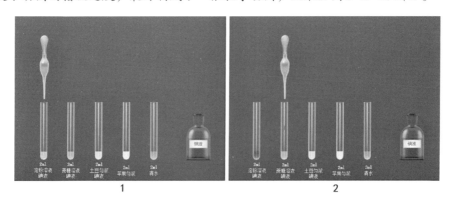

图 3-2-18　鉴定生物组织中的淀粉动图截图[2]

---

[1] 水土保持之点滴. 地质现象错综复杂？做成动图后就变得清晰易懂！ [EB/OL].(2019-01-06) [2023-12-12].https://www.sohu.com/a/286983586_781497.

[2] 监测生物组织中的糖类 [EB/OL]. [2023-12-30].https://v.youku.com/v_show/id_XNDkxMjAzNTIxNg==.html.

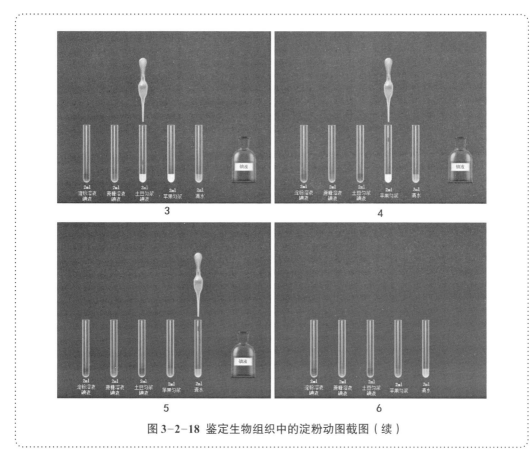

图 3-2-18 鉴定生物组织中的淀粉动图截图（续）

2. 动图制作流程

动图的制作流程一般包括确定知识点、脚本设计、制作动图和导出发布四步，如图 3-2-19 所示。

图 3-2-19 动图制作的一般流程

（1）确定知识点

教学动图通常用于呈现碎片化的知识，例如一个完整的动作、一个实验步骤、一种事物变化周期等。因此，在制作教学动图前，需明确动图所承载的知识点。

（2）脚本设计

逻辑清晰的脚本是顺利完成视频制作的前提，它可以提高视频拍摄的效率，细化拍摄要求。对于教学动图而言，脚本设计同样至关重要。教学动图脚本结构模板如

表 3-2-2 所示。其中，"帧"是动图中多幅静态图片中的一幅。延迟时间是当前帧在展示下一帧之前所停留的时间。区别于视频，动图中每一帧都有独立的延迟时间。重复次数指完整地循环播放全部帧的次数。

表 3-2-2 教学动图脚本的结构模板

动图名称			
知识点			
帧数			
帧序号	动画内容	制作要求	设计意图
		说明该帧的位置、延迟时间以及重复次数	

（3）制作动图

根据教学需求，选择利用动图制作方法：静态图片合成动图，或者从视频中截取，并利用相关工具完成动图制作。

（4）导出发布

教学动图制作完成并预览，确认符合教学需求后即可导出保存，并发布至教学平台供学生学习原理知识、实验操作或动作技能。

三、静态图片合成动图的方法

（一）静态图片合成动图的工具介绍

在线合成、软件生成、手机 APP 生成等多种方式可实现静态图片合成动图，每种合成方法都有多种制作工具，如表 3-2-3 所示。

表 3-2-3 静态图片合成动图工具介绍

合成方法	工具	功能
在线生成	SOOGIF 网站	提供视频转 GIF、GIF 拼图、GIF 编辑、GIF 缩放、GIF 裁剪、GIF 压缩、GIF 高级定制、GIF 案例、GIF 教程等功能。
	GIF5.net 网站	提供 GIF 合成、GIF 拼图、GIF 裁剪、GIF 压缩、视频转 GIF 等功能。
	GIF 中文网	图片/视频上传不限大小，提供丰富模板素材，支持自定义 GIF 动图尺寸、压缩 GIF 动图大小。
软件生成	闪电 GIF 制作软件	支持视频、图片等文件转换生成 GIF 动态图片，可对生成的 GIF 文件进行编辑调整；支持屏幕录制，可调节录制帧数、窗口大小，使用窗口捕捉器快速获取窗口进行录制；支持插入文字、logo 图片、水印、手绘等。
	Photoshop	支持多张图片合成 GIF 动图，并提供编辑功能。
	Ulead GIF Aimator	支持静态图片合成 GIF 动图、AVI 文件转成动画 GIF 文件、动画 GIF 文件瘦身等多种功能，并提供了大量动图制作特效。

（续表）

合成方法	工具	功能
手机APP生成	GIF 动图制作	支持图片和视频转 GIF 动图、在线动图编辑。
	GIF 制作	支持实时 GIF 录制、视频转 GIF、图片转 GIF、GIF 编辑、GIF 预览与分享。
	GIF 助手	支持图片合成 GIF、视频转 GIF、GIF 播放（可截取每一帧）、GIF 分解。
	GIF 工具箱	支持视频转换动图、动图转换视频、图片合成动图、智能压缩动图。

（二）静态图片合成动图的流程

本节以静态图片合成"闻气体时的具体操作"动图操作过程为例，讲解利用 Ulead GIF Aimator 软件，将静态图片合成动图的流程。

1. 准备工作

准备多张闻气体的操作过程静态图片素材，包括封面"闻气体时的正确操作"、打开瓶盖、置于鼻子前下方约 50 厘米处、用手轻轻地在瓶口处扇动等，并将静态图片文件调整成相同尺寸与格式。

2. 制作过程

静态图片合成 GIF 效果图

静态图片合成 GIF 动图的效果如图 3-2-20 所示。

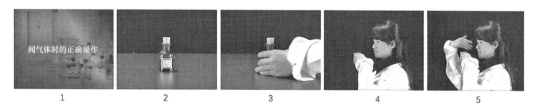

1   2   3   4   5

图 3-2-20 闻气体时的正确操作动图截图

操作步骤

静态图片合成 GIF 动图的技术路线如图 3-2-21 所示。

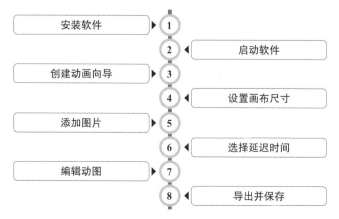

图 3-2-21 静态图片合成 GIF 动图的技术路线

137

第一步：**安装软件**。下载 Ulead GIF Animator 的软件安装包，根据向导完成安装即可。

第二步：**启动软件**。鼠标双击软件图标，打开 Ulead GIF Animator，软件界面如图 3-2-22 所示。

图 3-2-22 Ulead GIF Animator 软件界面

第三步：**创建动画向导**。单击【文件】，选择【动画向导】，即可创建动画制作窗口，如图 3-2-23 所示。

图 3-2-23 创建动画向导

第四步：**设置画布尺寸**。在"动画向导 - 设置画布尺寸"弹窗中输入画布的宽度和高度。如果要做的 GIF 动画尺寸为 468×60，就在宽度栏输入"468"，在高度栏输入"60"，单击【下一步】即可，如图 3-2-24 所示。

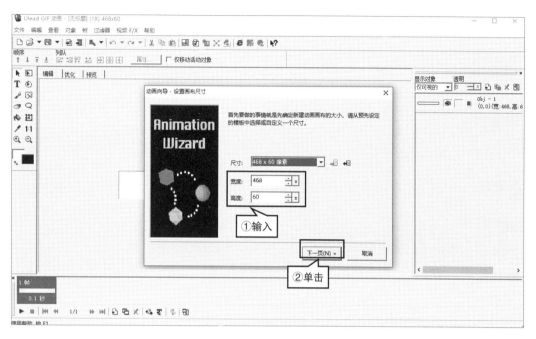

图 3-2-24 设置画布尺寸

第五步：**添加图片**。单击【添加图象】按钮，进入存储静态图片素材的文件夹，选择所需素材，再单击【打开】按钮。反复进行此操作，可打开多个图像文件，如图 3-2-25、3-2-26 所示。添加完成后，单击【下一页】按钮，如图 3-2-27 所示。

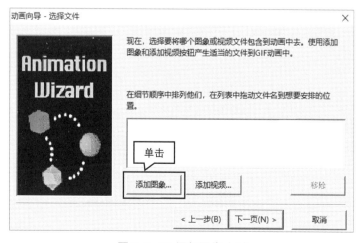

图 3-2-25 添加图像（1）

图 3-2-26 添加图像（2）

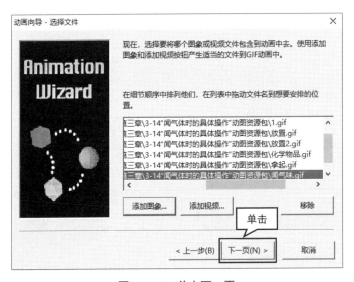

图 3-2-27 单击下一页

　　第六步：选择延迟时间。根据动图脚本，输入每一帧的延迟时间，一般为 80 至 100 之间的数字。值得注意的是，在参数栏中填入的数值要除以 100 才是真正的延迟时间。输入数值后单击【下一步】，如图 3-3-28 所示。在"动画向导 - 完成"弹窗单击【完成】按钮，如图 3-2-29 所示。

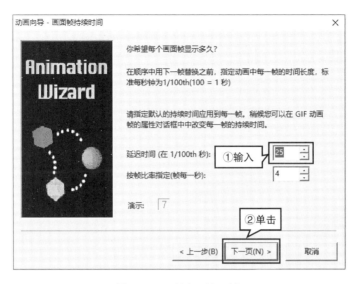

图3-2-28 输入延迟时间

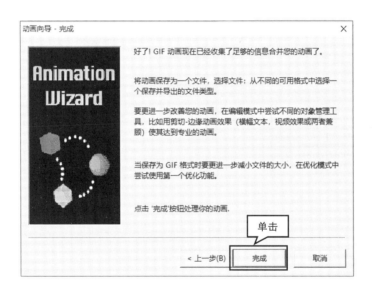

图3-2-29 单击完成

　　第七步：编辑动图。单击【预览】，进入预览界面，如图3-2-30所示。如果发现速度或者帧画面顺序不对，可以单击【编辑】进行修改，如图3-2-31所示。

　　第八步：导出并保存动图。编辑完成后，单击【文件】，选择【另存为】命令，单击【GIF文件】，即可导出GIF文件，如图3-2-32所示。单击【文件】，输入合适的文件名后点击【保存】按钮，如图3-2-33所示。至此，动画合成完毕。

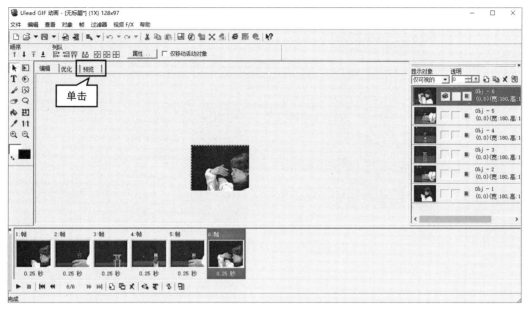

图 3-2-30 预览

图 3-2-31 编辑文件

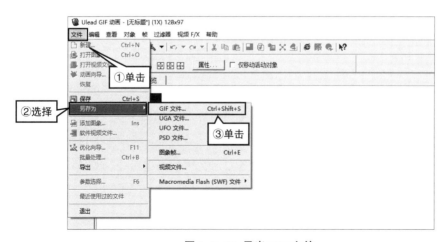

图 3-2-32 导出 GIF 文件

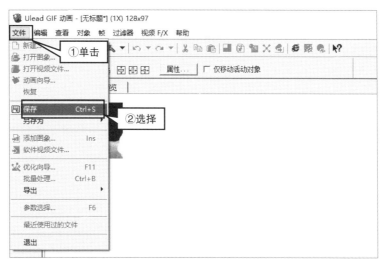

图 3-2-33 保存源文件

静态图片合成动图赏析

教师在讲授五星红旗绘画过程前，用一幅 GIF 动图展示了五星红旗的绘画过程，如图 3-2-34 所示。首先，教师在课前拍摄了自己绘画五星红旗的关键性步骤的图片，之后借助 Ulead GIF Aimator 软件将拍摄的多张静态图片合成一幅 GIF 动图，从而直观地呈现出五星红旗的绘画过程。

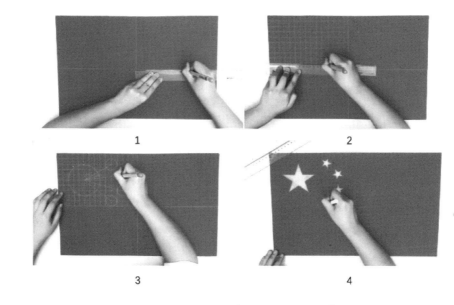

图 3-2-34 五星红旗制作过程的动图截图

四、视频中截取动图的方法

（一）视频中截取动图的工具介绍

1. GifCam 软件

GifCam 是一款集录制与剪辑于一体的屏幕 GIF 动画制作工具，可对录制后的动画逐帧编辑，具有精确录制、可剪辑等特色。它占用内存小，界面设计简洁，操作也十分简易，为教师从视频中截取动图提供了极大便利。GifCam 的录制界面如图 3-2-35 所示。

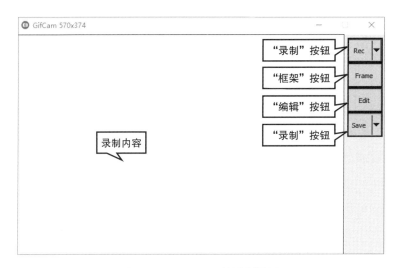

图 3-2-35 GifCam 的录制界面

2. ScreenToGif 软件

ScreenToGif 是一款方便可靠的 Gif 动画录制软件，可以快速录制屏幕上的指定区域或通过摄像头拍摄视频，并将其直接保存为 GIF 动画文件。除此之外，该软件提供了编辑动图的功能，教师可以便捷地为动图添加字幕、水印等。ScreenToGif 的启动界面如图 3-2-36 所示，录制窗口如图 3-2-37 所示。

图 3-2-36 ScreenToGif 的启动界面

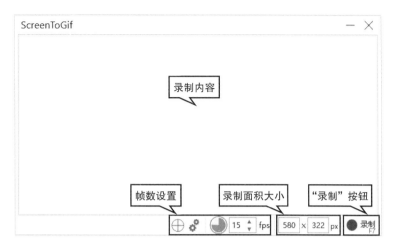

图 3-2-37　ScreenToGif 的录制窗口

3. LICEcap 软件

LICEcap 是一款屏幕录制工具，支持导出 GIF 动图格式，轻量级、使用简单，录制过程中可以随意改变录屏范围。LICEcap 的录制界面如图 3-2-38 所示。

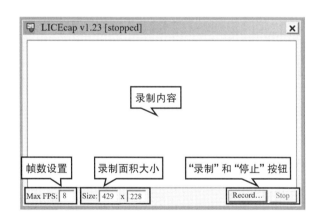

图 3-2-38　LICEcap 的录制界面

（二）视频中截取动图的流程

上文所述三款动图制作软件的逻辑类似，操作步骤亦大同小异。在此以 GifCam 制作动图方法为例，介绍从生物知识点"叶绿素层析液的扩散"视频中截取动图的流程。

1. 准备工作

在视频截取动图之前，需根据已确定的知识点，准备合适的视频。用层析液来分离叶绿素中的色素是一个完整的生物实验操作过程，所选视频要能够清晰地呈现整个过程。

2. 制作过程

👆 **视频中截取 GIF 动图的效果图**

从视频中截取 GIF 动图的效果如图 3-2-39 所示。

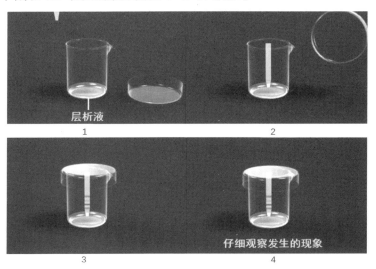

图 3-2-39 叶绿素层析液的扩散动图截图

👆 **操作步骤**

从视频中截取 GIF 动图的技术路线如图 3-2-40 所示。

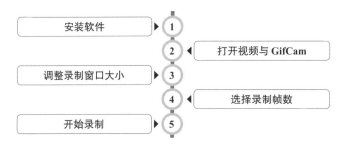

图 3-2-40 视频中截取 GIF 动图的技术路线

第一步：下载并安装。下载 GifCam 的软件安装包，根据向导完成安装即可。

第二步：打开视频与 GifCam。打开准备好的视频和 GifCam 软件，移动鼠标至软件窗口上边框，按住鼠标拖动至合适的录制位置。

第三步：调整录制窗口大小。移动鼠标至窗口四角的任意一角，当鼠标变成"双向箭头"时，按住鼠标调整窗口大小。

第四步：选择录制帧数。单击【Rec】按钮右部下三角按钮▼，选择"10FPS"帧数。

第五步：单击【Rec】按钮，开始录制。

以上操作步骤如图 3-2-41 所示。

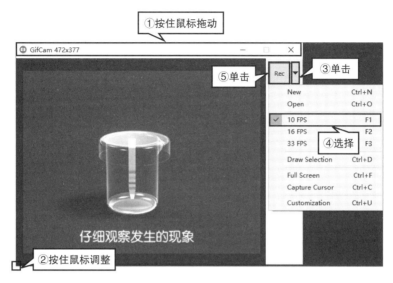

图 3-2-41 用 GifCam 制作动图

 拓展：视频中截取动图赏析

初中化学老师从化学仪器使用教学视频中截取了集气瓶的使用步骤动图，如图 3-2-42 所示。该动图展示了使用集气瓶的完整步骤：拿起集气瓶、盖上玻璃片。若收集密度大的气体，要将集气瓶朝上放置；若收集密度小的气体，要将集气瓶朝下放置。动图能帮助学生直观地了解集气瓶的外貌以及操作过程中的注意事项。

图 3-2-42 集气瓶使用步骤动图截图

第三节　教学动图制作案例——《"作"字书写》

硬笔书法教学包括理论知识与临摹练习。在临摹练习过程中，标准的示范对于学生来说必不可少。教师大多亲自示范或利用图片、视频来演示。但是以上方法存在较多限制，如：教师亲自示范，过程不可回放且时间过短；图片无法显示汉字书写动态过程；视频过于烦冗等。而且视频线性播放的特性会导致学生不得不反复调整进度条以播放某个特定汉字的书写过程。

动图能够展示任意汉字书写的完整过程。同时由于其规格小和使用方便，教师可以利用 PowerPoint 或微信公众号等数字阅读平台，在一个页面中呈现若干张录制有不同汉字书写过程的动图，更易于学生观看和学习。教师还可以为动图添加字幕等效果，达到强调和说明解释的效果。

一、确定知识点

左右结构是汉字的基本结构之一，也是学生在日常书写以及语文学习中最常见到的汉字结构。教师计划利用动图分别讲解"作""仲""你""体""林""打"六个汉字的书写步骤和运笔技巧。

二、脚本设计

本节以"作"字书写动图为例，展示教学动图设计脚本，如表 3-3-1 所示。

表 3-3-1 动图脚本设计

动图名称	"作"字书写		
动图来源	学科：语文　　　　年级：七年级		
帧数			
帧序号	画面内容	制作要求	设计意图
①汉字欣赏	田字格中书写规范的汉字"作"，旁边有解析标注。	田字格的规格要标准，汉字的笔画要清晰，书写要规范，延迟时间：3秒。	让学生对"作"字有一个整体感受，能够欣赏左右结构的美感。
②书写过程	教师书写"作"字全过程，并且在动图下方设置字幕，提醒学生注意事项。	字幕内容要简短有效，笔画的书写过程要标准规范，速度应适中。	使学生掌握各笔画的书写要点，掌握起笔、运笔、收笔的技巧以及汉字整体架构。

三、制作动图

"作"字的书写动图制技术路线如图 3-3-1 所示。

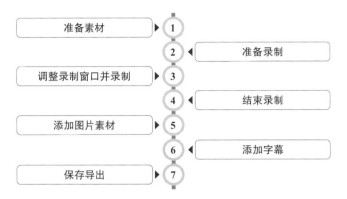

图 3-3-1 制作《"作"字的书写》教学动图技术路线

> **小贴士**
>
> 下载 ScreenToGif 的软件安装包。

第一步：准备素材。按照脚本，准备一张书写规范的"作"字图片和一条录制"作"字书写过程的视频。教师可以自己录制，也可以从其他途径获得。此处均为网络下载，如图 3-3-2 所示。

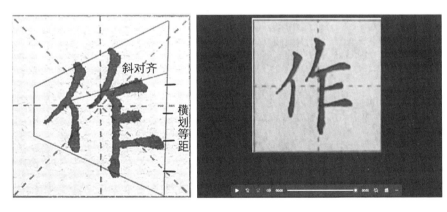

图 3-3-2 准备素材

第二步：准备录制。打开 ScreenToGif，在启动界面单击【录像机】，开始屏幕录制，如图 3-3-3 所示。

第三步：调整录制窗口进行录制。调整 ScreenToGif 的录制窗口大小和位置，单击录制窗口右下角【录制】，如图 3-3-4 所示。

第四步：**结束录制**。鼠标单击录制窗口右下角【停止】，如图 3-3-5 所示。之后软件会弹出编辑窗口，如图 3-3-6 所示。

图 3-3-3 ScreenToGif 的启动界面

图 3-3-4 开始录制

图 3-3-5 结束录制

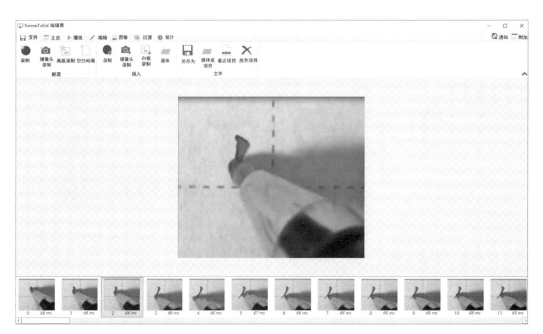

图 3-3-6 ScreenToGif 的编辑窗口

第五步：**添加图片素材**。选择编辑窗口中的【文件】模块，如图 3-3-7 所示，接着单击【媒体或项目】，从本地文件中添加素材。当弹窗弹出时，点击右下角的【确定】，如图 3-3-8 所示，即可完成图片素材的添加。

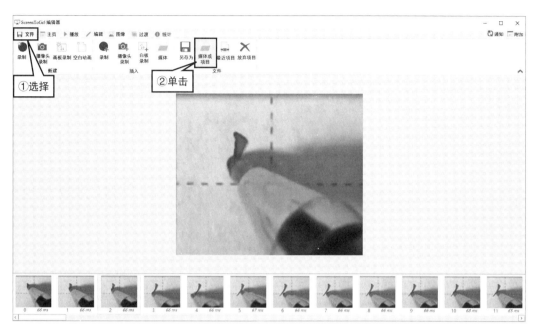

图 3-3-7　添加图片素材（1）

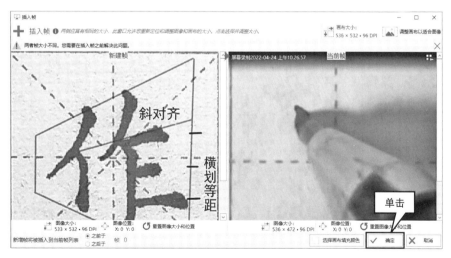

图 3-3-8　添加图片素材（2）

第六步：**添加字幕**。选择想要添加字幕的帧片，接着选择【图像】模块，单击【字幕】，在右侧【文本框】中输入"左窄右宽"，效果如图 3-3-9 所示。

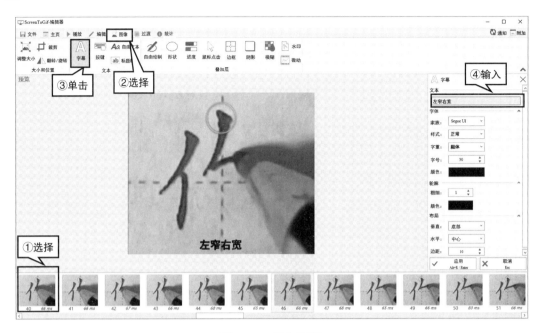

图 3-3-9 添加字幕

第七步：保存导出。首先选择【文件】模块，单击【另存为】，接着在右下角文本框中输入文件名称【"作"字】，最后单击【保存】即可完成制作，如图 3-3-10 所示。

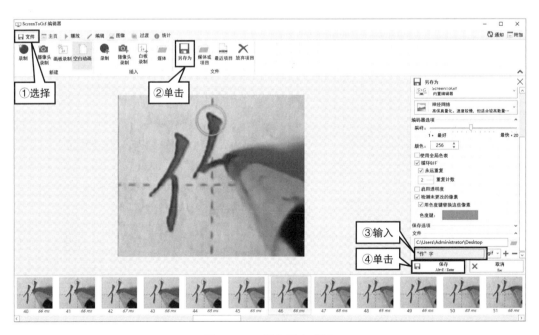

图 3-3-10 保存导出动图

四、发布使用

上述步骤完成后，教师可以将制作好的动图应用于教学，成品如图 3-3-11 所示。此时教师需要选择合适的媒体来播放这些动图，此类媒体要求能够加载显示 GIF 格式文件，常见的媒体工具有微信公众号阅读平台、Power Point、网页浏览器等。

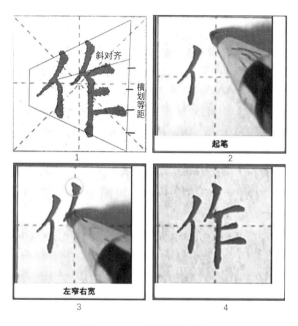

图 3-3-11　动图制作成果

第四章　微场景

何谓微场景?

　　随着数字化教育的不断推进，人们的学习方式逐渐转向个性化和碎片化，教与学的场景也随之不断地创新发展，教学微场景由此应运而生。微场景是融合多种媒体元素，具有良好交互，能为学习者创造丰富临场体验感的一种微型化、数字化学习环境。

学习目标

1. 举例说明微场景在教育中的应用。

2. 列举出微场景的类别。

3. 能说出微场景的制作原则。

4. 熟悉微场景的制作流程，能制作出微场景。

知识图谱

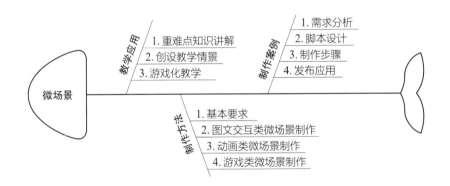

第一节　微场景在教学中的应用

一、微场景在重难点知识讲解中的应用

（一）案例描述

高锰酸钾制取氧气是初中化学课本中的第一个气体制备实验，教学重点为高锰酸钾制取氧气的原理和实验过程，教学难点为实验装置的选择。课堂上，教师首先带领学生学习高锰酸钾制取氧气的原理及其化学反应方程式的书写。接着，教师为学生推送 HTML5 课件《氧乐多》，要求学生每两人为一组，学习高锰酸钾制取氧气的实验过程，并完成在线习题。最后，学生分享高锰酸钾制取氧气的实验步骤，模拟实验过程中存在的问题，教师点评并进行总结。

小贴士

HTML5 是一种"超文本标记语言"，也用于指代用 HTML5 语言制作的一切数字产品。HTML5 课件能将各种课件形式融合起来，实现文字、图片、表格、音频、视频、交互的有机结合，且具有跨平台、跨分辨率、终端自适应等优势。

（二）应用分析

HTML5 课件《氧乐多》为学生创设了多个学习微场景，包括实验原理动态演示场景、实验装置选择与组装的实操场景、实验演示的模拟场景以及习题测试的即时评价反馈场景。课件首页如图 4-1-1 所示。在实验原理动态演示场景中，学生点击交互按钮即可查看高锰酸钾制取氧气的实验原料和实验原理，如图 4-1-2 所示；在实验装置选择与组装的实操场景中，学生可以观看教师事先录制好的关于实验装置组装的视频，如图 4-1-3 所示；在实验演示模拟场景中，学生可以根据自己的理解，进行模拟实验，HTML5 课件会通过弹窗来提示学生实验过程是否正确，倘若操作错误，则让学生重新试验，模拟实验帮助学生在试错的过程中掌握实验操作流程，并学会自主解决问题，如图 4-1-4、4-1-5 所示。在习题测试场景中，课程设有实验步骤排序和方程式配平两组题目，学生完成习题后即可查看结果，及时对学习过程进行反思，如图 4-1-6 所示。

图 4-1-1《氧乐多》课件首页

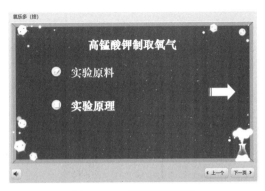

图 4-1-2 实验原理界面

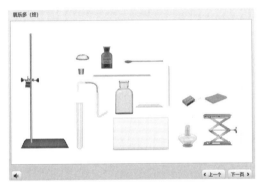

图 4-1-3 实验器材组装视频

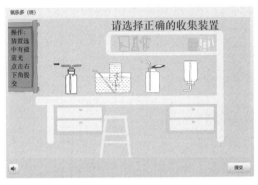

图 4-1-4 模拟实验1

图 4-1-5 模拟实验2

图 4-1-6 交互式习题测试

（三）效果点评

在"高锰酸钾制取氧气"课中，教师运用HTML5课件为学生创设了多个微学习场景，将抽象原理具象化，将实验操作演示仿真化，将评价反馈即时化。这不仅有助于学生掌握重难点知识，而且能有效激发学生学习化学的热情。同时，HTML5课件微场景具有丰富的交互性，能给予学生不断试错以及解决问题的机会，让学生在体验、学习、练习、评价过程中逐渐提高化学知识的应用能力。

二、微场景在创设教学情景中的应用

（一）案例描述

高校思政课"中国近现代史纲要"课堂上，教师在讲述从五四运动到新中国成立，再到社会主义现代化建设新时期这两个阶段的历史时，向学生推送《百年党史光影故事》课件，引导学生自主学习并开展讨论。学生在教师的带领下，对课件中的每一个故事场景进行学习、讨论，并发表自己的观点。

（二）应用分析

《百年党史光影故事》是基于 SVG 在线编辑器创设的，具有影视情景、图文知识体系和交互习题的党史故事微场景课件，整个课件共有 10 个微场景，每个场景讲述一段党史。如点击第七张海报，呈现的是抗美援朝战争中有关上甘岭战役的历史，首先通过影片重现上甘岭战役的战争场景，然后运用图文形式详细介绍 1956 年上甘岭战役中八连战士在坑道中顽强坚守 24 天，最后与大后方部队一举歼灭敌人的故事。上甘岭战役微场景如图 4-1-7 所示。教师利用《百年党史光影故事》课件为学生创设了生动形象的教学情景，能激发学生的学习兴趣，增强学生的情感体验。

图 4-1-7 SVG 课件《百年党史光影故事》

（三）效果点评

思政课"中国近代史纲要"讲述了中国近代历史上发生的重大事件，学生需要记忆的知识点较多，同时该课程目标强调对学生进行情感的陶冶。基于此，本节课中教师基于 SVG 创设交互式微场景，让学生置身历史情景，在体验中学习，在互动中掌握党史，切实优化了学生的学习体验。同时，《百年党史光影故事》微场景课件系统呈现了党史知识，帮助学生从整体上了解中国近现代的发展历程，感受党的艰辛历程和光辉事迹。

三、微场景在游戏化教学中的应用

（一）案例描述

"动物细胞和植物细胞的结构"选自生物七年级上册第三章第二节，该课程主要讲述了动物细胞和植物细胞的结构和功能，教学难点为"动植物细胞之间的相同结构和不同结构"。课堂上，郭老师在传授新知后，便开展随堂检测。他既希望利用检测来了解学生对知识的掌握情况，也希望学生在检测中能对知识加以迁移应用。于是，郭老师基于希沃白板的"课堂活动"功能，设计了"分组竞争"游戏，如图4-1-8所示，让学生分组完成特定的游戏情景任务，在游戏化的微场景中强化本节课程中学到的知识，并检验学习成果。

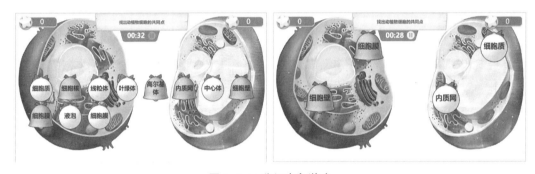

图4-1-8 分组竞争游戏

（二）应用分析

郭老师设计的"分组竞争"游戏主题为"找出动植物细胞的共同点"，该游戏可以实现学生"两组对抗"与"多人参与"。游戏过程中，屏幕界面会被分成两块区域，每块区域中会有正确答案和错误答案（干扰项）随机从屏幕上方下落，其中正确答案为动植物细胞之间的相同点，包括细胞核、细胞质、细胞膜和线粒体等，而错误答案（干扰项）则包括液泡、叶绿体、细胞壁等。同时，教师还可以通过调整选项下落的速度来调节游戏的难度。游戏开始后，两组学生各自位于屏幕两边，在选项下落过程中，他们需要利用本节课中所学到的知识，迅速判断并点击己方屏幕上的正确答案来获得小组加分。

（三）效果点评

郭老师利用"分组竞争"游戏来呈现教学难点，为学生创设了一个融趣味性和知识性于一体的游戏竞技微场景，有效吸引了学生的注意力，激发了学生的学习兴趣。同时小组合作竞争的机制也能够激发学生的竞争与合作意识，让学生在游戏中主动运用知识来寻求解决问题的方法，并且培养自身的合作精神以及人际交往的能力。

第二节 教学微场景的制作方法

一、教学微场景制作基本要求

（一）微场景分类

微场景是融合文本、图片、音视频、动画等多媒体元素，具有良好交互，能为学习者创造丰富临场感的一种微型化、数字化的学习环境。根据交互方式的不同，微场景可分为图文交互类、动画类、游戏类等三种类型。

1.图文交互类微场景

文字、图片分别作为语言符号和非语言符号，在叙事表意上有很大不同。图文交互能够提高内容表达的准确性、形象性和艺术性，常见于书籍、报纸等。在信息技术飞速发展的今天，图文呈现的方式由传统的平面化转向立体化，由视觉感知的平面转向多感官体验的场景，形成图文交互的微场景。如以 HTML5 技术为代表，运用图文将一定的知识体系进行重新的组织，形成具有情景化的教学场景，它强调图文内容的可读性、易读性和交互性。学习者可以通过主动点击、触摸、滑动、长按或自动播放等常见的人机交互操作，触发动态效果，使得静态、线性、单向的图文交互形式向动态、非线性、多向的交互方式转变。图文交互类微场景可分为 HTML5 网页和 SVG 交互长图两种类型。

HTML5 案例[①]

《二十四节气之清明节》微场景通过图文的形式创设两个情景：一个是找寻故土；另一个是遥寄给故人，送祝福语，寄托思念与哀伤。如图 4-2-1 所示。

图 4-2-1 HTML5 微场景《二十四节气之清明节》

---

① 小五.腾讯 UED H5 案例——二十四节气之清明节 [EB/OL]. (2016-04-03) [2023-10-30].https://mp.weixin.qq.com/s/c0ozxdlaOLWvJGiu6F45Zg.

SVG 交互长图案例[1]

SVG 交互长图《我的星辰大海》利用静态图片、动图、文字，融合滑动切换、点击、自动播放等交互方式创设了一个个微场景，展现了我国航天事业的发展历程。每一个场景都讲述了一个中国航天人探索星辰大海的重大事件。图 4-2-2 呈现了有关酒泉卫星发射中心建设的历史，学习者可通过点击发射按钮来感受卫星发射的过程。

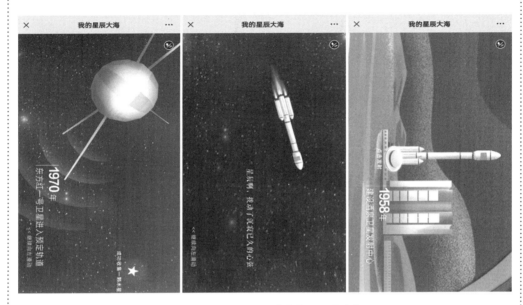

图 4-2-2 SVG 长图《我的星辰大海》

2. 动画类微场景

动画类微场景通过集成文字、图片、音频、视频等媒体元素，以及为各元素添加轨迹移动等动态交互效果，为学习者带来了更为丰富的临场感。

动画类微场景案例

动画类微课《防溺水小知识》[2]呈现了溺水自救、溺水呼救、溺水施救等微场景，生动系统地讲解了如何防止溺水、溺水后如何自救、发现有人溺水后如何呼救、如何对溺水者急救等知识。如图 4-2-3 所示，该动画类微课在河边这一场景中，通过为溺水者添加挥手、漂浮、呼救等动作，为三名施救者添加伸出树枝、呼救、打电话等动作，示范了发现有人溺水后，学生应该采取的正确呼救方法。

---

① 案例来源于微信公众号"人民日报"2020 年 4 月 24 日文章：《H5｜我的星辰是天王星，属于你的是哪颗星？》。
② 案例来自万彩动画大师软件。

图 4-2-3 动画类微课《防溺水小知识》

3. 游戏类微场景

游戏类微场景基于用户交互体验的理念，通过引入适当的游戏机制和元素，对教学内容进行游戏化设计，将知识点设计成有趣的游戏内容或任务。游戏机制定义了游戏活动如何进行、何时发生以及获胜或失败的规则。游戏类微场景具有交互体验、即时反馈和故事情境等特征。

游戏类微场景案例

为了检测学习者掌握"where"的用法，微场景《Where 的用法》创设了双人 PK 的游戏情境，如图 4-2-4 所示。两名学生限时答题，双方的正确答题数以星星奖励的形式呈现于屏幕上方。

图 4-2-4 游戏类微场景《Where 的用法》

（二）教学微场景制作原则

1. 教育性原则

教学微场景旨在通过形象化的教学情景有效传递教学信息，清晰表达教育理念，合理传达情感态度价值观。因此，教学微场景的制作应遵循教育性原则，围绕一定的教学需求和教学目标来进行，服务于重难点知识的讲解、教学情境的创设或者游戏化教学等教学场景。

> 📖 **教育性原则案例**
>
> HTML5 微场景《探究凸透镜的成像规律》中，学习者在虚拟实验环境下可以自由调节蜡烛、凸透镜、屏幕的位置，观察凸透镜成像的特点，探究凸透镜成像的规律。此外，学习者可以自由选择是否显示读数、实验数据、屏幕和光线图。微场景《探究凸透镜的成像规律》如图 4-2-5 所示。
>
>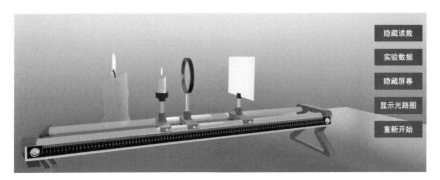
>
> 图 4-2-5《探究凸透镜的成像规律》

2. 交互性原则

交互是微场景能够提供临场体验感的最基本功能。交互性指用户通过点击屏幕，或者长按按钮左右滑动，或者旋转屏幕，即可获得不同的感官或情感体验。微场景是在遵循学习者认知规律的基础上，利用交互技术，将图文、声音、视频和动画等多媒体元素组织起来而形成的学习场景。在与一种或多种媒体元素产生交互的过程中，学习者脑海中的知识画面由抽象转为形象，因而他能通过视觉、听觉或触觉体验拓展认知。

> 📖 **交互性原则案例**
>
> 为检测小学六年级学生对"比的意义"的掌握程度，微场景《比的意义》运用图片、动画、音频、点击答题交互创设了小熊运动会的游戏场景，如图 4-2-6 所示。两名学生限时判断题干的对错，每道题作答完毕后微场景会以不同的动画特效反馈正误。

图 4-2-6　交互性原则案例

3. 科学性原则

科学性是任何微学习资源开发都不可缺少的一项标准。首先，教学微场景所表达的内容应科学严谨，向学习者传递正确的思想观点、知识和技能，不能单纯为了激发学生的学习兴趣而忽略内容的科学严谨；其次，教学微场景的制作也应遵循学习者的认知规律与发展阶段特点，科学合理地对教学内容进行组织和呈现。

📖 **科学性原则案例**

微场景《灾难突袭，如何变身"逃生高手"》[①]创设了地震、雷电、暴雨洪水、泥石流、森林火灾这 5 组常见自然灾害场景，图文并茂、科学准确地呈现了各类自然灾害情境下的自救逃生技能。该微场景如图 4-2-7 所示。

图 4-2-7《灾难突袭，如何变身"逃生高手"》

① 案例来自微信公众号"内蒙古森林消防"2022 年 5 月 13 日文章：《防灾减灾科普 H5 灾难突袭，如何变身"逃生高手"》。

4. 艺术性原则

制作教学微场景时，要注意微场景的艺术性，以增强学习者的体验感与临场感。首先，结合教学内容的特点，选择文本、图片、音频、视频、动画等多媒体形式呈现教学内容；其次，设计微场景版式时，注意各元素之间的搭配，使整体页面协调；最后，设计微场景交互效果时，注意交互的流畅性。

📔 **艺术性原则案例**[①]

微场景《探秘芒种》综合运用了文字、图片、音频、动画等多种媒体形式，以水墨画的形式呈现了芒种时节大自然发生的变化，整体色彩细腻，风格统一。学习者向左滑动屏幕，点击场景中的特定元素，将触发有趣的效果，如图 4-2-8 所示，点击聊天框将自动播放一段悦耳鸟鸣。

图 4-2-8 《探秘芒种》

---

① 网易新闻. 探秘芒种 [EB/OL].(2019-06-08) [2023-10-30].https://www.h5anli.com/cases/201906/tmmz.html.

（三）微场景制作流程

微场景通常由一个个不同的页面组成，需要通过元素排版、交互设计并结合教学设计来展现教学内容。微场景制作可以大致分为需求分析、脚本设计、微场景制作和发布应用四个步骤，如图4-2-9所示。

图4-2-9　微场景制作一般流程

1. 需求分析

微场景的制作应有的放矢，在制作之前，要先明确：需要解决的教学问题是什么？预期的教学效果如何？学习者将以什么样的形式进行阅读、分享和传播？只有清楚教学需求，才能设计出达到教学效果的内容。

2. 脚本设计

微场景脚本是将需求分析结果具象成画面语言，并标注声音表现、各种特效、交互方式等的文字或者符号说明，是微场景构建的内容大纲，用以确定设计制作的蓝图。微场景脚本主要包括画面内容、画外声、交互设计、设计意图四大板块的内容。其中，画面内容板块需包含画面元素、元素组合方式等内容；画外声板块需包括音效、背景音乐等内容；交互设计板块应说明对应画面元素的交互方式、场景切换方式等。微场景脚本设计模板如表4-2-1所示。

表4-2-1　微场景脚本设计模板

微场景名称				
知识点				
微场景页面设计				
序号	画面内容	画外声	交互设计	设计意图

3. 微场景制作

微场景制作时需考虑版式设计、元素应用和交互设计三个方面。

（1）版式设计

版式设计指对微场景中画面上存在的所有元素的呈现效果和设计方式进行规划和设置。在版式设计时应注意两个方面：一是合理创造焦点，从色彩和面积两方面扩大焦点画面，提高视觉占有率；二是注重呈现效果的协调性，页面元素应尽量统一，特别是素材的颜色、风格和大小应尽量统一，当有主题意义的内容呈现时，需将其放在核心位置上，以保证在其他信息得到有效显示的同时，能突出主题。

（2）元素应用

微场景中通常会应用到文字、图片、音视频、动效等元素，在应用过程中要注意如表4-2-2所示的要点。

表4-2-2 微场景元素应用

元素类型	元素应用要点
文字	■ 标题：标题空间应该足够大，主、副标题之间要有视觉层次的变化，通过添加阴影、底色或者投影的方式来增加标题与背景的对比度； ■ 正文：压缩文字体量，力求言简意赅，字体、颜色应与背景风格相匹配。
图片	■ 尽量使用全图，多用特写图片，保证图片版式、色调、空间和景别等特征的统一。
音视频	■ 结合教学内容的特点与情绪表达，选择短小的音乐片段；根据需要添加"淡入"与"淡出"效果，使微场景元素的切换更为平滑；同时确保声画同步。
动效	■ 微场景中页内动效运动样式应统一，并根据教学内容呈现的顺序确定动效展示层级；转场动效流畅即可，速度一般在0.5～1秒。

（3）交互设计

交互设计是微场景中重要的一步，良好的交互是创设与增强微场景的临场体验感的关键。教师在制作微场景时一般涉及"内容交互"和"页面交互"两种交互方式。

内容交互是通过文字、图片、语音、视频、AR/VR等媒体形式，借助色彩、形状、空间变换、音量变换等视听变化，向学习者精准传达信息，并帮助学习者理解其中蕴含的知识的过程。例如：图文结合、语音录入、语音识别、语音合成、视频演示等。

> 📖 **内容交互案例**①
>
> HTML5作品《30秒，让你跨越两千年》结合图片、文字、音频，介绍了端午龙舟文化，展示了"起龙—采青—藏龙—散龙"的过程。如图4-2-10所示，学习者点击"赛龙介绍"标签，可进一步获取赛龙的相关知识，理解龙舟文化。

---

① 三七互娱.30秒，让你穿越两千年[EB/OL].(202-0-05) [2023-10-30]..https://mp.weixin.qq.com/s/QMHHwfMB1tPTeg8gU-abhg.

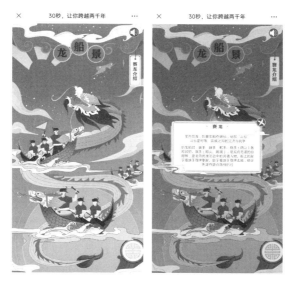

图 4-2-10《30 秒，让你穿越两千年》微场景截图

页面交互是学习者通过与微场景的直接交互行为引发其内容呈现的改变，并从新的形态中获取相关知识的过程。这些交互行为使学习者产生相应的触、视、听感官体验，为其带来更为立体化、个性化的学习体验。常见的页面交互方式有：手势交互和硬件交互。

📖 页面交互案例①

如图 4-2-11 所示，《你有一封面试邀请函》微场景提供了点击切换和左右滑动切换两种页面的交互方式。

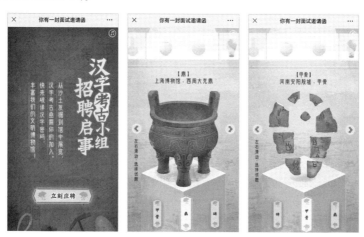

图 4-2-11《你有一封面试邀请函》微场景截图

---

① 案例来自"咪咕圈圈"App：《518 国际博物馆日，人民日报和咪咕邀你加入汉字考古小组》。

拓展：页面交互方式

表4-2-3 页面交互

页面交互类型	页面交互方式
手势交互	通过主动点击、触摸、长按、滑动等手势动作，切换页面，触发新的展示动画。
硬件交互	调用移动设备的摄像头、麦克风接受学习者指令；利用手机陀螺仪模拟现实场景或制作全景HTML5；利用速度加速器记录学习者的运动状态。

4. 发布应用

微场景制作完成后，教师预览完作品，确认微场景符合教学需求且播放流畅，无错码、无乱码，即可将其发布成HTML5网页或直接导入微信平台。

二、图文交互类微场景制作方法

（一）制作工具

1. 木疙瘩

木疙瘩是一个专业HTML5内容制作平台，利用该平台可以灵活处理图片、视频、图标素材等元素，制作图文、网页专题、交互H5动画等内容，创设图文交互类、动画类、游戏类微场景。木疙瘩工作界面如图4-2-12所示。

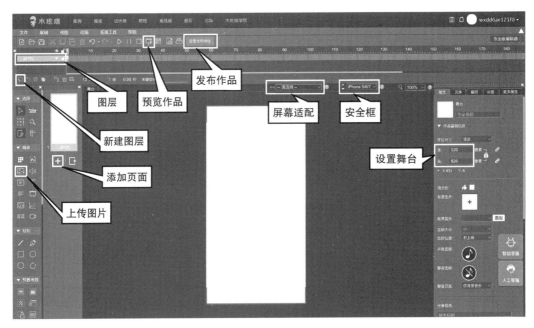

图4-2-12 木疙瘩工作界面

2. i 排版编辑器

i 排版编辑器是一款 SVG 交互图文编辑器，交互页面简明，提供了 7000 多种交互效果模板与配套教程和演示案例，可实现零代码制作交互图文。i 排版编辑器工作台页面如图 4-2-13 所示。

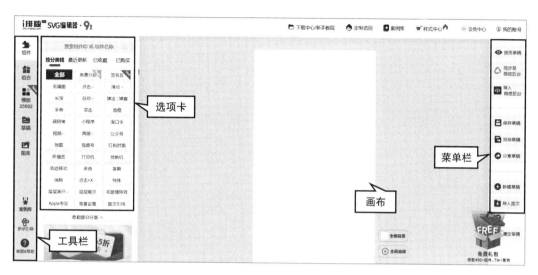

图 4-2-13 i 排版编辑器工作台页面

除此之外，还有多种制作工具可实现 HTML5 和 SVG 交互长图这两种图文交互类微场景的制作，如表 4-2-4 所示。

表 4-2-4 图文交互类微场景制作工具

微场景类型	工具	功能
HTML5	易企秀	支持 HTML5 微场景在线制作，提供交互软件和表单编辑、图文处理、视频处理、互动等多种素材处理小工具。
	MAKA	支持 HTML5 微场景在线制作，提供在线表单、拼图、投票、接力、跳转、地图、倒计时等互动组件。
	人人秀	支持 HTML5 微场景在线制作，编辑方式与 PPT 类似，提供手势触发、摇一摇、拖拽交互等交互设置和数十种触发器控制，可直接导入微信。
	iH5	支持 HTML5 微场景在线制作，可以实现复杂的页面逻辑交互、动效、3D 等。
	Epub360	可实现合成海报、答题测试、一镜到底等主流 H5 创意形式，且支持 SVG、序列帧、关联控制以及手势触发、拖拽交互、碰撞检测等交互方式。
	秀米	同时支持 HTML5 网页和 SVG 交互长图在线制作。
SVG 交互长图	135 编辑器	支持在线编辑 SVG 交互图文，并提供了丰富的图文样式和素材，可一键排版。
	E2 编辑器	支持在线编辑 SVG 交互图文，积木堆叠式操作，支持自由拖拽、嵌套交互组件。

（二）制作过程

本节以"敦煌壁画里的清明，不止雨纷纷"主题为例，介绍利用i排版编辑器制作SVG交互长图的操作步骤。

SVG 交互长图效果图

SVG 交互长图的效果如图 4-2-14 所示。

图 4-2-14 SVG 交互长图效果图[①]

操作步骤

"敦煌壁画里的清明，不止雨纷纷"SVG 交互长图制作技术路线如图 4-2-15 所示。

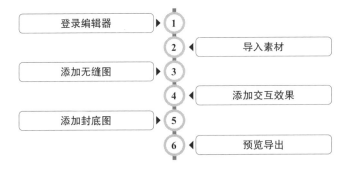

图 4-2-15 SVG 交互长图制作的技术路线

① 案例素材来源于微信公众号"新华社"2022 年 4 月 2 日文章：《敦煌壁画里的清明，不止雨纷纷》。

第一步：登录编辑器。在浏览器网址栏输入网址"https://x.ipaiban.com"，进入 i 排版编辑器官网，并任选一种登录方式登录编辑器，如图 4-2-16 所示。

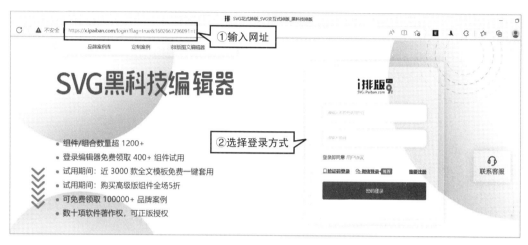

图 4-2-16　登录编辑器

第二步：导入素材。选择【图库】按钮，单击【上传图片（可多选）】按钮，在"打开"弹窗中，选中所需素材（可利用【Ctrl+A】快捷键实现全选），单击【打开】即可完成素材导入。如图 4-2-17 和图 4-2-18 所示。

图 4-2-17　导入素材（1）

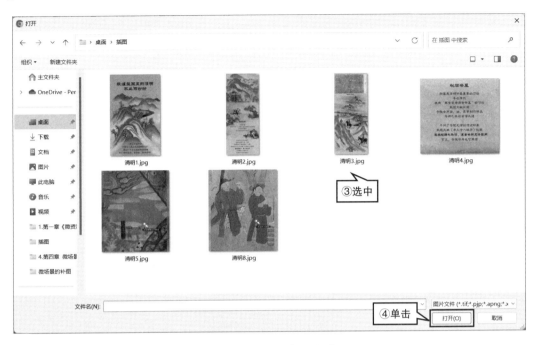

图 4-2-18 导入素材（2）

第三步：添加无缝图。选择编辑器左侧【组件】按钮，在【无缝图】选项卡中单击【全能无缝图】，如图 4-2-19 所示。弹出组件编辑页面后，根据需求依次设置"深色模式""点击图片弹出"，单击【换图】按钮，如图 4-2-20 所示。在"替换图片"弹窗中，选择目标图片，单击【确认】，如图 4-2-21 所示。需要添加几张无缝图，就重复该步骤几次。

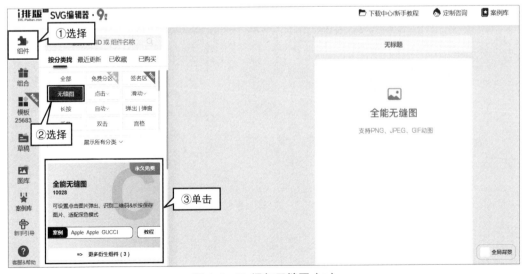

图 4-2-19 添加无缝图（1）

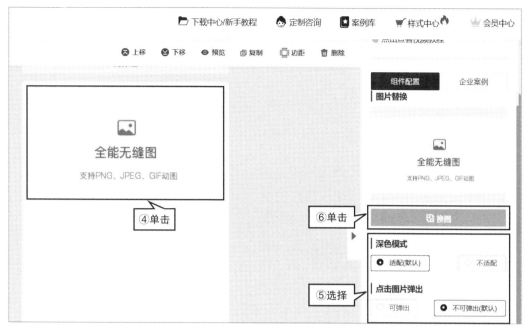

图 4-2-20 添加无缝图（2）

图 4-2-21 添加无缝图（3）

第四步：添加交互效果。i 排版编辑器支持点击、滑动、长按、答题、数据、拉伸、弹窗、背景等八大类交互样式，根据教学需求与脚本设计选择相应的交互样式即可。本节以"点击 - 切换图片"为例，介绍操作过程。选择编辑器左侧【组件】按钮，单击【点击】选项卡的下拉键，单击【普通切换】选项卡中的【点击‐切换图片】，如图4‐2‐22所示。单击画布中的【点击‐切换图片】布局，激活样式编辑页面，分别上传单击前和单击后的图片，设置切换动画时长，交互样式及功能如图4‐2‐23所示。上传图片时需注意保持图片尺寸一致。

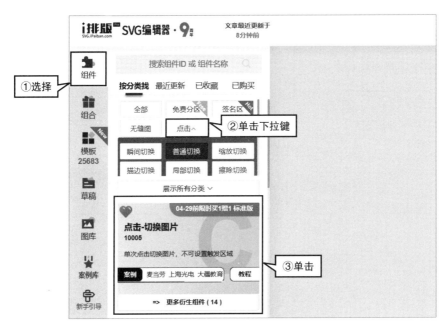

图 4-2-22 添加交互效果（1）

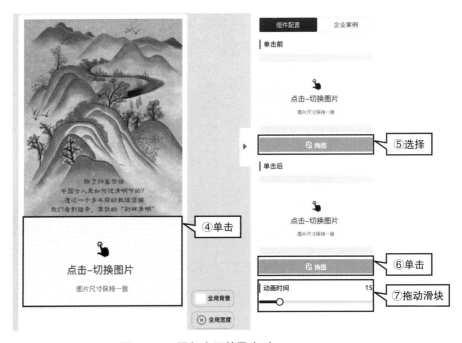

图 4-2-23 添加交互效果（2）

拓展：交互样式及功能

表4-2-5　交互样式及功能

交互样式	功能介绍
点击	瞬间切换、普通切换、缩放切换、描边切换、局部切换、擦除切换等。
滑动	单层滑动、双层前景、双层背景、双层斜滑、开门、滤镜滑动等。
长按	保存隐藏图片、切换图片、淡入淡出。
答题	点击答题。
弹窗	原生弹窗、悬浮弹窗。
拉伸	层层展开、放映机拉伸、轨迹移动等。
背景	全局背景、局部背景。

第五步：添加封底图。重复步骤二，再次添加无缝图，作为交互长图的封底。

第六步：预览导出。单击编辑器右侧的【预览草稿】按钮，随后用手机扫描预览弹窗中的二维码，浏览草稿，如图4-2-24所示。确认满足教学需求后，单击【同步至微信后台】按钮，授权微信公众号，即可同步发布至微信公众号平台，如图4-2-25所示。

图4-2-24　预览草稿

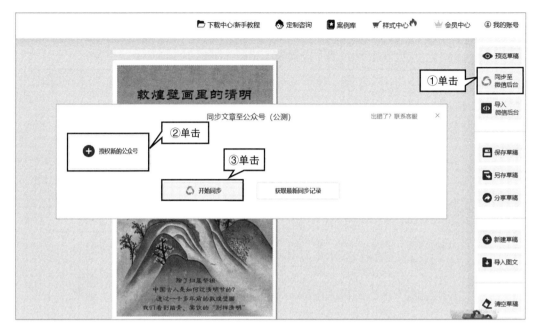

图 4-2-25 同步导入微信后台

三、动画类微场景制作方法

（一）制作工具

除了上文介绍的 HTML5 工具外，Adobe Edge Animate、Adobe After Effects、万彩动画大师等软件也可以制作动画类微场景，如表 4-2-6 所示。

表 4-2-6 动画类微场景制作工具

工具	功能
Adobe Edge Animate	通过 HTML+CSS+JavaScript 来制作跨平台、跨浏览器的网页动画交互，专注于帮助设计师制作网页动画及简单的游戏。支持 PC 端和移动端。
Adobe After Effects	支持动态图形的设计工具和特效合成，其主要功能是图形视频处理、路径功能、特技控制、多层剪辑、关键帧编辑、高效渲染效果。
万彩动画大师	支持使用者在无限大的视频画布上添加文字、图片、视频、动画、声音文件等，轻松制作 MG 动画。

（二）制作过程

本节以制作"防汛科普"主题的动画类微场景（如图 4-2-26）为例，讲解利用"万彩动画大师"软件制作动画类微场景的操作步骤。

动画类微场景效果图

图 4-2-26　动画类微场景效果

操作步骤

利用"万彩动画大师"软件制作动画类微场景技术路线如图 4-2-27 所示。

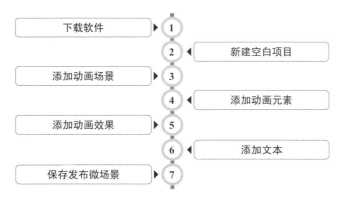

下载软件 ▶ 1	
2 ◀ 新建空白项目	
添加动画场景 ▶ 3	
4 ◀ 添加动画元素	
添加动画效果 ▶ 5	
6 ◀ 添加文本	
保存发布微场景 ▶ 7	

图 4-2-27　动画类微场景制作技术路线

第一步：下载软件。在浏览器网址栏输入网址"http://www.animiz.cn/"，进入万彩动画大师官网，单击【立即下载】按钮，将软件下载至电脑，如图 4-2-28 所示。

图 4-2-28　下载万彩动画大师软件

第二步：新建空白项目。打开万彩动画大师软件后，单击【新建空白页面】，如图4-2-29所示。

图4-2-29 新建空白项目

第三步：添加动画场景。依次单击【图片】和【添加图片】按钮，选择背景图片后，单击【插入】，为动画添加场景，如图4-2-30所示。

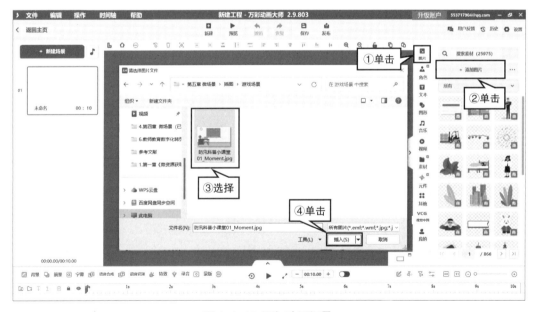

图4-2-30 添加动画场景

第四步：添加动画元素。单击【角色】按钮，进入角色选择页面，如图4-2-31所示。在弹出页面中单击【官方角色】，选择【男教师】角色，如图4-2-32所示。

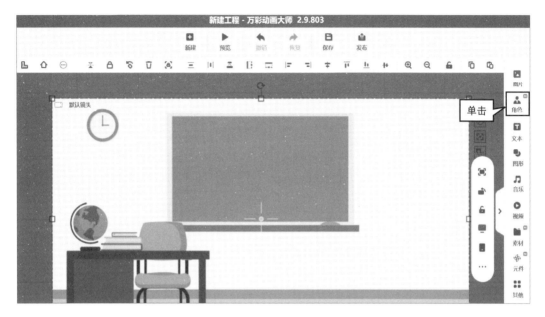

图4-2-31 添加动画元素（1）

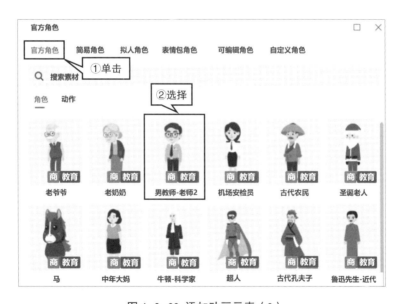

图4-2-32 添加动画元素（2）

第五步：添加动画效果。为角色"男教师"依次添加走路、移动、说话等动画效果。

■ **添加"走路"动画效果**。选择"男教师"角色后，在弹出页面中选择【走路】类动作效果中的【走路】，如图4-2-33所示。

图 4-2-33 添加"走路"动画效果

■ **添加动画元素路径效果**。单击添加动作按钮✛，进入动作效果页面，如图 4-2-34 所示。在强调效果页面依次选择【所有效果】—【移动】—【缓动缓 停】后，单击【确定】，如图 4-2-35 所示。最后，拖动人物至目标位置，如图 4-2-36 所示。

图 4-2-34 添加动画元素路径效果（1）

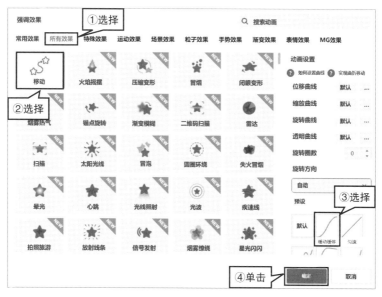

图 4-2-35　添加动画元素路径效果（2）

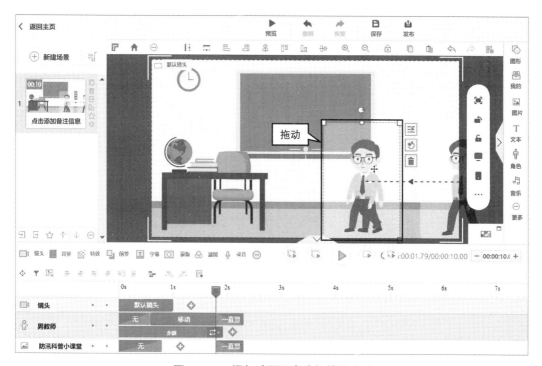

图 4-2-36　添加动画元素路径效果（3）

■ **添加"说话"动画效果**。单击添加动作按钮✚，进入动作效果页面，如图 4-2-37 所示。在强调效果页面中依次选择并单击【对话】-【说话-微笑-摊右手】，如图 4-2-38 所示。最后，在"男教师"轨道上调整【说话-微笑-摊右手】动作持续时长，如图 4-2-39 所示。

图 4-2-37 添加"说话"动画效果（1）

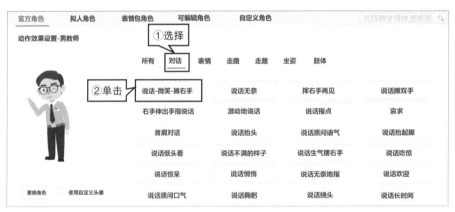

图 4-2-38 添加"说话"动画效果（2）

图 4-2-39 添加"说话"动画效果（3）

第六步：添加文本。单击【文本】，在画面中输入"防汛科普小课堂"，如图4-2-40所示。单击调大字体按钮↑T，调大字体，拖动长度调整按钮↔，调整文本框长度，如图4-2-41所示。

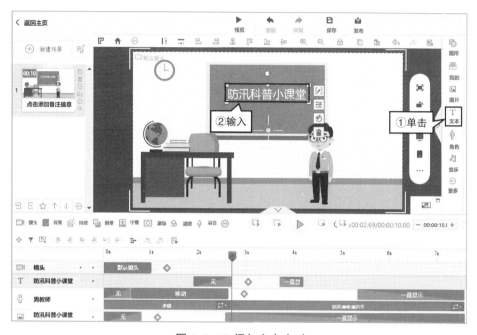

图 4-2-40 添加文本（1）

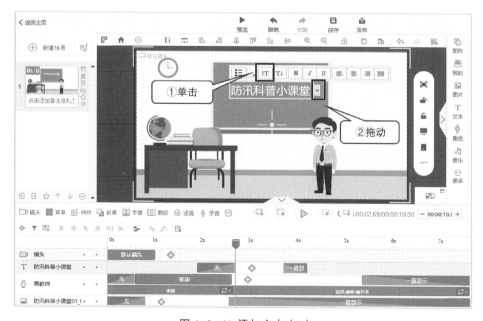

图 4-2-41 添加文本（2）

第七步：**保存、发布微场景**。单击【文件】，选择【保存工程】选项，即可保存工程。随后，依次选择【发布】和【输出成视频】，并单击【下一步】，如图4-2-42、4-2-43所示。接着，单击【浏览】，选择动画类微场景存储位置，并单击【发布】，即可发布动画场景，如图4-2-44所示。

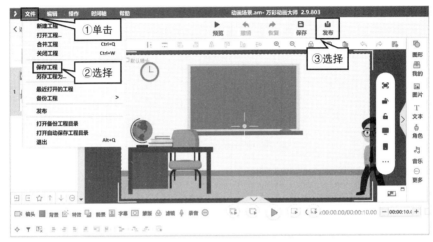

图4-2-42 保存工程

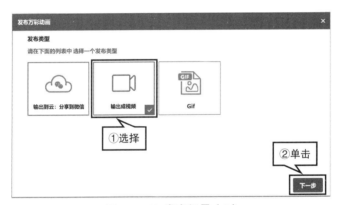

图4-2-43 发布场景（1）

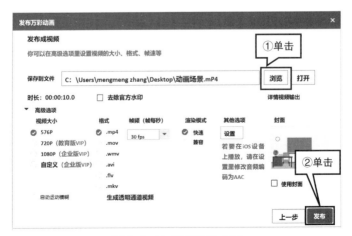

图4-2-44 发布场景（2）

四、游戏类微场景制作方法

（一）制作工具

希沃白板是一个互动教学平台，该软件能够为老师提供云课件、学科工具、教学资源等备课和授课功能。教师可以利用"云课件"功能，基于教学内容快速创建趣味分类、超级分类、选词填空、知识配对、分组竞争和判断对错等游戏类微场景。希沃白板云课件编辑页面如图4-2-45所示。

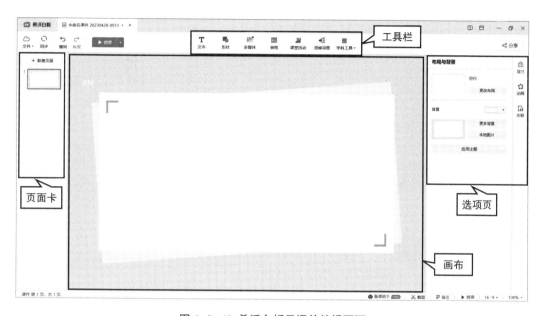

图4-2-45 希沃白板云课件编辑页面

（二）制作过程

本节以制作二年级语文课文《小蝌蚪找妈妈》的游戏类微场景为例，介绍利用希沃白板制作游戏类微场景的操作过程。游戏类微场景效果图如图4-2-46所示。

游戏类微场景效果图

图4-2-46 游戏类微场景效果图

👆操作步骤

利用希沃白板软件制作"小蝌蚪找妈妈"游戏类微场景的技术路线如图 4-2-47 所示。

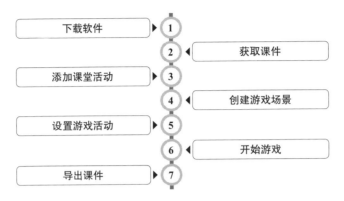

图 4-2-47 游戏类微场景制作的技术路线

第一步：下载软件。 在浏览器网址栏输入网址"http://easinote.seewo.com/"，进入希沃白板官网，单击【立即下载】按钮，将软件下载至电脑，如图 4-2-48 所示。

图 4-2-48 下载希沃白板软件

第二步：获取课件。 登录希沃白板后，单击【课件库】，如图 4-2-49 所示。选择教材版本、学科及年级，选择课文 1 中的"小蝌蚪找妈妈"，在上传的课件库中寻找合适的课件，单击课件右下角的【获取】，即可免费获取课件，如图 4-2-50 所示。随后，选择【云空间】选项卡，打开"小蝌蚪找妈妈"课件，如图 4-2-51 所示。

图 4-2-49　获取课件（1）

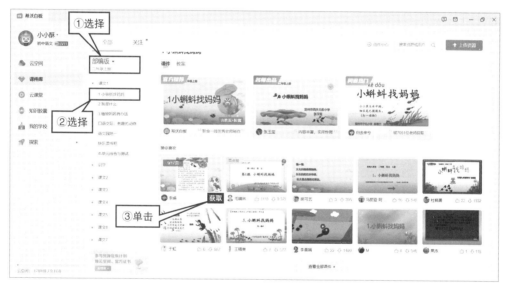

图 4-2-50　获取课件（2）

图 4-2-51　打开课件

第三步：添加课堂活动。 在课件中依次单击【新建页面】和【课堂活动】，添加课堂活动，如图 4-2-52 所示。

图 4-2-52 添加课堂活动

第四步：创建游戏场景。 依次选择【分组竞争】和【奇幻森林】后，单击【下一步】创建游戏场景，如图 4-2-53 所示。

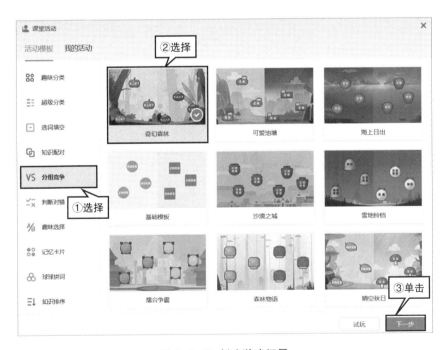

图 4-2-53 创建游戏场景

第五步：设置游戏活动。在【互动主题】一栏中，输入"比一比：找出益虫"；在【正确项】一栏中输入"蜜蜂""青蛙"等常见的益虫名称；在【干扰项】一栏中输入"苍蝇""蝗虫""蚊子"等常见的害虫名称。接着将游戏难度选择为【低】，最后单击【完成】，如图 4-2-54 所示。

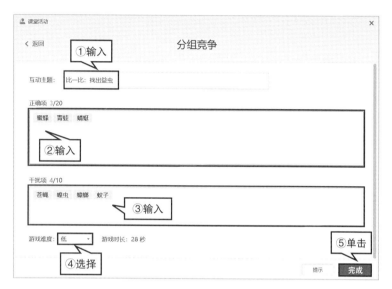

图 4-2-54 设置游戏活动

第六步：开始游戏。单击【授课】按钮，预览游戏界面，如图 4-2-55 所示。单击【开始】按钮 ⊙，如图 4-2-56 所示，即可开始游戏。

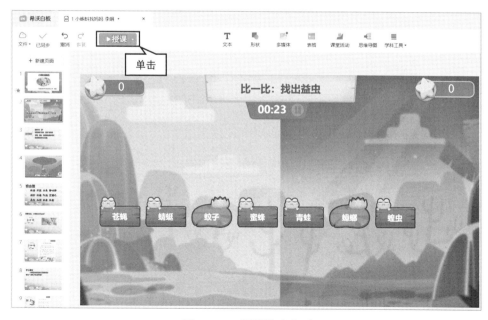

图 4-2-55 开始游戏（1）

图 4-2-56 开始游戏（2）

第七步：导出课件。单击【文件】，选择【导出】课件，如图 4-2-57。在弹出的页面中选择课件导出位置，输入文件名"1 小蝌蚪找妈妈 李娟"，单击【保存】，即可导出课件，如图 4-2-58 所示。

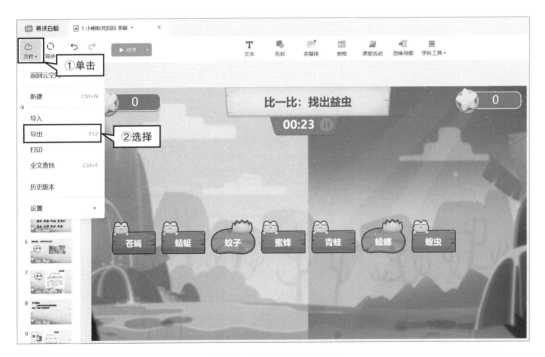

图 4-2-57 导出课件（1）

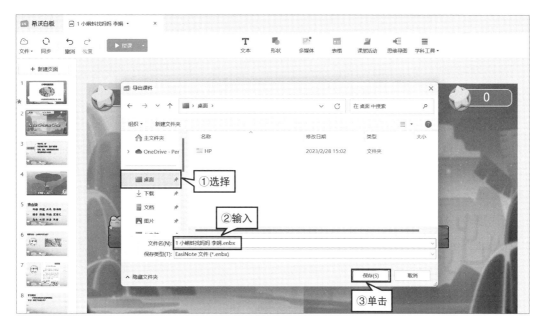

图 4-2-58 导出课件（2）

第三节 微场景制作案例 ——《马诗》

　　《马诗》是"人教版"六年级下册的一首咏物言志诗，六年级小学生具有一定的语言表达、分析理解能力，学习古诗时，能够通读古诗，在教师引导下借助所提供的注释大致理解诗句的意思。但由于古诗语句简短而情感内涵丰富，学生受文化水平及历史知识、社会阅历的限制，在理解方面存在不少困难，这导致学生难以融入诗境。如作者通过诗句"何当金络脑，快走踏清秋"表达出了想要报效国家却又怀才不遇的感慨、愤懑、矛盾心理，但小学生既难以理解作者借物喻人的心理，也难以体会作者丰富的思想感情。小学生以具象思维为主，缺乏抽象思维能力。如果为学生提供古诗中所描绘的具体场景，促使学生直观地去观察，为其带来多感官通道的体验，学生更容易理解诗句含义及作者情感。因此，有必要为学生提供技术支持的微场景，让学生身处具体情景去学习古诗。

一、需求分析

　　为小学生提供学习古诗的微情景，应立足于学生学习古诗的现实问题。小学生学习古诗时，由于诗句本身短小而表达内容丰富，学生对诗句内容的理解不全面，理解诗句含义又是教学的重点，因此应重点介绍诗句中个别字词的释义；小学生背诵古诗时，由于不理解，往往是机械记忆，这容易使学生产生厌倦心理，进而打击其学习古诗的积极性，而以游戏的形式考查学生的学习情况、引导学生回忆诗句，不仅有助于学生巩固知识，还能激发学生的学习热情。《马诗》看起来是写马，其实是借马抒情，不过抒发的情感超出了学生平时的情感经验和生活经验，学生难以体会作者想要表达的情感。因此，为学生营造一种大气磅礴又稍显悲凉的情景，更能促使其理解作者作诗时的心情。

学生在学习古诗《马诗》时，遇到了以上问题。为使学生更好地理解古诗《马诗》而创设的微情景可以被用在课堂中的新课讲授环节，教师首先说明本节课所讲知识点，大概介绍该诗，然后让学生利用HTML5所呈现的微场景学习资源进行自主学习，最后则针对学生学习情况进行重点讲解。

该微场景在课堂上新知讲授环节的应用，主要是为学生理解本诗表达的情感提供具体的、可感知的情景，解决学生由于生活、情感经验有限而难以体会诗歌情感的问题；重难点字词讲解有助于学生理解诗词含义；微场景的游戏化环节为学生营造了"乐中学"的条件。以上设计有效解决了学生在学习古诗时理解诗句困难、背诵记忆枯燥、难以体会情感等问题。

二、脚本设计

具体脚本设计如表4-3-1所示。

表4-3-1 《马诗》微场景脚本

微场景名称	《马诗》		
知识点	古诗《马诗》		
脚本设计			
教学内容	画面内容	交互设计	设计意图
背景导入	■ 呈现作者李贺的简介，包括作者年龄、籍贯、称号、作品等内容。 ■ 呈现本诗创作背景：作者因小人诬陷不能参加进士考试，身负奇才却报国无门，悲愤之下写下《马诗》。	点击"返回目录"按钮可返回目录页，重新选择学习的内容。	让学生初步了解作者以及古诗创作背景，为学习本诗内容奠定基础。
新知学习	■ 呈现《马诗》原文，并对断音处进行标记。 ■ 呈现朗读古诗的音频。	■ 点击听力的按钮，即可听到朗读本诗的音频。 ■ 点击麦克风图标的按钮，学生可以进行跟读。 ■ 点击"返回目录"按钮，学生可返回目录页，重新选择学习内容。	学习《马诗》，从朗诵诗句、翻译诗句再到体会作者情感、了解本诗手法，从易到难，层层递进，有助于学生理解知识。
	参考译文翻译古诗： 分别呈现诗句及其译文。	■ 呈现诗句，给学生预留思考时间，学生思考结束之后点击诗句下方的"译文"即可查看诗句翻译。 ■ 点击"返回目录"按钮，学生可返回目录页，重新选择学习内容。	

（续表）

教学内容	画面内容	交互设计	设计意图
	重点字词释义： 分别呈现诗句，并在诗句下方呈现具体如"大漠、燕山、钩、何当、金络脑、清秋"等词的含义。	■ 学生看到诗句思考每个字词的含义。点击诗句，学生即可查看该句中重点词的释义。 ■ 点击"返回目录"按钮可返回目录页，重新选择学习内容。	
	理解思想情感： 呈现作者表达情感的方式及想要抒发的情感。	学生可点击"返回目录"按钮返回目录页，重新选择学习内容。	
	写作手法：托物言志： 呈现本诗中"托物言志"手法的使用过程以及该手法的一般含义。	与上类似，学生可点击返回目录按钮以返回目录页，重新选择学习环节。	
游戏闯关	■ 呈现游戏说明："你还记得刚才学的古诗吗？把选项拖拽到正确位置吧！" ■ 画面上呈现本首古诗，并将重点字词挖空，如"大漠""燕山""金络脑""踏清秋"。 ■ 将以上需要填空的字词分别放在古诗下面。	■ 让学生将画面下方的字词拖入古诗空白位置上。全部拖入后学生点击确认提交，可以看到自己是否答对。 ■ 设计"解析"按钮，跳转到相应解析内容。学生不提交的话，将无法点击"解析"按钮。 ■ 学生可点击"返回目录"，进入目录中学习任意环节。	以游戏练习的形式巩固知识，不仅能激发学生的好胜心，还能使学生通过重复游戏过程来不断巩固知识。

三、微场景制作

（一）版面设计

版面设计是指作品创作者根据面向对象和设计需求，在预先设定的有限版面内，运用造型要素和形式原则，根据特定主题与内容的需要，对文字、图片及色彩等视觉传达信息要素，进行有组织、有目的地组合排列的设计行为与过程。

对于教师来说，在微场景制作的过程中，版面设计意味着教师需要考虑教学对象的学习风格和学习特征，结合教学内容与教学目的，在微场景中对文字、图片、音乐、动画等媒体进行合适的创造、加工、编排、组织，最终达到有效传播教学内容、实现自身教学目的的效果。目前存在许多成熟且高效的版面设计原则与技巧，包括对比强调、信息统一、排列对齐以及网格设计等。在版面设计方面，本案例具体采用了三种版面设计技巧，分别为"竖式设计""网格设计"和"排列对齐"。

1. 竖式排版

目前，利用HTML5技术制作的微场景几乎都是为移动端的电子产品而设计，如平板电脑等，微场景在手机端能够获得最佳的效果。因为手机可以通过旋转屏幕来支持竖式排版和横式排版这两种微场景版面设计格式，同时考虑到内容的最终呈现效果与学生操作的便利性，本案例选择竖式排版来进行版面设计，以呈现最好的视觉效果，方便学生与微场景产生交互，获得更舒适的阅读体验，本案例首页效果如图4-3-1所示。

2. 网格设计

网格设计是一种极为理性的排版方式，也是能快速进行设计的排版方法。其基本方法是把需要设计的页面切割成若干个格子，形成一个网状格式，然后再将设计元素填充其中。HTML5页面出现在手机屏幕的可视大小一般为1008像素×640像素，可以把屏幕想象成一块豆腐，然后用切豆腐的方法对其进行切分。本案例中将整个版面横向切五刀，纵向切两刀，形成上下六等分、左右三等分的网状格式，其中顶行和尾行分别用来放置标题和"返回目录"按钮以及其他内容。中间的部分用来展示本页面主要教学内容，效果如图4-3-2所示。

3. 排列对齐

任何东西都不能在页面上随意安放，每个元素都应与页面上的另一个元素有某种视觉联系。对齐也能使页面统一且具有条理性，作为常用的排版方式可以建立一种清晰的外观。图片与文字、图片与图片之间的对齐方式应该呈现直线状，形成一个统一的整体，效果如图4-3-3所示。

图4-3-1 微场景首页　　图4-3-2 页面的网状结构　　图4-3-3 排列对齐的目录页

（二）元素应用

在对版式进行初步设计之后，教师应该考虑在场景中添加元素。HTML5支持多种信息传达的表现形式和传递方式，包括文字、图形、图像、动画、声音、视频等，综合了视觉、听觉等多种感官元素。本书将会结合案例，重点介绍文字、图片、动画、音乐的一般添加过程。

1. 文字

文字应用主要是在页面中添加相应文字，并调整文字的字体样式、大小等，添加效果如图4-3-4所示。

文字应用效果图

文字应用的效果如图4-3-4所示。

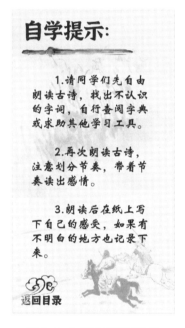

图4-3-4 文字应用的效果

操作步骤

利用"木疙瘩"软件制作微场景《马诗》，其应用文字元素的技术路线如图4-3-5所示。

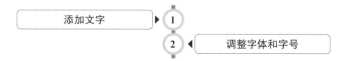

图4-3-5 文字应用的技术路线

第一步：**添加文字**。登录木疙瘩官网（https://www.mugeda.com/），进入工作页面，单击【工具栏】中【媒体】一栏内的【字符】按钮**T**，接着在【舞台】上单击鼠标左键。此时，编辑器会生成一个文本框，在文本框内输入文字内容即可，如图4-3-6所示。

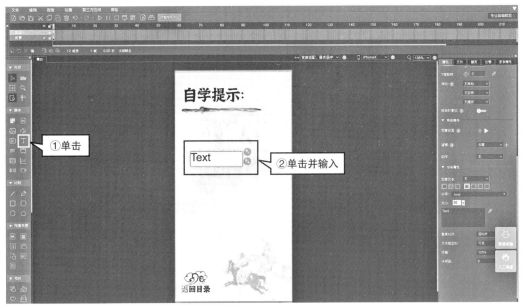

图4-3-6 添加文字

第二步：**调整字体和字号**。首先，选中待调整的文字内容，选择右侧【专有属性】中的【字体】选项；接着，在下拉菜单中单击心仪的字体，如图4-3-7所示。最后，在【文字】一栏中输入字号"20"，如图4-3-8所示。

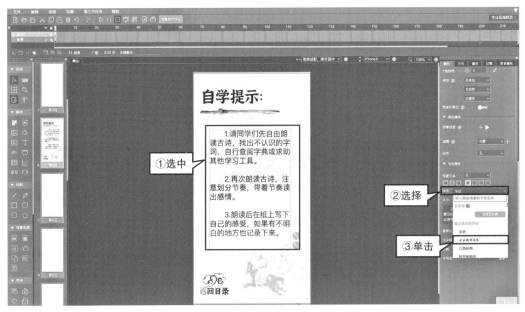

图4-3-7 调整文字字体

图 4-3-8　调整文字字号

2. 图 片

　　制作微场景中图片应用主要是添加需要的图片至素材库，并添加到画面中、调整图片大小。图片应用效果图如图 4-3-9 所示。

👆**图片应用效果图**

　　图片应用效果如图 4-3-9 所示。

图 4-3-9　图片应用效果图

操作步骤

利用"木疙瘩"软件制作微场景《马诗》过程中，应用图片元素的技术路线如图4-3-10所示。

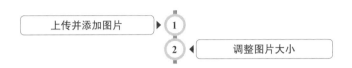

图 4-3-10 图片应用的技术路线

第一步：上传并添加图片。首先，单击【工具栏】中【媒体】一栏内的【图片】按钮 🖼。接下来，在弹出的窗口中单击【+】按钮，如图4-3-11所示。随后，在规定区域内上传图片，单击【确定】，如图4-3-12所示。最后，在素材库内选择要添加的图片，单击【添加】，如图4-3-13所示。

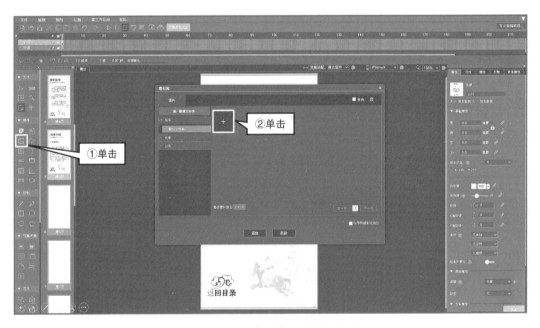

图 4-3-11 上传图片至素材库（1）

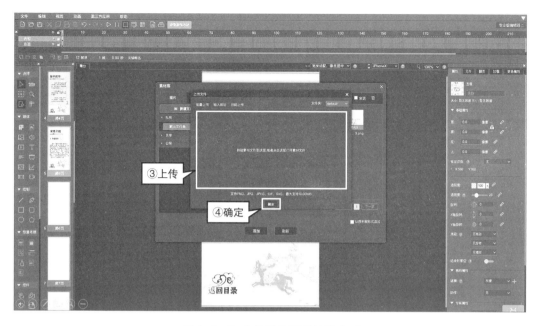

图 4-3-12 上传图片至素材库（2）

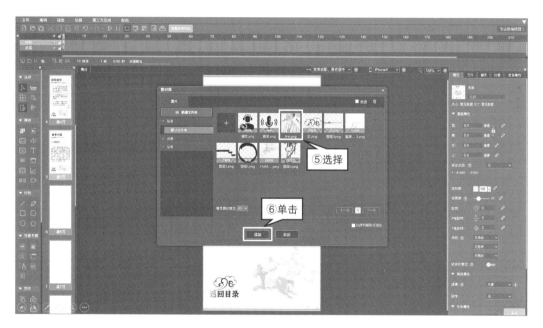

图 4-3-13 从素材库中添加图片

第二步：调整图片大小。 单击左侧【工具栏】中【选择】一栏内的变形按钮，通过拖动图片边缘或在右侧【基础属性】中输入相关参数来调整图片大小，如图 4-3-14 所示。

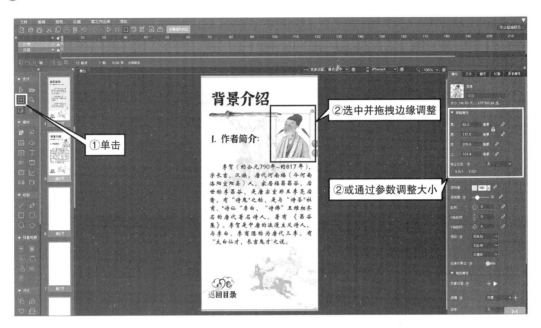

图 4-3-14 调整图片大小

3. 动画

操作步骤

利用木疙瘩软件制作微场景《马诗》过程中，应用动画元素的技术路线如图 4-3-15 所示。

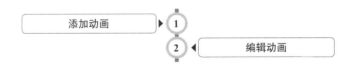

图 4-3-15 动画应用的技术路线

第一步：添加动画。 选中想要添加动画效果的元素【开始学习】，接着单击元素右上角红色星状按钮 ✦，在弹出的窗口中依次选择并单击【进入】和【弹入】效果。添加动画操作步骤如图 4-3-16 所示。

第二步：编辑动画。 选中要编辑动画的元素【开始学习】之后单击元素右上角蓝色星状按钮 ✦，在弹出的窗口中调节动画持续时长等具体参数。本案例把【开始学习】文字元素的弹出进入持续时间设置为 1.5 秒，操作步骤如图 4-3-17 所示。

图 4-3-16 为元素添加动画效果

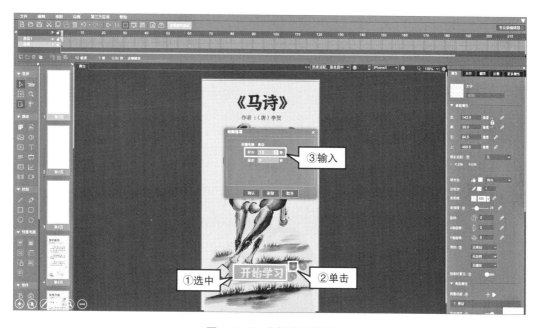

图 4-3-17 编辑动画效果

4. 声音

操作步骤

　　HTML5 微场景可以通过添加背景音乐来营造学习氛围。利用木疙瘩软件制作微场景《马诗》，整个过程中应用声音元素的步骤如下：

在页面右侧【属性】中，单击【背景音乐】后单击【添加】，如图 4-3-18 所示；接着，在弹出的窗口中点击【+】区域，如图 4-3-19 所示；随后，在规定区域内上传图片至素材库，单击【确定】，如图 4-3-20 所示；最后，在【素材库】内选择要添加的音乐，单击【添加】，如图 4-3-21 所示。

图 4-3-18 添加背景音乐（1）

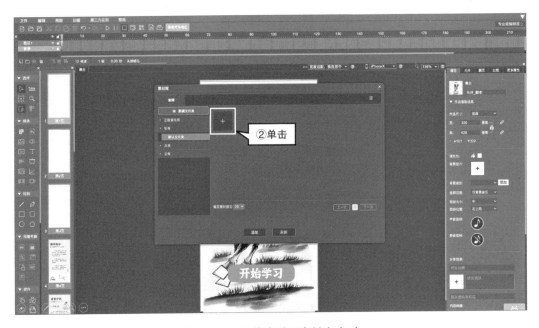

图 4-3-19 上传音乐至素材库（2）

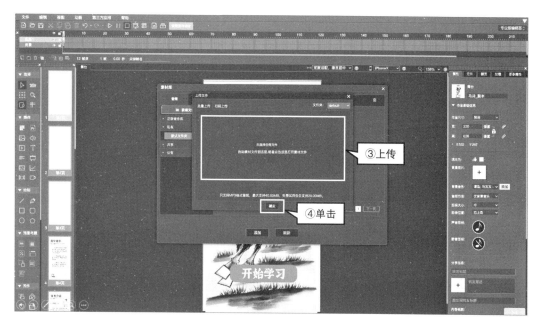

图 4-3-20 上传音乐至素材库（3）

图 4-3-21 选择并添加音乐

（三）交互设计

1. 跳转页面

微场景制作中的跳转效果设计主要是为文字添加跳转效果，点击相应文字可跳转到相应文字内容。如点击"自学提示"，即可过渡到自学提示部分所在的页面，交互应用效果图如图 4-3-22 所示。

跳转应用效果图

跳转应用效果如图4-3-22所示。

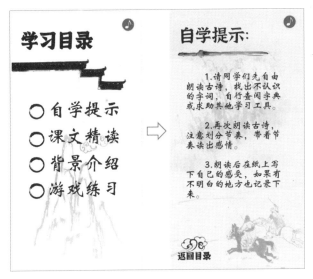

图4-3-22 交互应用效果图

操作步骤

选中触发跳转页面的元素【自学提示】，单击右下方橙色形状的 A 按钮，如图4-3-23所示；随后，在弹出的【编辑行为】窗口中依次单击【动画播放控制】【跳转到页】及右侧行为栏中的【跳转到页】，如图4-3-24所示；最后，在【参数】窗口中选择【页名称】，此处跳转页面"自学提示"为第4页，如图4-3-25所示。

图4-3-23 添加跳转页面效果（1）

图 4-3-24 添加跳转页面效果（2）

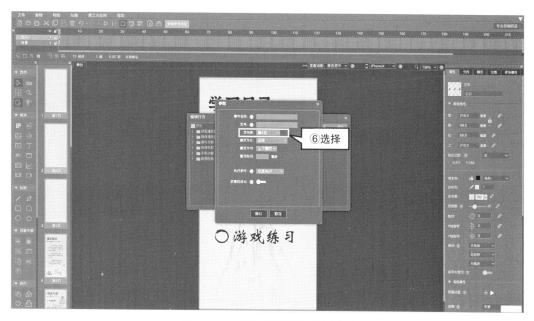

图 4-3-25 添加跳转页面效果（3）

2. 游戏设计

微场景《马诗》的游戏设计主要是将古诗中的重点字词去掉，将应填写的字词放入画面下面，要求学生把字词块拖动到正确的诗句位置，并设置提交答案及解析按钮。游戏设计的效果如图 4-3-26 所示。

游戏设计效果图

游戏设计效果如图4-3-26所示。

图4-3-26 游戏设计效果图

操作步骤

微场景《马诗》中的游戏规则为"拖拽选项并将它们放在正确的位置"。它用到了【工具条】中【预制考题】模块里的【拖拽题】功能，该功能的技术路线如图4-3-27所示。

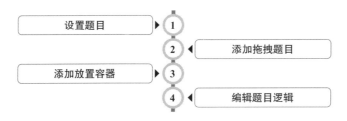

图4-3-27 游戏设计的技术路线

第一步：设置题目。单击【工具栏】中【预制考题】模块里的【拖拽题】按钮![icon]，随后在弹出的窗口中依次输入题目，设置反馈和分数，最后单击确定，如图4-3-28所示。完成此步骤后，软件将创建一个新的页面，效果如图4-3-29所示。

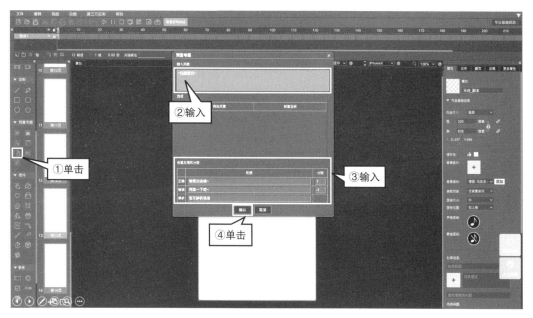

图 4-3-28　设置题目、反馈以及分数

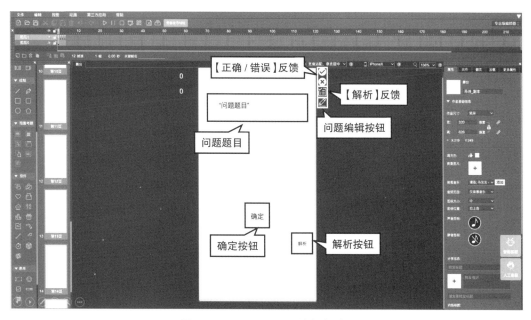

图 4-3-29　题目设置后的初步效果

第二步：添加拖拽项目。单击【工具栏】中【形状】一栏中的■按钮，单击舞台并绘制一个圆角矩形；接着，在右侧【属性】界面中为形状重新命名，并将其拖动属性选择为【自由拖动】，如图 4-3-30 所示。以此类推，分别创建三个圆角矩形作为拖拽项目，分别命名为方块 1、方块 2、方块 3。

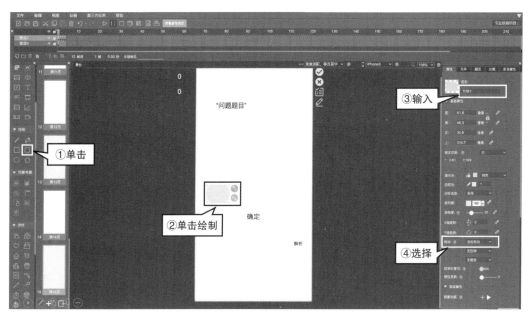

图4-3-30 添加拖拽项目

第三步：**添加放置容器**。单击【工具栏】中【控件】一栏中的【拖放容器】按钮 🔲；接着，单击舞台绘制控件，并在右侧为控件命名"方块容器"；随后，依次选择【放置提示】【自动对准】和【自动复位】按钮；最后，在【允许物体】属性中选择"方块1"并单击【+】按钮。操作步骤如图4-3-31所示。重复上述步骤绘制"方块2"和"方块3"，效果如图4-3-32所示。

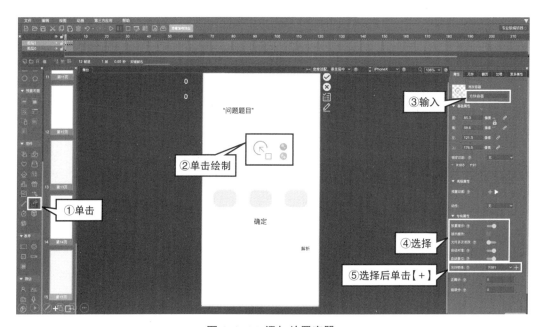

图4-3-31 添加放置容器

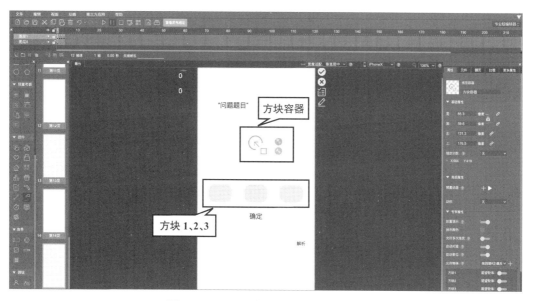

图 4-3-32　添加放置容器后的初步效果

第四步：编辑题目逻辑。本题逻辑为：将方块 1 拖拽到方块容器所在的区域，点击确定按钮后弹出正确页面；其余任何方块拖拽到方块容器所在区域内均为错误，且将会弹出错误界面。

单击右上角铅笔状的【问题编辑】按钮，如图 4-3-33 所示。接着，在弹出界面中依次选择【方块 1】和【放置容器】，如图 4-3-34 所示。注意，只有左栏中的【拖动元素】（方块 1）和右栏中的【放置目标】（放置容器）一一对应时，题目的逻辑才能成立，即答案正确。

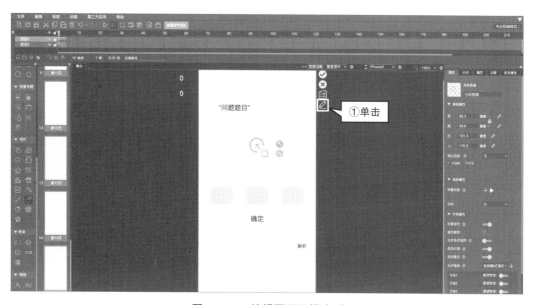

图 4-3-33　编辑题目逻辑（1）

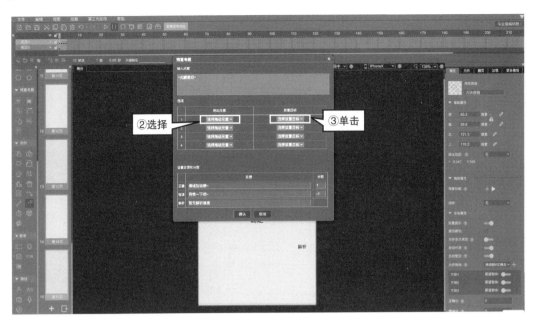

图 4-3-34 编辑题目逻辑（2）

和前文中添加元素的方法一起使用，便可搭配出不同的效果，微场景《马诗》最终游戏练习环节的编辑画面以及效果如图 4-3-35 和图 4-3-36 所示。

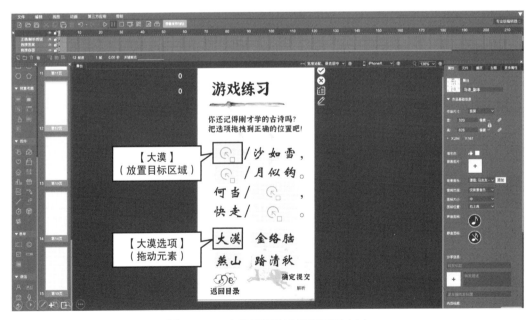

图 4-3-35 本案例的游戏编辑画面（1）

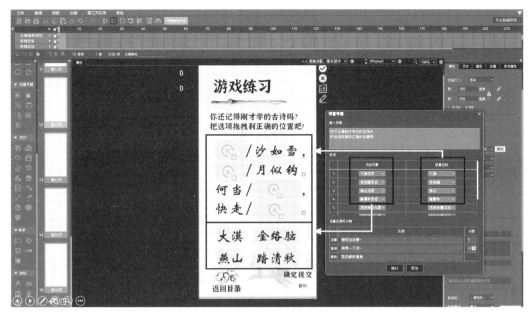

图 4-3-36　本案例的游戏编辑画面（2）

四、发布应用

发布应用，指的是将在网页版编辑器中制作完成的微场景发布出来，学习者可在手机端、电脑端随意观看该微场景。

《马诗》效果图

微场景《马诗》效果如图 4-3-37 所示。

图 4-3-37　微场景《马诗》效果图

操作步骤

微场景《马诗》发布应用的技术路线如图 4-3-38 所示。

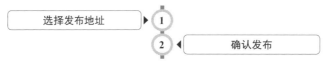

图4-3-38 发布应用的技术路线

第一步：选择发布地址。单击【查看发布地址】，如图4-3-39所示。

图4-3-39 选择发布地址

第二步：确认发布。在该页面中单击【确认发布】。即可发布作品，如图4-3-40所示。

图4-3-40 确认发布

第五章　微课

何谓微课？

随着信息技术的飞速发展，人们的生活和学习方式发生了巨大的变化，个性化、碎片化、终身化逐渐成为当今学习的重要特征。以微博、微信为代表的"微"媒体平台日渐普及，仅从书本获取知识已不能满足人们的学习需求，"微课"应运而生。顾名思义，微课是依托流媒体平台，针对某一知识点或教学环节而开发的一种短小精悍、内容聚焦的数字化微学习资源。微视频是微课的核心资源，同时，微课资源还包含与微视频内容紧密结合的微教案（微课教学活动的教学设计与说明）、微课件（微课教学过程中所用到的多媒体教学课件）、微习题（根据教学内容设计的练习测试题）、反思（教师对微课教学的体会、反思与改进）等辅助性教与学内容。

微课通常以一段5～10分钟的微视频来呈现教学重点、难点、疑点、热点等内容，有利于学习者保持学习兴趣，精准捕捉教学重点。微课具有资源容量小、教学主题聚焦、教学目标明确、教学设计精细、交互性强、使用方便、教学效果显著等特征，因而被广泛用于自主学习、课堂教学和课后复习等多种教学情境中。

学习目标

1. 举例说明微课在教育教学中的应用。
2. 列举出微课的主要形式与技术。
3. 熟悉微课制作流程，并能独立制作出简单的微课。

知识图谱

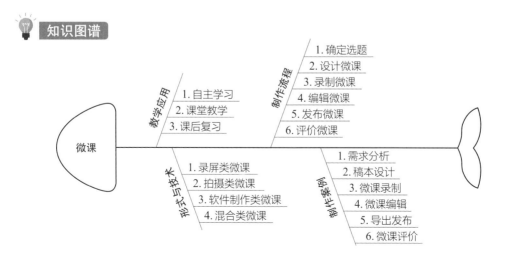

第一节 微课教学应用

一、微课在自主学习中的应用

（一）案例描述

小华是一名糖尿病患者，自行注射胰岛素是他治疗糖尿病过程中最常用的一种方法，但由于注射角度和部位不科学，在家自行注射胰岛素时经常出现疼痛感。他决定利用微课《胰岛素的自行注射》学习如何科学规范地注射胰岛素。首先，小华通过微课的学习，了解了胰岛素注射用具、胰岛素注射部位和进针角度以及完整规范的注射过程。接着，他模仿微课中教师的演示，利用皮肤替代品和胰岛素常用注射用具——胰岛素笔反复练习进针角度、捏皮方法等胰岛素自行注射技巧。最后，小华将习得的注射技巧运用到了日常自行注射胰岛素治疗中。

（二）应用分析

《胰岛素的自行注射》是一个混合类微课，运用了演播室拍摄和软件制作两种微课制作方法，主要讲授了胰岛素注射用具、常用注射部位、注射进针方法和注射步骤四大知识点。在该微课中，教师综合利用图示、关键词标识、语音讲解等方式，讲授胰岛素自行注射要点，以及注射用具的类型、结构、功能、适用人群等理论性知识，如图5-1-1和图5-1-2所示；通过实景拍摄来演示注射用具的装配过程、包括笔芯安装在内的胰岛素注射步骤与技巧等技能性知识，如图5-1-3和图5-1-4所示；借助动画，模拟胰岛素注射部位的轮换方法、污染物进入笔芯、药液外溢等宏观或微观动态过程，如图5-1-5和图5-1-6所示。

图5-1-1 胰岛素自行注射要点

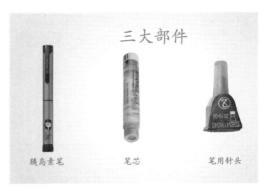

图5-1-2 胰岛素注射用具

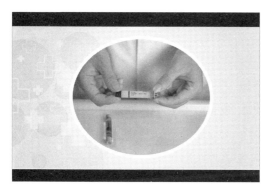

图 5-1-3 注射用具的装配演示

图 5-1-4 安装笔芯动作要点演示

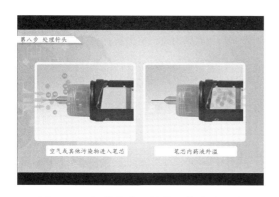

图 5-1-5 污染物进入笔芯、药液外溢前

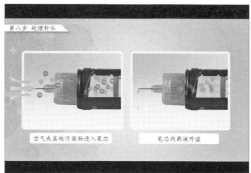

图 5-1-6 污染物进入笔芯、药液外溢后

（三）效果点评

注射胰岛素是糖尿病治疗过程中最为常用的方法之一，患者需要充分了解注射用具的结构、装配方式以及科学规范的注射方法，以减轻注射时的疼痛感、避免并发症的产生。而医护人员的口授难以使患者系统了解胰岛素注射的相关理论知识、准确掌握注射方法。

混合类微课《胰岛素的自行注射》短小精悍、便于传播，可供学习者根据需求，暂停、慢放、反复观看学习，使知识技能的自主学习变得直观有趣。微课将真实人物与虚拟人物相结合、真实场景与虚拟场景相结合，综合应用文字、图片、语音等多种媒体形式，将胰岛素注射用具功能、不同型号用具的适用人群、正确的注射部位轮换方法、进针角度与深度等琐碎且抽象的知识以直观的方式呈现给学习者。动画的应用使难以肉眼观察的污染物污染针头的微观过程变得可视化，促使学习者关注胰岛素注射过程中需注意的细节。实景拍摄注射用具装配和注射过程，为学习者创造了临场感，学习者可以根据演示视频、自行模仿、练习注射技巧。

二、微课在课堂教学中的应用

（一）案例描述

在高中生物必修一第六章《细胞的癌变》课堂上，教师首先展示了我国人口死亡原因统计表，其中癌症死亡率位居榜首，以此启发学习者思考：什么是癌？癌是如何产生的？随后，教师引入癌细胞的概念，解释正常细胞的生命活动过程，并播放微课《细胞的癌变》，让学习者自主学习癌细胞的定义、癌细胞的特征、常见的致癌因子等理论知识。最后，教师带领学习者分析细胞癌变的内因，讨论生活中哪些习惯会增加患癌的概率以及如何预防癌症。

（二）应用分析

微课《细胞的癌变》主要介绍了癌细胞的定义、癌细胞的特征、导致癌变的原因以及应如何预防癌症。该微课利用 Focusky 软件制作而成。其中，运用动画呈现癌细胞的定义，如图 5-1-7 所示；运用图片和动画人物呈现癌症的产生过程、物理致癌因子的类别及如何保持健康生活方式等内容，如图 5-1-8 所示；运用 3D 模型立体化展示癌细胞无限增殖时的状态、人乳头瘤病毒的形状，如图 5-1-9 所示。同时借助 3D 模型，拖动鼠标 360° 向学习者呈现癌细胞的表面变化，以此解释癌细胞"表面变化"的特征，如图 5-1-10 所示。

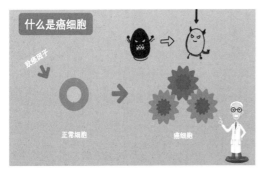

图 5-1-7 癌细胞的定义

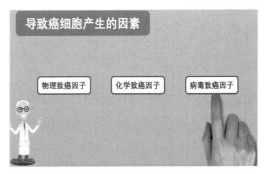

图 5-1-8 癌细胞的产生原因

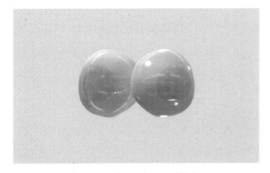

图 5-1-9 癌细胞增殖的过程

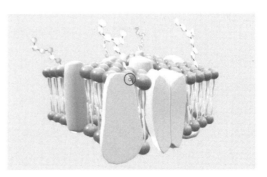

图 5-1-10 癌细胞的表面变化

（三）效果点评

高中生物《细胞的癌变》这一节知识中，有关癌细胞的定义、癌细胞产生的原因、癌细胞理论性知识较为抽象，并且学习者对癌细胞的具体特征难以形成具象认知。

教师在课堂上播放微课《细胞的癌变》，有助于学习者更具体地认识细胞的癌变。该微课综合运用文字、图片、动画和3D模型等元素，直观形象地呈现了细胞癌变的全流程，将抽象、枯燥的知识趣味化，既激发了学习者学习的兴趣，又提高了课堂学习的效率和效果。

三、微课在课后复习中的应用

（一）案例描述

初中学习者在信息技术方面的起点水平参差不齐，在学习过程中的实践能力已经出现较为明显的分化。吴老师是一名初中信息技术老师，每节课上，他都习惯将自己授课的内容通过录屏的方式制作成微课，供学习者课后复习用。在初中信息技术课《Animate 动画制作》上，吴老师先是通过 PPT 向学习者讲解了本课的知识要点，然后通过 Animate 软件操作演示案例的制作过程。在整个教学中，吴老师进行了录屏，并在课后将录屏转成微课《Animate 动画制作》，推送给学习者进行复习。

（二）应用分析

本节微课《Animate 动画制作》由教师在课上运用 EV 录屏软件录制而成，包含教师在课堂上讲授的原理知识，如元件的基本概念，逐帧动画、补间动画等，也包括了教师用 Animate 演示的动画制作过程，如图 5-1-11 和图 5-1-12 所示。学习者可根据自己的学习掌握情况，有针对性地观看微课中相应的讲解片段。

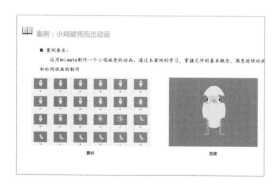

图 5-1-11　展示案例要求和目标

图 5-1-12　素材加工过程

（三）效果点评

《Animate 动画制作》这一节课既有理论讲授，又有实践操作。在有限的课堂教学中，大部分学习者都无法同时掌握理论和实操，尤其是实操部分，需要课后反复训练方能掌握要领。因此，教师将授课内容通过录屏的方式录制成微课，便于学习者在复习过程中边观看微课边进行实践。微课资源能够暂停、慢放或者反复观看，直到学习者理解所有知识为止，这既有利于学习者复习、巩固在课堂上不理解的知识点，同时也能实现个性化教学。

第二节　微课形式与技术

微视频是微课中的核心内容。按照微视频制作形式与技术的不同，微课可分为录屏类微课、拍摄类微课、软件制作类微课、混合类微课这四种类型。

一、录屏类微课

（一）录屏类微课概述

录屏类微课是指通过电脑或平板上的录屏软件来录制教师放映课件、操作应用软件或利用画板进行手写等过程性知识内容的微课。录制过程中，教师可根据微课教学内容的特点选择是否出镜。对于教师而言，录屏类微课技术壁垒较低，制作快速便捷，是目前最为常用的一种微课制作方法。根据屏幕录制内容和使用器材的差异，录屏类微课可分为PPT录屏型、手写板录屏型和软件操作录屏型这三种类型。

PPT 录屏型微课

利用录屏软件或PPT自带的录屏功能同步录制PPT页面内容与声音讲解，适用于各学科中各类知识型教学内容的呈现与故事赏析等，如图5-2-1所示。

图5-2-1 PPT录屏型微课视频

手写板录屏型

利用录屏软件对手写板上的书写内容及讲解进行同步录制，适用于数学、物理等理科类课程公式、定理推导或习题讲解的呈现，如图5-2-2所示。

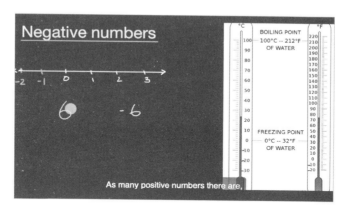

图5-2-2　手写板录屏型微课视频

软件操作录屏型

利用录屏软件同步录制其他应用软件的操作过程和语音讲解，如图5-2-3所示。该类型适用于应用软件的操作教学（如Photoshop软件的操作），或利用某种教学软件来开展的学科教学（如利用函数绘图软件来讲授函数的图像与性质）。

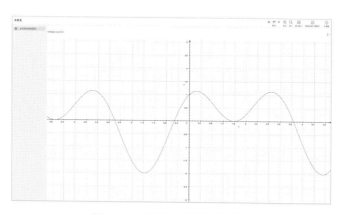

图5-2-3　软件录屏型微课视频

（二）录屏类微课制作工具

屏幕类微课的制作工具相对简单，主要涉及以下几种。

1.电脑/平板

电脑/平板主要用于放映课件，运行应用软件程序、画板工具和录屏软件，如图

5-2-4 所示。随着电脑 / 平板功能的愈发多元，目前的电脑 / 平板内置了摄像头和话筒，支持同步录制教师人像和声音讲解。

图 5-2-4 电脑 / 平板

2. 话筒

声音是微课的重要媒体元素之一。在录制过程中，微课声音不清晰，或者信噪比较低，都极易影响学习者的学习效果。若电脑 / 平板运行时噪声明显或收音效果欠佳，教师可选用外置麦克风来提高录音的质量和音量，如图 5-2-5 所示。

图 5-2-5 耳戴式麦克风

小贴士

信噪比，即信号噪声比，是指电脑 / 平板等电子设备中信号与噪声的比例。信噪比越大，说明混在信号里的噪声越小，声音回放的质量就越高；否则相反。

3. 手写板

利用手写板，教师可以把实时批注或运算过程记录到屏幕录像视频中，如图 5-2-6 所示。

图 5-2-6 手写板

4. 摄像头

当电脑/平板摄像头成像效果不符合教学需求时，教师可使用单独的摄像头采集个人形象，如图5-2-7所示。

图5-2-7 摄像头

5. 录屏软件

在使用录屏的方式制作微课时，录屏软件必不可少，其作用主要是录制教师在屏幕上的操作和讲解语音。当前的录屏软件种类繁多，如Camtasia Studio、EV录屏等，本节主要阐述使用Camtasia Studio制作微课的方法。

Camtasia Studio软件提供了强大的屏幕录像、视频的剪辑和编辑、视频播放和压缩的功能。教师可以利用Camtasia Studio轻松记录电脑上的教学过程，包括课件演示、语音解说、软件操作等，还可以添加说明字幕和水印、增加过场动画和转场效果，是教师制作录屏类微课最为常用的工具之一。该软件界面如图5-2-8所示。

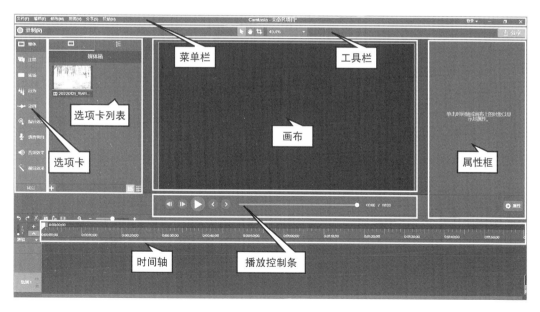

图5-2-8 Camtasia Studio软件界面

（三）录屏类微课制作过程

1. 录制准备

根据屏幕录制内容，准备教学课件、应用软件或手写板等工具，演练教学过程。录制微课前，关闭一切通信软件，避免某些广告弹窗或消息通知出现在屏幕上影响录制效果。

2. 新建录制项目

打开 Camtasia Studio 软件，选择【新建录制】，进入屏幕录制状态，如图 5-2-9 所示。

图 5-2-9 新建录制项目

3. 设置录制输入

根据微课教学需求，选择是否打开摄像头同步录制教师演示画面、是否开启麦克风录制教师讲解音频、是否启动系统音频。若需开启，鼠标单击滑块即可。设置录制输入，如图 5-2-10 所示。

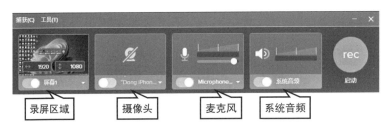

图 5-2-10 设置录制输入

4. 选择录制区域

Camtasia Studio 软件提供了"全屏"和"自定义"两种录制模式，如图 5-2-11 所示。教师根据教学需要，选择录制区域即可。"全屏录制"即录制整个电脑屏幕。"自定义录制"模式下，教师可自由选择录制区域。

5. 教学录制

单击【rec】按钮 rec，开始录制教学过程。教师根据需要打开幻灯片或应用软件，一边演示一边讲解。制作手写板录屏型微课时，教师将手写板与电脑连接，打开 windows 系统工具"画图"，一边在手写板上圈点勾画，一边讲解即可。教学结束后，单击【停止】按钮 ▇，结束屏幕录制。

6. 保存视频

结束录制后，软件将自动跳转至视频编辑页面。进行适当的编辑和美化后，单击【导出】按钮，选择【本地文件】即可保存至电脑，如图 5-2-12 所示。

图 5-2-11　录制区域选择

图 5-2-12　导出视频

二、拍摄类微课

拍摄类微课是指利用拍摄设备来录制的微课。教师可以利用摄像机在演播室内拍摄，也可以用手机、平板等便携式拍摄设备来拍摄微课。由此，拍摄类微课可分为课堂实拍型、演播室拍摄型和简易拍摄型三种类型。拍摄类微课录制详细过程将于第三节系统阐述。

课堂实拍型微课

利用摄像机拍摄课堂中教师、学习者及教学活动，并进行后期编辑。适用于呈现活动型课程。如图 5-2-13 所示。

图 5-2-13　课堂实拍型微课视频

📋 **演播室拍摄型微课**

在演播室内拍摄教师教学内容及过程，适用于各种学科知识的讲授。如图5-2-14所示。

图5-2-14 演播室拍摄型微课视频

📋 **简易拍摄型微课**

利用摄像机或手机等便携式设备同步拍摄纸笔演算、书写、手工操作等过程和讲解，并进行后期编辑与美化。适用于呈现数学、物理等理科类课程公式、定理推导或习题讲解，以及手工精细课程等。如图5-2-15所示。

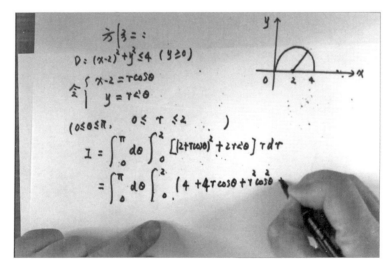

图5-2-15 简易拍摄型微课视频

三、软件制作类微课

（一）软件制作类微课概述

软件制作类微课是指运用软件将图像、动画、声音和视频等媒体素材合成为视频后输出的微课视频。这类微课形式丰富有趣，具有较强的趣味性与交互性，容易吸引学习者的注意力从而提高其学习兴趣，可用于模拟宏观或微观的运动或变化过程，以及抽象理论知识的趣味化动画呈现。

> **软件制作类微课**
>
> "牛鞭效应"是营销过程中的需求变异放大现象，该内容较为晦涩难懂。软件制作类微课《牛鞭效应知多少》利用 Adobe After Effects、万彩动画大师制作动画，模拟啤酒游戏过程，生动阐释了牛鞭效应成因与应对策略。如图 5-2-16 所示。

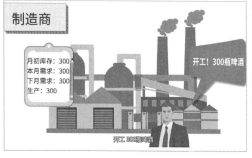
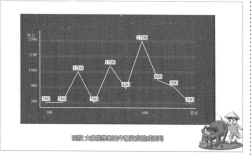

图 5-2-16　微课《牛鞭效应知多少》截图

（二）软件制作类微课制作工具

随着软件制作类微课被逐渐广泛应用于教育教学领域，该领域内出现了众多可用于制作微课的软件，本节主要使用 Focusky 软件制作微课。Focusky 软件是一款 3D 多媒体幻灯片制作软件，支持快速编辑、加工文字、图片、声音、视频等元素，并支持视频导出，且提供了丰富的微课动画制作模板与素材。该软件模仿视频转场，提供了生动的 3D 镜头、旋转、平移等特效，为教师制作软件制作类微课提供了极大便利。
Focusky 软件界面如图 5-2-17 所示。

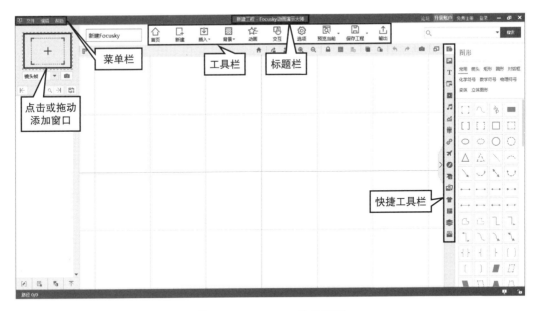

图 5-2-17 Focusky 软件界面

除此之外，还有多款软件可用于微课制作，如表 5-2-1 所示。

表 5-2-1 软件制作类微课制作

多媒体软件	功能简介
PowerPoint	素材处理与制作、演示文稿制作、视频录制
万彩动画大师	动画制作、多媒体课件制作、视频制作
Adobe After Effects	动画制作、特效制作、视频素材合成
会声会影	视频编辑、屏幕录制、交互式 Web 视频制作

（三）软件制作类微课制作过程

1. 新建项目

启动 Focusky 软件，创建空白项目，如图 5-2-18 所示。单击【新建空白项目】
按钮，在"新建空白项目"弹窗中，选择【新建空白项目】，并单击【创建】，如图
5-2-19 所示。

2. 添加背景

Focusky 软件共提供了 3D 背景、图片背景、视频背景和纯色背景四种类型的背景
样式。根据教学内容的特点，选择适配的背景即可，如图 5-2-20 所示。

图 5-2-18 新建空白项目（1）

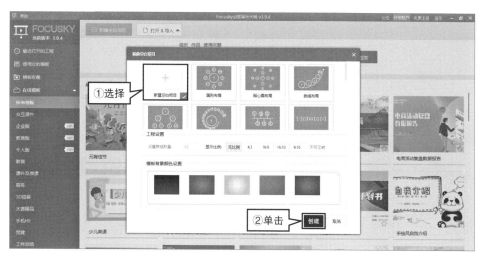

图 5-2-19 新建空白项目（2）

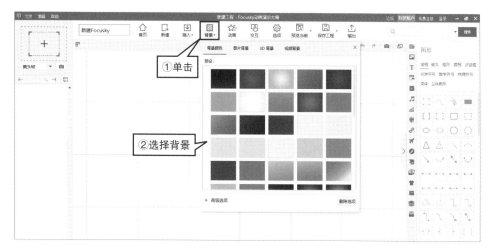

图 5-2-20 添加背景

3. 添加帧至路径

Focusky软件中引入了"帧"的概念，主窗口中每一个分镜头为一帧，相当于PPT中的"页"，Focusky以帧的形式进行播放。在软件界面左侧帧编辑窗口选择【矩形帧】，单击或拖动矩形帧窗口便可将其添加到主窗口，并调整其帧大小、位置和形状，如图5-2-21所示。

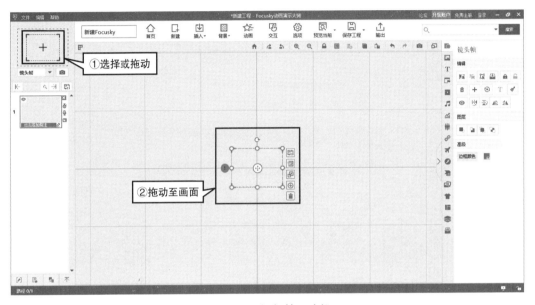

图 5-2-21 添加帧至路径

4. 丰富演示文档内容

根据微课脚本设计，在帧中添加文字、图片、声音、视频等素材。单击【插入】菜单，选择需要添加的素材，将其移动至主窗口画面即可，如图5-2-22所示。

5. 添加动画效果

为微课素材添加动画特效，使其承载的教学内容更加生动形象。Focusky软件提供了300多种对象动画特效、50多种自定义路径动画和交互设计。下面以文本为例，展示如何添加动画特效。

■ 进入动画编辑窗口：选中待处理的"文本框"，单击工具栏中的【动画】，进入动画编辑窗口，如图5-2-23所示。

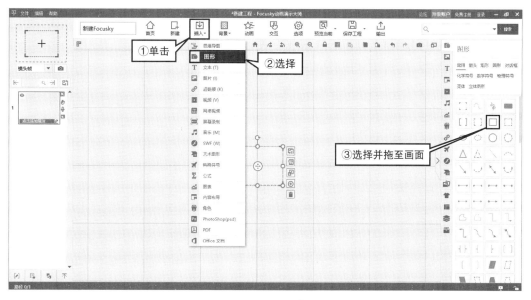

图 5-2-22 添加素材

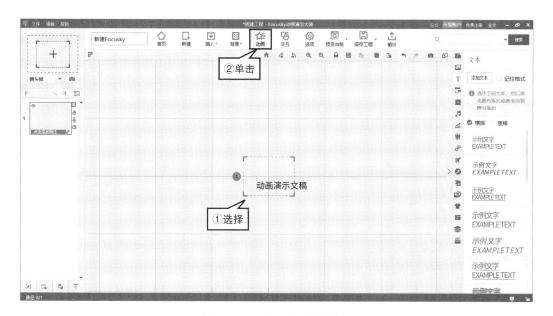

图 5-2-23 进入动画编辑窗口

■ **添加动画**：选中对象，单击【添加动画】，弹出动画效果选择对话框，为对象添加进入、强调、退出、动作路径等动画效果。设置完成后，单击【退出动画编辑】，如图 5-2-24 所示。

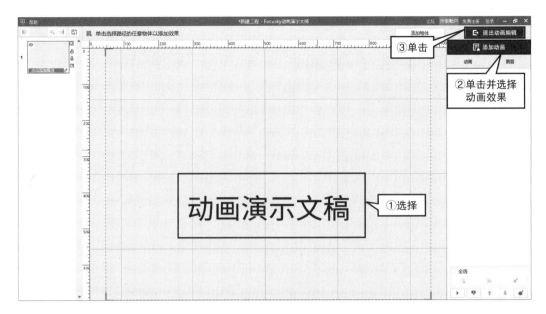

图 5-2-24 添加动画

6. 发布输出视频

完成编辑后，发布视频并保存至本地。单击【文件】菜单，选择【输出】格式，如图 5-2-25 所示。Focusky 软件支持应用程序、视频、网页等多种输出格式。

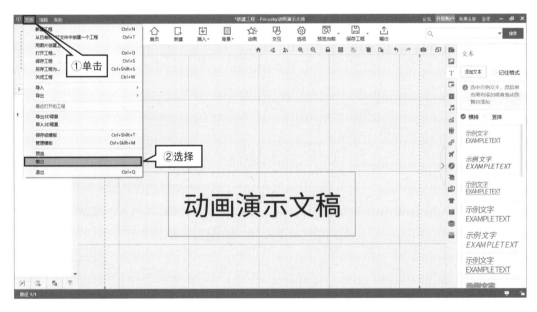

图 5-2-25 发布输出视频

四、混合类微课

（一）混合类微课概述

混合类微课是指根据微课教学的需要，混合使用上述多种方式制作、编辑和合成的微课，适用于各学段各学科学习者的知识与技能学习。

📋 **混合类微课**

混合类微课《白衣天使成长记》综合使用演播室拍摄和软件制作这两种方式制作而成，如图5-2-26所示。利用摄像机来拍摄教师讲解护理专业从业方向、发展路径等知识的过程。同时，制作动画生动阐释了从事护理职业所需要具备的能力和素质。

图5-2-26　微课《白衣天使成长记》截图

（二）混合类微课制作过程

1. 实景拍摄

根据微课脚本，在布置好的环境中，利用摄像机，拍摄教师知识讲解、动作演示等真实场景。在绿幕前拍摄的视频需要利用Camtasia Studio软件进行抠像处理。

2. 制作动画

根据教学内容呈现的需要，在PowerPoint软件中为文字、图片添加动作特效，制作动画，并导出动画视频。

3. 录制课件演示视频

打开Camtasia Studio软件，同步录制教师演示课件与语音讲解过程。

4. 整理编辑素材

将上述素材导入Camtasia Studio软件，裁剪掉重复录制等无效音视频片段，平衡不同视频片段的音量，并对音频进行降噪处理。按照脚本中内容呈现顺序与形式设计，调整素材的出现时间、持续时长以及在视频画面中所处的位置，并添加背景音乐、片头片尾与字幕。

5. 导出视频

导出并发布编辑完成的微课视频。

第三节　微课制作流程

微课的设计制作一般包括两种方式：一是根据教学需求加工、修改已有的微课资源，这种方法能够最大限度地发挥已有资源的价值，提高微课制作效率；二是自主设计开发微课。尽管各类微课的开发技术与制作工具各有不同，但设计制作流程大体相似，完整的微课设计制作流程如图5-3-1所示。

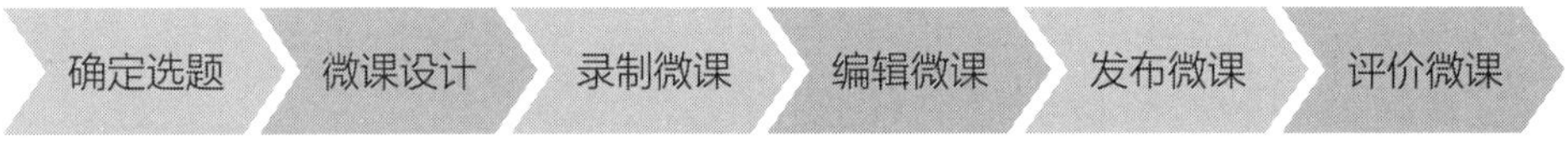

确定选题　微课设计　录制微课　编辑微课　发布微课　评价微课

图 5-3-1 微课制作流程

一、确定选题

微课的选题是微课制作中最关键的一环，良好的选题可以事半功倍地进行讲解、录制。微课的选题必须充分考虑教学内容特征，注意结合视频媒体的特点，因此，微课选题应满足以下三个要求。

1. 选题内容聚焦

微课视频的时长通常为5～10分钟，因此，微课在选题时应根据教学应用的需要，聚焦于课程的重点、难点、疑点、热点或者某个典型问题，且知识结构不可过于复杂，以确保短时间内能将其讲清、讲透。如果选题过大，将会导致该微课因内容繁多而出现知识呈现不清、讲解节奏过快、信息负荷过重等问题，不利于学习者学习。

📄 **微课选题案例**

八年级《历史》第一单元《中国逐渐沦为半殖民地半封建社会》从鸦片战争出发，一步步地阐释了中国逐渐沦为半殖民地半封建社会的过程以及战争给中国造成的严重影响。但是，教学过程中容易忽视鸦片战争爆发原因的分析。针对这一问题，微课《鸦片战争前的中英贸易》的选题聚焦于鸦片战争爆发前的中英贸易发展，多方面、深度地揭示了鸦片战争爆发的缘由。该微课截图如图5-3-2所示。

图 5-3-2　微课《中国逐渐沦为半殖民地半封建社会》截图

2. 适合多媒体表达

微视频是微课的核心资源，而视频是以连续的动态画面呈现信息，因此选题内容应符合多媒体表达，具备一定的动态性，如动作技能、操作过程、变化过程等；或需要使用较多的图片、声音媒体，如手工制作、音乐赏析等。

📋 **微课选题案例**

微课《五星红旗的制作》属于手工绘画课程，选题聚焦于五星红旗的制作过程，操作性强，可通过图片、视频等多媒体形式呈现完整的制作过程。如图 5-3-3 所示。

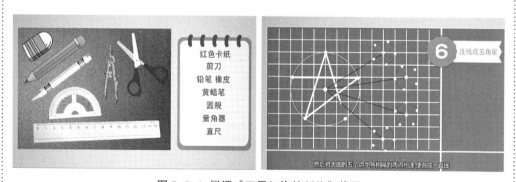

图 5-3-3　微课《五星红旗的制作》截图

3. 创新

微课选题应该遵循创新性的原则，充分考虑如何抓住学习者的"眼球"，通过视角创新、观点创新、方法创新或应用创新，制作出不落窠臼、新颖独特的微课。

📋 **微课选题案例**

随着人工智能技术的不断发展及其对社会生活所产生的广泛影响，世界各国都开始重视人工智能的普适性教育，以培养能适应智能社会的创新型人才。产生式表示法已经成了人工智能中应用最多的一种知识表示模式，尤其是在专家系统方面。于是，微课《AI这样懂知识》的选题聚焦于产生式表示法，以动画的形式讲述了产生式表示法是如何使AI懂知识的，如图5-3-4所示。

图5-3-4 微课《AI这样懂知识》截图

二、设计微课

（一）教学设计模型

教学设计是微课制作的灵魂，决定着微课视频的最终内容及风格。在众多的教学设计模型中，ADDIE教学设计模型是被使用得最多的经典模型之一。ADDIE模型将教学设计分为Analysis（分析）、Design（设计）、Development（开发）、Implementation（实施）、Evaluation（评价）五部分，如图5-3-5所示。为了取得更好的教学效果，每个阶段的具体步骤可结合实际应用需求以及其他学习理论和教学理论进行变更调整。

图5-3-5 ADDIE模型

1. 分析

分析阶段主要包括教学分析、资源和约束条件分析。教学分析与课堂教学设计过程几乎相同，需对课程标准、教学大纲、学习需要、教学内容以及学习者进行分析。通过分析，可确定学习目标，明确具体的教学内容、技能，了解学习者的特征，确定教学内容的深度，选择合适的微课教学评价方式。具体分析方法可参考本书作者所著的另一本教材《智慧环境下的教学设计与实践》。

资源和约束条件分析则需要对微课开发时间、人员、工具以及辅助资源等进行分析。首先，教师根据教学要求确定设计、开发、实施与评价各阶段所需时间。其次，教师需要明确参与微课资源开发与制作的人员，录屏类微课制作人员配置相对单一，拍摄类、软件制作类或混合类微课则需要相关人员配合完成，这其中就包括教学设计人员、拍摄人员、后期制作人员等。最后，工具与辅助资源在微课教学设计过程中也尤为重要，根据前期分析的结果，可以确定微课的表现形式，不同表现形式的微课所需工具和辅助资源不尽相同。比如，录屏类微课所需工具为录屏软件和录屏、录像设备，辅助资源为已经做好的教学课件或应用软件。

2. 设计

设计阶段包括教学设计与微视频设计两大步骤。教学设计需要教师根据分析结果，确定知识点之间的关系和呈现顺序，并对知识点进行分类；同时，还需要教师设计教学方法、教学活动、微教案、微课件与微习题。微视频设计则需要教师为不同类型的知识和技能选择合适的媒体呈现方式、编写脚本并设计微视频内容。

3. 开发

开发阶段是微课资源设计与制作的核心阶段，其主要步骤包括撰写微教案、制作微课件等辅助资源、完善教学程序以及开发微课资源。

4. 实施

使用开发的微课资源进行教学实践。

5. 评价

微课资源开发完成后，需进行评价以不断完善微课。一般可通过自评（教师对照评价标准自行评价并发现问题）、专家评价（邀请学科专家开展评价）、用户评价（选定小规模微课试用对象，教师通过观察学生观看微课时的表情来了解学生对微课的评价，且在与学生交流后确定微课修改意见）三种方式进行形成性评价。在微课正式上传学习平台后，教师应吸纳众多学习者的建议，不断改进、完善微课。

📋 **教学设计案例**

高一物理教师王老师设计制作了微课《平抛运动的分解》，教学设计如表5-3-1和表5-3-2所示。

表 5-3-1 《平抛运动的分解》微课教学设计（1）

微课名称	平抛运动的分解
知识点描述	【教学内容】 平抛运动可分解为水平方向和竖直方向。水平方向为匀速直线运动，竖直方向为自由落体运动。 【重难点分析】 物理学中平抛运动这一知识点，重难点是平抛运动的分析方法，即为什么要通过分解运动来研究分析，如何分解，以及与力的分解有何不同之处等。可通过对比平抛运动与自由落体运动、匀速直线运动的异同来解决。
学习者特征	高一年级学生在学习本微课前，已经了解了平抛运动的规律、自由落体运动和匀速直线运动的规律等相关物理知识。但对于运动的分解不太熟悉，且不明白其本质意义，因而容易导致学习平抛运动分解过程上的分析错误。
教学目标	1.归纳平抛运动的规律；熟练运用平抛运动的分解方法来分解其他形式的运动。 2.体验平抛运动分解的过程；分析分解的原因；探索新的运动分析方式；领悟运动分解的本质。 3.认同运动分解的方法；感受这种分析方法与其他分析方法的不同；能意识到物理学是一门有趣的科学，愿意探索其奥秘。
教学方法	讲授法、对比法、课堂练习法。
设计思路	将平抛运动与自由落体运动、匀速直线运动这两种运动的初速度、速度、位置等进行对比，由学生自主分析出其异同点，进而得出平抛运动的分解方法。故选用录屏类微课。
工具及辅助资源	【工具】电脑、手写板、Smoothdraw 软件和 Camtasia Studio 软件。 【辅助资源】教学课件。

表 5-3-2 《平抛运动的分解》微课教学设计（2）

教学过程设计			
课前导入	复习平抛运动、自由落体运动和匀速直线运动的规律。	采用复习导入，并设问激发学生学习兴趣。	黑板：言语符号
知识新授	对比平抛运动与自由落体运动、匀速直线运动这两种运动的初速度、速度、位置等，得出疑问点和异同点。	采用图表对比法，由学生自由分析。	多媒体：图表
自主探究	由疑问点引出平抛运动的分解方法，并作图以解决疑问点。	启发学生，引导学生思考问题、自主学习、解决疑问，并理解运动的分解方法。	多媒体：图像
巩固练习	选用经典练习题进行练习。	学生自行练习。	多媒体：言语文字

（二）脚本设计要点

1. 脚本示例

微课脚本就像是电影的剧本，逻辑清晰的脚本是顺利完成微课制作的前提。通过教学设计确定了教学内容和方案后，教师需要确定微课类型，选择制作工具，再进一步将其设计成拍摄、制作脚本，将文字内容转变为视听语言。视听语言是影像元素和声音元素的综合表现，能够更为直观地表现主题和内容。微课脚本主要包括教学步骤、教学活动、画面内容、画外音、制作要求、设计意图等内容。采用不同制作技术开发的微课，其脚本设计也不尽相同。脚本设计的参考模板如表5-3-3所示。

表5-3-3 微课脚本设计模板

录制时间　　　　　年　月　日　　　　　　　　　　　微课时间：　　　分钟

教师姓名		微课名称			
联系方式		制作类型	□录屏类　□拍摄类　□软件制作类　□混合类		
微课来源	学科	年级：		教材版本：	
微课描述		（阐述知识点、技能点、难点、疑点、考点等）			
适用对象		（学习对象分析）			
设计意图		（阐述微课设计的教学目标、教学活动等）			
教学过程设计					
教学步骤	教学活动	画面内容	画外音	制作要求	设计意图

2. 脚本写作

教师编写微课脚本时，可根据学科知识的特点，进行灵活调整，而不必拘泥于以下几点。

（1）教学步骤

教学步骤即教师教学顺序号，按组成微课视频的教学活动镜头的先后顺序，用数字和关键词标出。它可作为某一组镜头的代号。微课录制时不一定按教学步骤进行，但后期编辑时必须按顺序编辑。

（2）教学活动

教学活动板块需说明教师主要的教学内容和教学活动设计，同时标注各活动的录制时长。

（3）画面内容

用文字阐述所录制的具体画面。为了阐述方便，推、拉、摇、移、跟等拍摄技巧和景别要求也在这一栏中与具体画面结合在一起加以说明。若有特殊的画面组合技巧，如画面是由分割的两部分合成的，或在画面上叠加嵌入某种图像，也需加以说明。

（4）画外音

画外音一栏需说明每一组镜头所对应的解说词、音响效果、背景音乐的内容及起止位置。

（5）制作要求

制作要求包括：镜头之间的组接技巧，如切换、淡入淡出等；教学环境要求；教师教学情绪要求；微课制作形式与技术要求；等等。

（6）设计意图

为使录制微课的教师更加精准地呈现教学过程，微课脚本中应阐明教学设计意图。

（三）教学设计原则

一个优秀的微课必须是令学习者值得学、乐于学且容易学的，这是微课教学设计的通用原则。

1. 值得学

这是微课教学设计的首要原则。一个合格的微课对于学习者而言必定是有用的——值得学习者付出时间。"值得学"的关键在于微课教学设计时所甄选的材料有价值，所讲解的角度很到位。在教学设计之前，应充分了解学习者的学习需求，并思考学习者在学完微课后，能否顺利解决现实问题。同时，教学内容的选择应来自真实的生活情境或客观存在的现实问题，以激发学习者的学习兴趣，保持学习者的学习动机。

> **📑 值得学案例**
>
> 随着颈椎病的发病年龄逐渐年轻化，颈椎病成了困扰众多年轻人的问题。微课《低头族的颈椎保健》聚焦于颈椎病防护这一现实问题，生动形象地讲解了颈椎病的发病机制、临床表现以及健康教育的相关知识和预防要点，能够有效帮助学习者缓解颈椎疼痛、预防颈椎病的发生，如图5-3-6所示。
>
>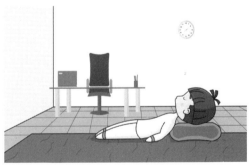
>
> 图5-3-6 微课《低头族的颈椎保健》截图

2. 乐于学

"乐于学"原则经常采用的方式有：幽默、情景吸引和问题吸引。幽默会让学习者学得更轻松愉悦，能够有效促进知识的吸收；情景能够唤起学习者的共鸣，提高学习者的临场感；问题能抓住学习者的注意力。此外，创新教学策略、丰富课件形式也可以实现使学习者"乐于学"的目的。

📋 **乐于学案例**

微课《临床实习中艾滋病职业暴露的防护》围绕"护士燕子帮助护士娟子处理意外被艾滋病污染的针头扎伤事故"的故事情景展开，讲述临床实习中艾滋病职业暴露的防护方法。如图5-3-7所示。

图5-3-7 微课《临床实习中艾滋病职业暴露的防护》截图

3. 容易学

"容易学"即微课教学设计是使学习者易于理解教学内容。教学内容可视化能在很大程度上解决"容易学"这一问题，如：利用动画的形式呈现生物的微观变化。此外，画面和声音是视频的两大主要元素，在微课设计时需着重考虑画面和声音的表现手法。在声音方面，教师讲解应保证语音标准、语速均匀、自然流畅、情感到位，根据教学需要选择是否添加背景音乐，使学习者增强临场感。同时，应创新画面表现手法，例如：在课件制作方面，可利用漫画、动画、速写或者其他新的呈现方式；在镜头语言方面，可利用细节特写、蒙太奇等拍摄技巧。

📋 **容易学案例**

根据国家卫健委数据显示，截至2020年，全国儿童青少年总体近视率高达52.7%。近视已成为中国青少年视力损伤的主要原因。微课《预防近视眼科普知识》以生动诙谐的动画，形象地呈现了近视眼的成因以及预防方法。如图5-3-8所示。

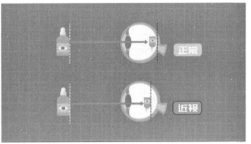

图 5-3-8 微课《预防近视眼科普知识》截图

三、录制微课

(一)制作设备

拍摄类微课视频主要采用手机、摄像机等进行现场拍摄,然后使用 Camtasia Studio 软件进行剪辑,如添加字幕、添加片头片尾等。此外,还可使用 Camtasia Studio 软件中的视觉效果,对蓝幕、绿幕等简单背景的影像进行抠像,以达到虚拟演播室的效果。

1. 手机录制微课

采用智能手机录制微课,需要的设备有:手机、支架、直尺、笔、白纸、耳机、麦克风和一个安静的环境,如图 5-3-9 所示。

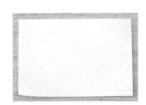

图 5-3-9 手机录制微课所需设备

2. 摄像机录制微课

采用摄像机录制微课,常用设备有:摄像机、三脚架(用于固定摄像机的设备)、收音设备、Camtasia Studio 软件,如图 5-3-10 所示。

图 5-3-10 摄像机录制微课所需设备

小贴士

摄像机要求不低于专业级数字设备，在同一门课程中标清和高清设备不得混用，推荐使用高清数字设备。

（二）场景布置[①]

由于教学科目、教学类型、微课用处不同，微课录制的场地有所差异，可以是课堂、演播室、室外、个人办公室或家里。理论课的录制场地可以是教室或演播室，同一系列的微课录制场地要统一，使用同一间教室或演播室，以达到后期课程制作的统一。实训课及其他课程录制场地根据课程需求由授课教师自行选择即可，但请确保为录制设备预留足够的空间。

1. 智慧教室场景

（1）智慧教室场景构成

智慧教室与传统教室布局有所区别，一般由电子白板、音响系统、供电照明系统、计算机、黑（白）板、窗帘等构成。智慧教室场景如图5-3-11和5-3-12所示。

图5-3-11 智慧教室（1）

图5-3-12 智慧教室（2）

---

① 方其桂、林文明、周虹. 微课/慕课设计、制作与应用实例教程（第2版）[M]. 北京：清华大学出版社，2023：217—219.

（2）智慧教室布置要求

■ 录制环境要求安静整洁，应提前打扫现场卫生；

■ 避免在镜头中出现有广告嫌疑或与课程无关的标识等内容；

■ 要求录制现场光线充足，室内可完全隔绝日光（均可用窗帘遮蔽等形式）。

2. 演播室场景

典型的演播室场景有录播室和虚拟演播室。

（1）录播室

录播室是指装配有摄录编设备（摄像机）、灯光系统、声学系统，并根据需要和场地条件进行布景的专业视频创作场所，如图 5-3-13 所示。演播室中可以实时录制教学课件及教师教学过程。

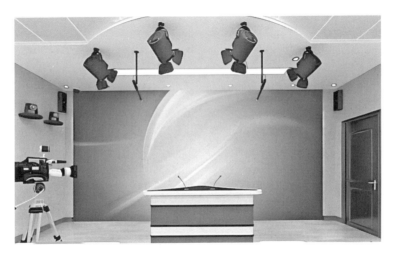

图 5-3-13 录播室

（2）虚拟演播室

虚拟演播室是将真实演播室摄像机拍摄到的景象，由计算机将信息转换为数据，与计算机制作的虚拟图形背景实时合成的一种视频制作技术。虚拟演播室的优点是可以快速更换背景、成本低、后期创作空间大；但虚拟演播室也存在部分图像失真、动作幅度及速度受限制等缺点。专业化的、不要求真实课堂场景的微课录制可在虚拟演播室场景中进行。虚拟演播室内通常包含演播室蓝箱、高清摄像机、音频设备、灯光设备、提词器、导播切换设备等，如图 5-3-14、5-3-15 所示。

图 5-3-14　虚拟演播室（1）

图 5-3-15　虚拟演播室（2）

- **演播室蓝箱**：虚拟蓝箱是一个无直角的、全是平滑均匀的弧形处理的开放式箱体，如图 5-3-16 所示。虚拟蓝箱是虚拟演播室的一个必要组成部分，可用于虚拟抠像。出镜人员或物体在蓝箱中出镜拍摄，虚拟演播室通过色键抠像技术，将纯色的背景色分离出来，从而将人或者物体添加到任意自定义的三维场景里面，实现虚拟演播室的仿真包装效果。此外，携带方便的折叠式绿色/蓝色背景蓝箱，对于外景地或演播室内拍摄很有帮助。

图 5-3-16 演播室蓝箱

■ **高清摄像机**：演播室需使用专业摄像机设备拍摄，搭配三脚架后，可以灵活移动位置，便于拍摄不同角度的画面。如图 5-3-17 所示。

图 5-3-17 摄像机

■ **音频设备**：需要调音台、话筒，也可以通过无线话筒来采集授课教师的声音。

■ **灯光设备**：虚拟演播室的灯光可使用三基色冷光灯和 LED 柔光灯，如图 5-3-18 所示。灯光既要提供足够的照明亮度，又需满足色温要求，选取灯光投射方向和角度时要避免产生正视眩光和落差大的阴影区。当用灯光来照亮背景幕布时，需要尽可能使幕布平滑，没有亮点或阴影。

图 5-3-18 演播室灯光

■ **提词器**：提词器是通过一个高亮度的显示器显示文稿内容，并将显示器显示内容反射到摄像机镜头前一块呈45度角的专用镀膜玻璃上，把台词反射出来的设备。如图5-3-19所示。

图 5-3-19 演播室提词器

■ **导播切换设备**：能实现高清摄像机拍摄图像和课件 PC 图像融合，能借助虚拟演播技术实现虚实结合。如图5-3-20所示。

图 5-3-20 导播切换设备

小贴士

> 虚拟演播室通常用于专业化、技术化的微课录制，教师自主制作微课时可布置简易虚拟演播室。教师准备一块蓝布或绿布，构建简易蓝箱，再利用三脚架架设摄像机即可。倘若光线或收音效果不理想，则需另外布置灯光和收音装置。

（三）服装妆容

1. 服装

录制微课时，教师穿戴应体现职业特点，要求整洁、大方、文雅、美观。出镜教师一般要求穿正装。传统的正装有西装、中山装、套裙等。下面分别介绍男性教师和女性教师录课时的服装要求。

（1）男性教师服装要求

男性教师拍摄时一般要求穿有领、带纽扣的正装，如图5-3-21所示；无领的服装如T恤、运动衫以及拉链服装通常不能称为正装。夏季忌外穿背心和短裤（体育课运动服除外）。

图 5-3-21 男性教师服装

（2）女性教师服装要求

女性教师拍摄时尽量穿套装，切忌过露、过透、过紧，如图5-3-22所示。夏天忌穿背心、吊带衫、超短裙等。不要穿凉鞋或者露趾的鞋；如果穿高跟鞋，鞋跟高度在3～4厘米为宜。授课时，教师应尽量不佩戴装饰品，以免分散学习者的注意力。

图 5-3-22 女性教师服装

此外，男性教师及女性教师的穿着都需要注意以下问题。

■ 遵循三色原则，身上的色系不超过三种，很接近的色彩视为同一种。同时，在色彩上，教师应避免衣服颜色与黑板、周围颜色相近；不宜选用色彩纯度和明度高的颜色，如品红、绿、蓝等，避免相机出现色差；应选择纯度和明度稍低的灰色或含灰的色系，如红灰、蓝灰、紫灰等色彩。这类颜色给人以冷静沉着、典雅秀丽的感觉。

■ 教师应避免穿纯白色、纯黑色的衣服，也不要穿细条纹衣服，避免产生条纹扭曲现象。

2. 妆容 [①]

录制微课时，对教师在妆容上的总体要求是端庄、大方、稳重，突出权威性、知识性。

■ 女性教师：女性教师在化妆上应以自然、写实的风格为主，宜淡不宜浓，保持面部清爽干燥即可。此外，在发型方面，教师的刘海不宜过长，避免遮挡面部；不染彩发，不留奇异发型，避免分散学习者的注意力。

■ 男性教师：男性教师在化妆时，应主要表现男性的力量感，避免过浓的化妆痕迹，过于夸张的修饰会使男性的形象带有脂粉气。此外，男性教师不宜留长发，发型应简洁、整齐、自然。如图5-3-23所示。

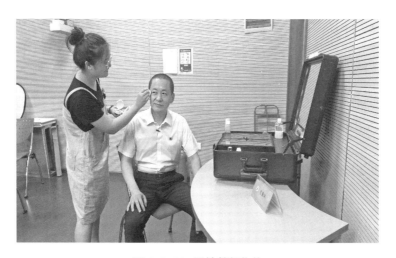

图 5-3-23　男性教师化妆

---

① 金洁.微课设计与制作一本通 [M].北京：清华大学出版社，2019：66—69.

（四）布光技巧

1.三点布光法

利用主光、轮廓光和辅助光进行布光的方法称为三点布光，这是最常用、最基本的布光方法，如图5-3-24所示。巧妙运用三点布光，合理配置光线和阴影，能够突出被摄主体的形状、体积和质感，使画面具有纵深感、立体感。三点布光法是拍摄小型场面时最常用的布光方法之一。

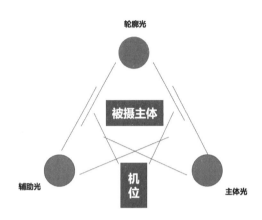

图5-3-24 三个光源的摆放位置

（1）主光

主光是指某一特定场景的主要光源，用来照亮场景中的主要对象以及它的周围区域，并且决定着画面的明暗关系以及投影的方向。它可以由一盏或多盏灯来完成，主光灯源一般在被摄主体的前方，即摄像机与被摄体连接线的左侧或右侧40度~60度的夹角范围中。它是最亮的一盏灯，需要在场景中照射出明显的明暗关系，以及明显的投影方向。

（2）辅助光

辅助光也被称为补光，用于弥补主光的不足，让明暗分明的主光源交界线变得柔和，在主光所不能照亮的地方帮助主光塑造形象。辅助光源一般位于与主光源相对的一侧，应发出散射光，柔和而无方向性，以圆润的光线同主光融合为一体。所以辅助光源通常由一个聚光灯照射扇形反射面形成，亮度弱于主光。

（3）轮廓光

轮廓光也被称为逆光，主要作用是让被摄主体与背景分离，勾勒被摄体边缘，凸显其形状，增加画面的纵深感。例如，当用黑色背景拍摄黑头发的人时，没有轮廓光，人和背景就会融为一体，轮廓光能够让人物与黑色背景分离，也让画面更有层次感。轮廓光的光源必须放在主体的背后，但光线不得摄入镜头或直射到主体的顶部，轮廓光的光源应大于主光。

三点布光法案例

如图 5-3-25 所示，该演播室运用三点布光法布光照亮整个蓝箱。演播室右边为主光，保证了整个蓝箱区域的有效光照；演播室左边为辅助光，较之于主光，光线较弱；背景光使用 LED 影视平板灯具，灯具从上方斜打到蓝箱侧面。

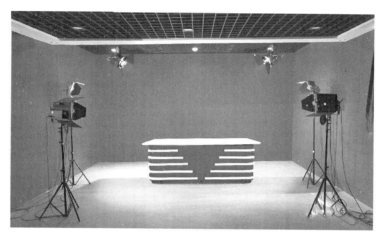

图 5-3-25 演播室中三点布光法的应用

2. 微课拍摄布光要点

注意光照均匀。在同一画面中，如果人物活动范围比较小，如教师坐在讲台前讲课和站立起来讲课，常用一个主光来照明两个活动部位；这样光线投影方向一致，背景只有一个影子，看起来场景较统一、真实。

■ 注意每个时段的平衡。如果人物活动范围较大，如教师需要经常到讲台下学生中间巡视、到讲台上板书、操作媒体进行演示等，必须有两个及以上的光源做主光照明。

■ 注意灯光的跟踪。拍摄教学时，由于拍摄范围很大，而灯具又相对较少，可由照明人员举灯跟随被拍摄人物、景物的不同位置一起活动。在拍摄同一系列微课时，灯与人物、景物的距离和方位应该尽量保持一致，以使主光的效果保持一致、微课的风格统一。

■ 注意辅助光和轮廓光的作用。辅助光对视频画面明暗起着一种调节平衡的作用，辅助光与主光二者之间的亮度大小比例将影响画面的明暗反差，影响视频效果。光比的大小没有固定的数值，需根据具体拍摄需求而定。

（五）教态变化

教学既是一门科学又是一门艺术，有魅力的教师在课堂上的一举一动、一个表情、一句话均能对学习者产生深刻的影响。相关研究表明，几乎一切非言语的声音和动作都可以作为沟通的手段。教师在课堂上的体态语有效开辟了师生信息交流的第二渠道，在微课的录制中，教师体态语同样扮演着不可或缺的角色。教态变化主要指教师讲话时的表情、使用的手势和身体的运动等变化。

■ 表情。脸部可以在大脑的驱使下做出喜、怒、哀、乐等情态变化。运用眼神传情达意，能让学生从眼神中获知教师所思所感。如图 5-3-26 所示，课堂上，教师的眼神常常起到"此时无声胜有声"的作用，灵活恰当地运用各种眼神、表情，能有效加强师生之间的沟通与交流。

图 5-3-26 教师表情

■ 手势。手势是教学活动中常用的一种肢体语言表达方式。例如：手掌向上抬，示意学生起立或表示鼓励学生大胆讨论、答题；圈点勾画板书内容，能帮助学生从中捕获信息、抓住重点。总之，教师手势的一起一落、一挥一晃，能够有效调动学习者的情绪，如图 5-3-27 所示。

图 5-3-27 教师手势

■ 身姿。课堂上站姿和走姿尤为重要。正确的站姿是站如松，要领是抬头、挺胸、收腹、梗颈，重心稍向前移，要站得挺拔、端庄、亲切、自然，尽管是一个静态的动作，也要给人以精力充沛、积极向上的气质美感，如图 5-3-28 所示。走姿方面的要求是，上身正直不动，双肩平稳，重心前倾，速度适中，步幅恰当，轻手轻脚，忌连蹦带跳或步履过缓。

图 5-3-28　教师站姿

（六）拍摄机位

1. 单机位拍摄

倘若在教室环境中录制微课，采用单机位拍摄教师教学过程，摄像机通常置于教室的后方，拍摄教师及黑（白）板位置，如图 5-3-29 所示。单机位拍摄方式的优势是教师可以在讲台的一定区间范围内自由移动，如果拍摄顺利，可不必进行后期视频剪辑，但其对拍摄者的要求较高，拍摄难度大。

图 5-3-29　单机位拍摄

2.双机位拍摄

双机位指使用两台摄像机在不同的角度同时拍摄同一事件。在同一场景中，连续不断地用两台摄像机拍摄不同景别的画面，称为双机位拍摄方法，如图 5-3-30 所示。使用双机位拍摄，可使画面内容更加丰富。[1]

双机位录制微课时，通常一个机位拍摄教师，另一个机位拍摄教师操作细节。两个机位具体分工为：一号机由后往前拍摄教师整体教学活动，开头和结尾处镜头以全景为主，中间以中景镜头为主，拍摄教师讲授、板书、操作演示多媒体设备等；二号机拍摄教师的操作细节，拍摄的景别以近景为主，并适当运用特定的特写镜头表现教师的动作、表情或展示的教学用具。

图 5-3-30 双机位拍摄

（七）画面构图

画面构图是镜头语言表达的基础，是反映画面内容的重要形式。微课画面构图，就是将各种景象要素、教学元素有机地组织起来，构成能准确传递教学内容的、协调的画面。

1.画面景象要素

构成画面景象的要素通常有主体、陪体、前景和背景。

（1）主体

主体是一幅画面的主要表现对象，是主要教学内容的重要体现者。它在画面中起着主导作用，是控制全局的焦点，是画面存在的基本条件。画面中的主体通常有两大作用：一是表达内容，主体是表达内容的中心，如果微课画面没有主体，就违背了微课设计的聚焦原则，画面没有明确意义，学习者无法准确获取知识与技能；二是结构

---

① 原创力文档:《拍摄类微课制作 多机位拍摄》[EB/OL] .(2020-06-05)[2023-10-18].https://max.book118.com/html/2020/0602/7031143111002136.shtm.

画面，主体是构建画面的中心和依据，具有集中学习者注意力的作用，画面中的其他教学元素都要围绕主体来组织。

一般情况下，在微课画面中只能有一个主要事物作为主体，主体在画面中的突出程度受主体自身条件、主体在画面中的位置以及主体在画面中的面积的影响。

（2）陪体

陪体是在画面中陪衬、渲染主体，与主体共同传递教学信息的被摄对象。陪体可以配合主体说明画面内容，有利于学习者正确理解画面所要表达的主题，防止误解或歧义；可以烘托、陪衬主题，对主体起到解释、限定、说明的作用。

（3）前景

前景是在画面中位于主体之前，离观察者最近的景物，具有交代环境特点、渲染环境气氛的作用。但是，前景景物离学习者最近，成像一般都比较大，容易分散学习者注意，因此很多微课画面中并没有前景，而是直接将主体放在前景的位置上，以求突出主体。

（4）背景

在一幅画面中，位于主体之后，渲染、衬托主体的环境景物就是背景。背景在画面中往往可以点明主体所在的客观环境、地理位置，还可以深化、丰富主题，起到突出主体的作用。在微课中，背景可以是实拍场景，也可以是虚拟背景。

> 📋 **画面景象要素案例**
>
> 微课《魔鬼与天使的结合体——烷化剂》[①]片段画面，如图5-3-31所示。该画面主体为教师，正在讲解烷化剂的分子结构；陪体为烷化剂的分子结构图解，补充说明教师讲解内容；而背景则为DNA分子链，营造生化科学学习的氛围。
>
>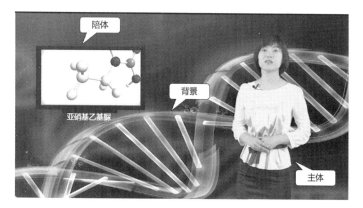
>
> 图5-3-31 微课《魔鬼与天使的结合体》

———————————————
① 微课案例来源于武汉轻工大学吴菁老师。

2. 画面构图特点

与静态的绘画和摄影构图不同，微课构图属于影视构图的范畴。在微课录制过程中，构图是把被拍摄的教学元素加以有机组织、选择和安排，以塑造视觉形象、构成画面样式的一种创作活动。微课构图具有动态性、时效性和整体性的特点。

（1）动态性

微课的构图视点、角度和景别在拍摄过程中会根据教学的需要不断变化，主体的画面形象和画面范围也会随之不断变换。因此，在微课拍摄过程中，需注意调整主体在画面中的位置和景别，以保证镜头在运动中依然能为学习者传递出清晰准确的教学信息。

> **动态性案例**
>
> 微课《折纸兔子》[①]在拍摄过程中，用近景拍摄了教师展示折纸兔子所需的材料，以便学习者完整地了解手工素材。当开始折叠纸兔子时，该微课则采用了特写镜头，以清晰呈现手工操作细节。微课《折纸兔子》如图5-3-32所示。
>
>
>
> 近景　　　　　　　　　　　　特写
>
> **图5-3-32 微课《折纸兔子》截图**

（2）简洁性

"短小精悍"是微课的主要特点，在微课画面中，教学内容要求在短时间内完成。画面受时长所限，其所附载和传达的信息量不尽相同，而学习者只能一次性地接收画面信息，画面的时长将限制学习者的学习效果。因此，微课画面构图和表现的时限性要求画面必须简洁、集中而明确，以减少学习者的认知负荷。

> **简洁性案例**
>
> 如图5-3-33所示，微课《生死时速——如何进行成人心肺复苏》[②]的片段画面简明集中地呈现了进行成人心肺复苏时心脏按压的正确姿势，并对重点内容——按

[①] 微课来源于襄阳市第四十四中学张帆老师。

[②] 微课来源于武汉轻工大学陈靖老师。

压手法进行了文字标注。

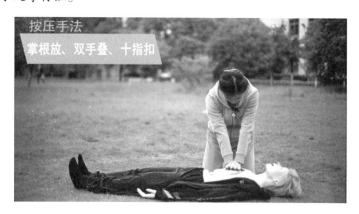

图 5-3-33　微课《生死时速 —— 如何进行成人心肺复苏》截图

（3）整体性

在绘画和摄影作品中，作品内容通过单一的画面即可完整呈现。而微课的完整内容通常由几个乃至几十个、上百个画面来共同表达。一系列画面的整体结构和关系会对单个画面的构图产生特定的影响，单个画面构图的不规则、不完整则会在整体构图结构中得到解释和说明。

整体性案例

图 5-3-34 为微课《纸层析鉴定氨基酸》[①]的两个连续画面。左图中主体小男孩位于画面中下方，背景占据大部分空间且元素多样，构图明显失衡。右图中教师从画面右侧进入讲解必需氨基酸，并辅以文本框注解，填补了画面的空白。

图 5-3-34　微课《纸层析鉴定氨基酸》截图

3. 微课构图方法

使用拍摄设备录制微课时，需要对拍摄画面构图进行设计。只有根据不同的学科微课特点，选择合适的构图方法，做好相关规划，才能更好地发挥微课的作用。典型

---

① 微课案例来自武汉轻工大学曾万勇老师。

的微课画面构图方法有黄金分割法和三分法构图。

（1）黄金分割法

黄金分割法，也叫黄金分割率，是数学上的一种比例关系，即把一条直线分为两部分，长端与短端之比为 1∶0.618。如图 5-3-35 所示，水平横线将画框上下黄金分割，垂直线将画框左右黄金分割。按照黄金分割点来安排画面主体的位置，往往能给人以赏心悦目的视觉感受。

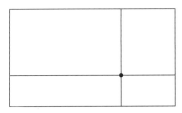

图 5-3-35 黄金分割图

黄金分割法案例

图 5-3-36 所示的微课片段画面中，主体教师均位于横向的黄金分割点附近。

图 5-3-36 黄金分割法构图微课示例

（2）三分法构图

三分法构图是把画面横向分为三份，画面主体可以放在每一份的中心位置，如图 5-3-37 所示。这种构图方式表现鲜明，构图简洁，常用于近景、中景等景别的微课画面拍摄。

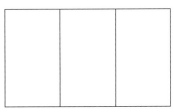

图 5-3-37 三分法构图

📃 **三分法构图案例**

微课《低头族的颈椎保健》在演示日常颈椎保健方法时采用了三分法构图，三名演示者将画面横向分成了三份。如图 5-3-38 所示。

图 5-3-38 微课《低头族的颈椎保健》截图

（八）拍摄要点 [①]

1. 景别

在拍摄方向与高度不变的情况下，改变拍摄距离会使画面中被摄主体的大小发生变化。这种变化使画面中所包括的景物范围也不同，这就是景别的不同。微课拍摄中常用的景别有五种，分别是远景、全景、中景、近景和特写。其中远景、全景属于大景别，中景、近景和特写属于小景别。图 5-3-39 为同一人物的五种景别拍摄。

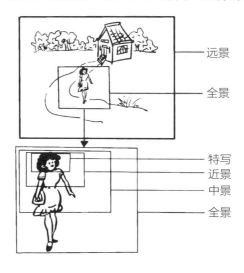

图 5-3-39 拍摄景别 [②]

---

① 方其桂. 微课/慕课设计、制作与应用实例教程 [M]. 北京：清华大学出版社，2018: 205—209.

② 匠人圈. 拍照模糊咋办？简单 5 招拯救你！[EB/OL].(2019-08-25)[2023-10-18].，https://www.sohu.com/a/336271093_715817.

（1）远景

远景是各类景别中表现空间范围最大的一种，常用来展示事件发生的时间、环境、规模和气氛。如图5-3-40所示，在远景中，人物在画幅中的大小通常不超过画幅高度的一半，用来表现开阔的场面或广阔的空间。比如在拍摄室外微课时表现开阔的环境，参与的学生场面，人物所占的面积极少，基本上呈点状。远景画面重在渲染气氛，抒发情感，介绍环境。

图5-3-40　远景拍摄

（2）全景

全景可表现场景的全貌或人物的全身动作，在微课中常用于表现教师与教学环境之间的关系，用于介绍或展示事物全貌，如课堂的环境、教师的教态等，表现课堂的氛围，揭示事物相互之间的关系，如图5-3-41、5-3-42所示。相较于远景，全景画面更能够全面阐释教师与教学环境之间的密切关系、教师的行为动作以及表情相貌，也可以从某种程度上表现人物的内心活动。此景别在课堂录像的开头、结尾及中间环节都会用到。

图5-3-41　全景拍摄（1）

图 5-3-42 全景拍摄（2）

（3）中景

中景使用画面中较大的面积表现被摄主体的局部，主要表现被摄主体最有特征的轮廓线条和人物的姿态动作，如图 5-3-43 所示。中景常用于表现人物膝部以上的活动情况，适于表现人与人之间的感情交流、人与物之间的呼应关系以及物体具有典型意义的特征。由于中景中表现的事物在画面中占据的比例比较大，所以背景环境的作用相应降低，但仍不要与环境气氛脱节。

图 5-3-43 中景拍摄

（4）近景

拍摄人物胸部以上的部位或物体的局部称为近景。近景的显像范围是近距离观察人物的体现，所以近景能清楚呈现被摄主体的细微动作。近景也是被摄主体之间进行感情交流的景别，着重表现被摄主体的面部表情，传达其内心世界，是刻画人物性格最有力的景别。拍摄微课时，近景是常用的一种景别，画面构图应尽量简练，避免杂乱的背景吸引视线，如图4-3-44所示。近景中一般只有一个人物作为画面主体，其他人物往往作为陪体或前景处理。

图5-3-44 近景拍摄

（5）特写

特写是指让被摄主体的某一局部充满画面（如拍摄人物肩部以上的活动），如图5-3-45所示。这种画面构图比较单一、集中，内容简洁，表现力强。所表现的人物面部表情或物体的细节都能起到放大形象、深化内容、强调内在本质的作用。

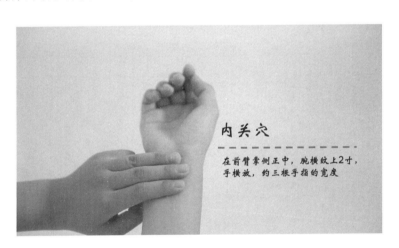

图5-3-45 特写

2. 运动摄像

在一个镜头中通过移动摄影机机位、变动镜头光轴，或者变化镜头焦距所进行的拍摄称为运动摄像。通过这种方式拍到的画面为运动画面，形成一种多景别、多角度、多背景的画面。常见的镜头运动形式有推、拉、摇、移、跟等。拍摄时恰当地运用镜头，才能达到好的拍摄效果。

（1）推镜头

推镜头是指画面构图由大范围景别向小范围景别连续过渡的拍摄手法，其目的是表现细节，突出主体，如引导学习者观察板书、投影、人物表情及实验现象等。推镜头可通过变焦镜头、变换焦距或移动机位来实现。

（2）拉镜头

与推镜头相反，拉镜头是指画面构图由小范围景别向大范围景别连续过渡的拍摄手法，其目的在于强调被摄局部与整体及被摄主体与所处环境之间的关系，如先拍摄教师的面部表情，然后慢慢拉远，拍摄教师讲课时的手势动作，从而引发学习者对教师整体形象的感知和猜测。

（3）摇镜头

摇镜头是指摄像机位不动，借助于三脚架上的活动底盘或拍摄者自身，水平或垂直移动摄像机光学镜头轴线时所拍摄的镜头。摇镜头犹如人们转动头部环顾四周或将视线由一点移向另一点的视觉效果。一个完整的摇镜头包括起幅、摇动、落幅三个部分。摇镜头能够表现运动主体的动态、动势、运动方向和运动轨迹，使观众不断调整自己的视觉注意力。拍摄时，要有明确的目的性，把握好摇摄速度，做到平、稳、准、匀。

（4）移镜头

移镜头是指把摄像机放在移动车和升降机上，或者由摄像人员直接持机移动，在运动中拍摄静止或运动的物体。移动镜头的特点在于：画面始终处于运动之中，画面空间完整而连贯，给人以身临其境之感。拍摄该类镜头时应力求画面平稳；注意随时调整焦点，确保被摄主体在景深范围内。考虑到画面的稳定性，微课拍摄一般不使用移镜头，只有被摄体被前景挡住无法正常取景时才会使用。

（5）跟镜头

摄像机跟随被摄体一起运动而进行的拍摄方式称为跟镜头。包括前跟、侧跟和后跟三种形式，其特点是画面始终跟随一个运动的主体（教师）。跟镜头景别相对稳定，有利于展示被拍摄主体的姿态变化，如拍摄教师板书过程、巡视过程等。跟摄时也应注意调整好焦距、角度、光线的变化，避免图像模糊不清。

综合运动摄像是指摄像机在一个镜头中把推、拉、移、跟等各种运动摄像方式，不同程度地有机结合起来的拍摄。

3. 镜头组接

将拍摄的不同视频画面有逻辑、有构思、有意识、有创意和有规律地连贯在一起，就形成了镜头组接。镜头组接多用于双机位或多机位拍摄，能将许多镜头合乎逻辑地、有节奏地组接在一起，从而突出教学重难点内容。下面介绍几种有效的组接方法。

（1）"连接"镜头组接和"队列"镜头组接

"连接"镜头组接指用相连的两个或两个以上的一系列镜头表现同一主体的动作。"队列"镜头组接则指相连镜头但不是同一主体的组接，由于主体的变化，下一个镜头主体的出现，观众会联想到上下画面的关系，起到呼应、对比、隐喻烘托的作用。微课录制过程中，如果用不同机位拍摄同一主体如教师，多用到"连接"镜头组接；如果拍摄不同主体如教师、板书或教师、学生等，则是对所拍摄的不同主体的镜头进行组接，多用到"队列"镜头组接方法。

📖 **"连接"镜头组接案例**

图5-3-46是微课《创造牛奶变奶粉的奇迹——微型喷雾干燥器的使用》中的一个片段，讲解的是旋风分离器的安装，拍摄时运用了"连接"镜头组接方式，将不同操作演示连贯地呈现出来。如上一个镜头呈现了干燥室出风口与旋风分离器进风口的组接方法，下一个镜头则呈现了固定二者的方法。

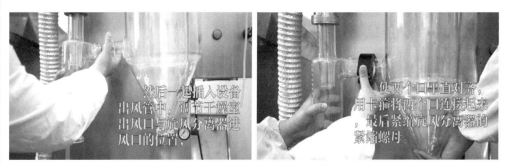

图5-3-46 "连接"镜头组接[①]

（2）"两级"镜头组接

"两级"镜头组接，是由特写镜头直接跳切到全景镜头，或者从全景镜头直接切换到特写镜头的组接方式。这种方法能使拍摄画面在动中转静或者在静中变动，节奏上形成突如其来的变化，从而产生特殊的视觉和心理效果。

📖 **"两级"镜头组接案例**

图5-3-47是微课《生死时速——如何进行心脏复苏》[②]中的一个片段，拍摄者在拍摄授课者讲解心脏复苏的第一步——判断病人有无反应时，运用了"两级"镜头组接方式。该微课运用特写镜头来表现病人有无反应的细节，而用全景画面展示

---

① 微课案例来自武汉轻工大学动物科学与营养工程学院祝爱侠老师。
② 微课案例来自武汉轻工大学医学技术与护理学院陈靖老师。

授课者判断病人有无反应时的整体姿势。从特景镜头转到全景镜头，使学习者从细节到整体学会判断病人是否有反应的方法。

图5-3-47 "两级"镜头组接案例

（3）"特写"镜头组接

上一个镜头以教师的某一局部（面部表情）或某个物件（板书）的特写画面结束，然后从这一特写画面开始，逐渐扩大视野，以展示另一画面。这类镜头组接方法称为"特写"镜头组接。当学习者注意力集中在教师的表情或者某一事物时，"特写"镜头组接在不知不觉中转换场景和拍摄内容，能避免学习者产生画面陡然跳动的不舒适感。

"特写"镜头组接案例

图5-3-48为微课《琴键上跳跃的故事》中的一个片段，该微课将教师讲解、教师弹钢琴片段与相应的电影情节串联起来讲解。微课从弹钢琴的特写画面开始，逐渐扩大视野，最终呈现弹钢琴之人，为画面转折到教师讲解做铺垫。

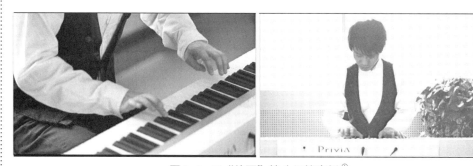

图5-3-48 "特写"镜头组接案例[①]

4. 利用智能手机录制微课

利用智能手机录制微课对技术要求较低，只要有好的创意，注意光线与声音环境，每一位教师都可以拍摄出优秀的微课。

[①] 微课案例来自武汉轻工大学外国语学院彭浩老师。

（1）拍摄准备

■ **准备设备与教学材料**。准备手机、手机支架等拍摄设备以及教学材料。

■ **固定手机**。首先将手机支架下方固定在桌子上，调整支架弯度，然后将手机固定到支架上，调整手机拍摄的角度。

■ **设置区域**。利用胶带在桌面上固定成一个矩形区域，避免操作时超出拍摄范围。

（2）拍摄过程

打开手机自带的拍摄功能，调整拍摄选景范围等，开始录制；拍摄过程中也可以暂停拍摄；拍摄结束后单击停止拍摄，最后导出视频即可。

■ **开始拍摄**。打开手机拍摄软件，调整拍摄区域，设置合适焦距，设置拍摄视频大小与格式。

■ **暂停拍摄**。如果在录制时需要暂停，可以点击手机拍摄软件暂停键；需要继续拍摄时，再次点击暂停键，开始拍摄。

■ **停止拍摄**。录制结束后，按停止键就可完成拍摄。

■ **导出视频**。通过数据线连接手机与计算机，将所拍摄的视频导出到计算机或借助即时通信软件将视频发送到计算机。

📖 **利用智能手机录制微课案例**

　　微课《自己做玩具》教学内容选自小学美术一年级课文《自己做玩具》，主要演示了如何利用吸管、卡纸制作竹蜻蜓。微课拍摄效果如图5-3-49所示。

👆 **微课效果图**

图5-3-49 微课《自己做玩具》效果图

操作步骤

利用智能手机录制微课《自己做玩具》的技术路线如图5-3-50所示。

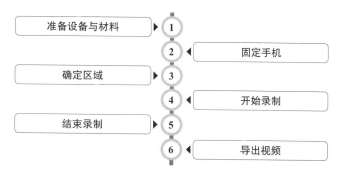

图5-3-50 微课《自己做玩具》录制的技术路线

第一步：准备设备与教学材料。本案例需要准备智能手机、手机支架、彩笔、吸管、彩纸、订书机和胶水等设备与材料，如图5-3-51所示。

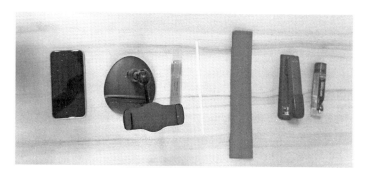

图5-3-51 准备设备及材料

第二步：固定手机。确定好录制场地后，将手机固定在手机支架上；调整手机支架位置和手机角度，使手机镜头对准桌面，为手工操作留下足够的空间，如图5-3-52所示。

图5-3-52 固定手机

第三步：**设置定位框**。根据手机录制的区域，用白纸贴出定位框，如图5-3-53所示。

第四步：**开始录制**。打开手机录像软件，点击录制按钮，开始录制。主讲教师开始讲解制作工具的操作步骤。如果出现忘记制作玩具步骤或卡顿的现象，可以点击暂停按钮，从卡顿处重新录制，如图5-3-54所示。

图5-3-53 确定录制区域

图5-3-54 录制玩具制作过程

第五步：**结束录制**。再次点击手机的录制按钮，结束录制。

第六步：**导出视频**。将手机录制的视频上传到电脑端，如图5-3-55所示。

图5-3-55 发送视频到电脑

（3）注意事项

■ **注意拍摄范围**。授课时应在固定区域内进行操作。不要将教学用的物品放在拍摄区域之外。

■ **注意拍摄动作**。教师授课拍摄时要注意操作时的动作节奏，特别是特写手部书写动作时，不可快速上下移动。由于手机录像软件通常为自动对焦，上下移动速度过快易导致画面不清晰。在绘画或剪纸时，需根据实际操作口述解释步骤。

■ **不干扰拍摄**。拍摄时不要出现干扰微课拍摄的行为与物品，应去掉戒指、手镯等干扰学生注意力的饰品。此外，教师头部不要遮挡镜头，教学过程不能超出拍摄区域。

5. 利用专业摄像机录制微课

（1）拍摄准备

■ **准备硬件及软件**。准备微课录制的摄像设备、相关主题的教学设计和 Camtasia Studio 等视频编辑软件。

■ **完善教学课件**。微课制作人员协助教师制作教学课件（PPT、音视频、动画等），确定知识点类型（讲授类、答疑类、实验类、活动类等）；确定授课风格（严肃、轻松、风趣幽默）；确定拍摄场地（教室、演播室、室外其他场所）。

（2）拍摄过程

■ **试拍**。在开拍前，对拍摄场地进行踩点，并进行场地清扫、装扮、灯光设备调试等。教师本人可进行试拍，以适应镜头。

■ **正式拍摄**。依据微课脚本的设计，拍摄教师的教学活动。微课视频拍摄时应注意画面构图；保持画面稳定，消除不必要的晃动；保证画面清晰，镜头的移动不能太快，调整焦距应快速而准确。

■ **后期制作**。对讲解的内容进行剪辑处理，保证课程的正确性和连续性；添加字幕和特技效果，突出重点；最后生成优质的微课课程。

（3）微课拍摄常见问题

■ 技术质量低，画面清晰度不够，画面模糊；不规范、不美观。

■ 画面内容杂乱，出现电表箱、开关等。

■ 教师胸麦位置显露。

■ 拍摄范围小，教师画面少。

■ 机位架设不当，有仰视或俯视镜头。

■ 构图不美观，拍摄人物与背景比例失调，背景占据画面过大。

■ 拍摄光线过亮、过暗或不协调。

■ 出现学生睡觉、打哈欠等不雅镜头。

■ 摆拍痕迹明显。

■ 字幕断句凌乱，或没有断句。

四、编辑微课

（一）编辑基础

1. Camtasia Studio 简介

Camtasia 是一款强大的视频编辑软件，它集屏幕录制与媒体编辑于一体，功能强大且操作简便，广泛应用于教学和培训等领域，教师可以利用该软件轻松录制和编辑微课。其主要功能包括：录制视频、编辑视频、转场效果、鼠标效果、视频配音、添加字幕、交互视频以及测试与调查等。

2. Camtasia Studio 界面分析

Camtasia Studio 软件的基本界面如图 5-3-56 所示，包括菜单栏、工具栏、画布预览栏、属性栏和时间轴五大板块。

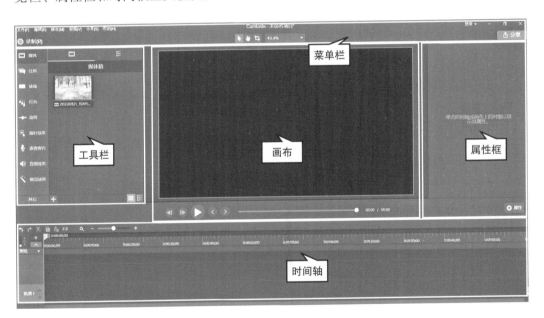

图 5-3-56 Camtasia Studio 基本界面

（1）菜单栏

上排菜单栏中是一些和文件操作相关的命令，教师在微课编辑过程中常用的有新建项目、修改视频尺寸等，如图 5-3-57 所示。

文件(F)　编辑(E)　修改(M)　视图(V)　导出(E)　帮助(H)

图 5-3-57 上排菜单栏

下排菜单栏中左侧【录制】按钮是录屏功能；中间是编辑、平移、裁剪画布功能；右侧的【导出】按钮可将编辑好的视频储存到本地文件，也可以直接上传网站，如图5-3-58所示。

图 5-3-58 下排菜单栏

小贴士

下排菜单栏各按钮功能如表5-3-4所示。

表5-3-4 工具栏按钮功能

工具	描述
【屏幕录制】按钮 ⬤录制	点击录制按钮即可开始屏幕录制。
【画面编辑】按钮 ▶	在编辑模式下，使用鼠标在画布上对媒体进行移动、旋转、调整大小或编辑。
【画面平移】按钮 🖐	使用平移模式来回拖动画布，以获得更好的视图。
【画布裁剪】按钮 🏷	使用裁剪模式从媒体中修剪不需要的区域。
【画面比例选项】按钮 50%▼	调整画布的缩放比例大小。
【导出】按钮 ⬆导出	点击导出按钮，教师可将正在编辑的项目导出为视频或其他类型文件。

（2）工具栏

微课视频的制作离不开工具箱。Camtasia Studio 工具栏选项卡中包括媒体、库、收藏夹、注释、转换、行为、动画、光标效果、旁白、音效、视觉效果、交互性和添加字幕等工具，选项卡列表中则是对该工具具体功能的罗列，如图5-3-59和表5-3-5所示。

图 5-3-59 工具栏

小贴士

表 5-3-5 工具栏选项卡功能概述

选项卡	选项卡列表概述
媒体	显示屏幕录制和导入的媒体文件。
库	库中有录像编辑软件 Camtasia 自带的媒体，例如片头片尾、音乐、图标等，可以直接使用。
收藏夹	教师可以将喜爱的媒体素材、转场效果或光标效果等添加进"收藏夹"，以优化教师的视频编辑过程，提高视频编辑效率。
注释	"注释"选项卡列表中包含了"标注""箭头和线""形状""图标"等六种注释样式。
转换	"转换"选项通常用于设置两段视频之间的转场。"转换"列表中包含了数十种转场效果，如"箭头""立方体转动""旋转"以及"滑入"等效果。
行为	"行为"选项中包含了"弹出""显示""淡入淡出"等其他动画效果。
动画	"动画"选项可以为视频添加不同的视觉效果，其选项卡列表中包含了"透明""按比例缩小"以及"智能聚焦"等多种视频效果。
光标效果	"光标效果"选项可以更改光标移动、点击右键和点击左键时屏幕上出现的对应动画，包括"放大""圆环"以及"聚光灯"等。
旁白	教师可以利用"旁白"选项为微课添加声音讲解。
音效	"音效"选项提供了多种声音编辑效果，如"淡入淡出""调整音高"等。
视觉效果	"视觉效果"选项提供了"交互式热点""调整颜色""添加边框"等视频特效。
交互性	"交互性"选项支持教师在视频中添加测验，并设置对应的交互效果，如跳转到特定的视频进度点或网页等。

（3）画布栏

画布区域是显示视频的地方。当视频添加到时间轴后，视频就会在画布上显示，教师在工具栏中添加的视觉效果也都会在画布中实时反馈。通常情况下视频以"适合"方式充满画布区域，图 5-3-60 是微课视频中的某一帧画面。调整视频的边框，可以改变视频的宽高尺寸。在播放工具上，可以看到视频的时长和当前画面的时间位置。除了正常播放、暂停视频外，还可以前进或者后退，显示每一帧画面以及返回到视频的开始或者结尾处。

图 5-3-60 微课《分支结构》截图

（4）属性栏

属性面板是对添加到时间轴上的库文件、注释、转场、动画效果等内容的具体设置，例如通过属性里的设置，改变文本的字体、大小、颜色等，如图 5-3-61 所示。

图 5-3-61 属性栏

（5）时间轴

时间轴是把整个视频的时间以轨道的方式表达出来，是编辑视频的重要窗口，与画布、属性和播放控制条窗口结合使用能帮助教师实现快速视频编辑。教师可利用左上角的快速编辑工具实现视频的"剪切""复制""拆分"等功能。"播放头"则可以拖动视频来预览不同时间点的画面。时间轴页面如图 5-3-62 所示。

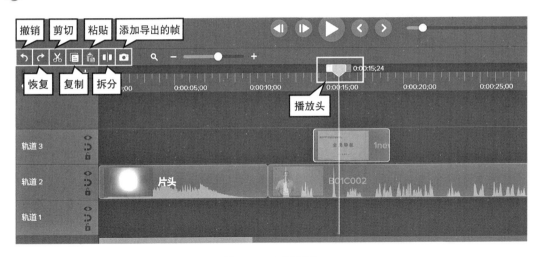

图 5-3-62 时间轴

（二）设计片头

片头是微课的起始和开端，一个短暂而精彩的片头往往能够瞬间吸引学习者的注意力，让微课更具观看性，进而发挥微课的传播效应。

1. 片头要素

微课片头通常需包含微课标题、教材版本信息、作者信息或制作单位信息、背景图片或动画、片头音乐等内容。

2. 片头设计注意事项

■ **简洁明了**。微课片头的节奏速度应配合主题内容，速度适中，时长控制在8秒内为宜，做到内容精而简。

■ **导入铺垫**。片头对微课主体内容起着铺垫、引入的作用，不宜过分炫目。反之，炫目的片头容易适得其反，令学习者形成视觉落差，减弱学习兴趣。

■ **契合主题**。片头背景图片、动画或片头音乐应尽可能与微课主题相关。

📖 **优秀片头案例**

微课《临床实习中艾滋病职业暴露与防护》[①]的片头包括了微课题目、主讲人、团队教师等教学信息，整体以灰色作为基调背景，同时用一束微光衬托微课题目，富有艺术性和美观效果。在微课题目上，是一句口号"与'艾'同行"，两旁分别用"红丝带"（艾滋病国际通用符号）作为点缀，点明微课主题的同时提高学生的学习兴趣。微课片头如图 5-3-63 所示。

---

① 微课案例来自南昌市卫生学校汪鹏老师。

图 5-3-63 微课《临床实习中艾滋病职业暴露与防护》片头

（三）更换背景

相关研究表明，有教师的微课学习效果显著优于无教师时的效果，而且教师的手势能够吸引学习者对视频的注意力。但在录制微课视频时，教师有时很难找到与教学内容匹配且适合出镜的背景，此时更换背景的技术就显得极为重要。更换背景本质上是利用视频合成技术来实现视频中的人物抠像，教师可以根据实际教学情况将背景设置成任意图片或视频，如演示事例、教学课件或户外背景等。例如，生物教师在介绍细胞内部构造时，可以将教学背景设置成动植物细胞的亚显微结构模型，这样，教学过程仿佛真实发生在细胞内部，从而能有效增强学习者的临场感。

> **更换背景案例**
>
> 　　图 5-3-64 是微课《从材料成分探索泰坦尼克号沉没之谜》[①]中的一个教师讲解画面。教师首先在绿幕前录制完全部讲解视频，随后利用 Camtasia Studio 软件将背景更换为泰坦尼克号影像放映厅，由泰坦尼克号沉没的影像引入"从材料成分的角度探索沉没之谜"的主题，如图 5-3-65 所示。
>
>
>
>
> 　　　图 5-3-64 更换背景前　　　　　　　　　　图 5-3-65 更换背景后

---

① 微课案例来自武汉轻工大学吴艳老师。

（四）设计转场

微课转场是指视频段落与视频段落、场景与场景之间的过渡或转换。转场通常用于衔接两段媒体，实现自然过渡，包含了前一段媒体的退出效果与后一段媒体的进入效果，比如先从一个场景慢慢变黑，再慢慢变亮出现另一个场景，这样便可以实现两个镜头的转换。一段完善的微课视频必然包含多个场景，场景与场景之间的过渡效果会直接影响学生的学习效果，好的转场效果应做到不突兀、不卡顿和不生硬，让学生自然地从一个画面过渡到下一个画面。Camtasia Studio 软件为使用者提供了多种转场特效。

📑 **优秀转场案例**

图5-3-66是《拿什么拯救你我的失眠》微课中的某处转场效果，教学内容从真人演示手法过渡到利用课件介绍催眠的小妙招。微课采用"褪色"的转场效果，前一场景的画面慢慢变淡至白色，紧接着缓慢自然地呈现出下一场景的教学内容。

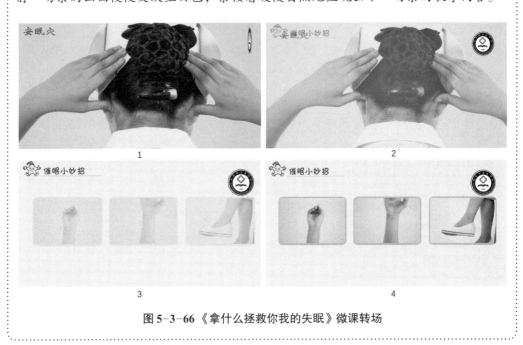

图5-3-66 《拿什么拯救你我的失眠》微课转场

（五）设置动画

动画是指视频画面的动态效果，包括透明度变化、面积缩小或放大、聚焦画面等效果，Camtasia Studio 中动画选项卡里包含了自定义、还原、完全透明、向左倾斜、智能聚焦等十个动画效果。教师可以利用动画达到强调某项教学内容的效果，比如教师想要突出画面中某个知识点的重要性，可以利用智能聚焦动画效果将该处画面放大，从而吸引学生注意力，并增加微课的趣味性。

优秀动画案例

图 5-3-67 是微课《AI 这样懂知识》中的一处片段，教师向学生提问如何利用产生式表示知识并给予解答。教师在解答时选择将答案处放大，这在强调和突出重点内容的同时也让学习者拥有了更加清晰的学习体验。

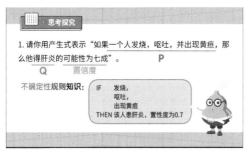
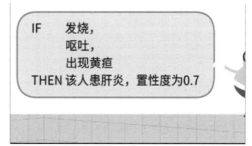

图 5-3-67 《AI 这样懂知识》的动画效果

（六）录制旁白

旁白是微课中必不可少的声音之一，它可以起到解释、强调或过渡的作用，帮助学生理解、吸收微课知识，比如关于课件的讲解、开场白或者角色配音等。教师在录制微课时既可以选择实时录制旁白，也可以选择在微课制作的收尾阶段为其添加旁白，这样既提高了容错成本，也可以照顾到更多的制作细节。

（七）添加背景音乐

不同的背景音乐能够为学生提供不同的学习氛围，营造多样的学习场景。它可以是一首贯穿微课全程的纯音乐，也可以是在微课某处响起的铃声或音效。对于微课而言，背景音乐不是必需的，在旁白足够表意的情况下可以不添加背景音乐，以免喧宾夺主。

（八）添加字幕

1. 微课字幕的作用

字幕是微课内容表达和画面构成的重要视觉元素，也是微课视频与声音的补充延伸。字幕与视频画面相互呼应，有着更为清晰明确的表意功能。字幕独立地表情达意，便于学习者理解微课主体内容，使微课内容主体更加丰富，因而在微课应用与推广中有着重要的作用。[①]

- **提高可用性**。视频和声音稍纵即逝，有时容易因为口音或语种的问题令学习者难以听清或听懂。字幕在声画之间起到了黏合剂的作用，可有效作用于感知系统，从而提高微课的可用性。

---

① 岑健林. 微课技术与技巧 [M]. 西安：陕西科学技术出版社，2020: 153—154.

- **提高适应性**。增加字幕可以适应不同群体的学习需要，例如适应听觉不便的中老年学习者的需要，扩大微课的应用效益。

- **提升应用性**。变换字幕的形状、大小、色彩和出入方式，可以提高字幕的美感，增加微课画面的动感和观赏性。在不增加学习者信息处理负担的前提下，字幕能方便学习者获取与应用微课主体内容的信息。

2. 字幕的设计原则

- **主次分明**。字幕是对微课画面与声音的补充，能起到提示与说明的作用，但不宜喧宾夺主。字幕内容与样式应与画面内容相契合。

- **布局合理**。字幕虽可为微课增添色彩，为学习者带来诸多便利，但若布局不合理，则会破坏画面构图，影响视听效果。

- **易于理解**。为了保证字幕易于理解，教师应注意合理选用字体、字号及字间距、行间距，使之符合大多数学习者的阅读习惯。为了增加提示性，教师可将色带衬在字幕底色上。

📘 **微课字幕案例**

为帮助学习者学会用英语表达古典音乐背后的故事，彭老师制作了微课《琴键上跳跃的故事》。该课采用全英文授课，为方便学习者理解教学内容，彭老师为微课添加了中英双语字幕，如图 5-3-68 所示。

图 5-3-68 微课《琴键上跳跃的故事》截图

（九）微课交互

微课交互是指学习者在观看微课时能够同教学内容产生交流互动，通过交互来达到增进自己对知识的理解、主动建构对教学内容的认知以及检测自身学习状态等的目的，从而根据微课的交互反馈情况调整学习进度与学习方式。本节主要探讨人机交互的设计与制作。

　　微课中常见的人机交互可分为两类：一类是交互式测验，测验是检验教学效果的重要手段，教师可通过在微课中嵌入交互式测验使学习者自主检测学习效果；一类是画面跳转，教师可通过创建热点，使学习者用鼠标点击屏幕上特定区域后产生响应。

优秀微课交互案例

　　图 5-3-69 是微课《AI 这样懂知识》中的课堂小结，教师设置了一处填补空格的测验习题，并利用 Camtasia Studio 中的测验功能在微课中分别添加了四道填空题，每道题对应一处填空。学生在网页中观看微课并进行答题。当学生回答错误时，微课会反馈学生"答案错误"并提醒其返回知识讲解部分重新学习。

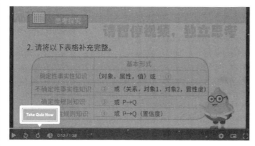

图 5-3-69 微课《AI 这样懂知识》交互式测试

五、发布微课

　　在完成对微课视频的编辑处理后需要将微课输出，使其成为能够播放的视频文件。Camtasia Studio 软件能够将项目发布为当前主流的各种媒体文件格式，拍摄者在输出时需要针对不同格式的文件进行设置。

（一）视频输出的媒体文件类型

　　Camtasia Studio 软件支持输出的媒体文件类型如表 5-3-6 所示。

表 5-3-6 主要的媒体文件类型

文件格式	特点
MP4 格式	最常使用的视频文件格式。
WMV 格式	方便网络流媒体视频的播放。
AVI 格式	图像质量好，使用率高，文件占用内存大。
GIF 格式	文件占用内存小，适用于多种操作系统，属于压缩位图格式。
HTML5 格式	兼容各种网页浏览器，能够保留微课视频内的交互设置。

（二）微课发布方法

1. 输出为 MP4 格式

MP4 文件是当前最为流行的一种网络媒体文件格式，文件拓展名为".mp4"，具有较好的兼容性，便于传播。

2. 巧用 HTML5 格式

传统的视频文件是一种包含了音频和视频信息的文件，只能利用播放器实现对播放的控制而无法包含和实现交互。使用 Camtasia Studio 软件时若要保证项目中交互功能的实现，必须将项目生成的文件类型指定为"MP4—智能播放器（HTML5）"。

六、评价微课

如何评价一节微课？什么样的微课才是好的微课？各类微课评比活动对于微课的评价标准尺度不一，各有特色。一般来说，可以从作品规范、教学设计、教学实施、教学应用等方面进行评价。规范合理的评价标准对于微课的设计与制作有良好的指引作用。表 5-3-7 为微课评价参考标准。

表 5-3-7 微课评价参考标准

一级指标	二级指标	指标说明
作品规范	材料完整	微课资源包必须包含微视频以及各类辅助性教与学的材料（可选）：微教案、微习题、微课件、教学反思、素材库等。
	技术规范	视频时长不超过 10 分钟，视频清晰稳定，声画同步，构图合理，风格统一；主要教学环节配有字幕；文字、符号、单位和公式的使用符合国家标准。
教学设计	选题	选题简明、设计合理，应围绕教学或学习中的常见、典型、有代表性的问题或内容进行针对性设计，要能够有效解决教与学过程中的重点、难点、疑点、热点等问题。
	教学目标	教学目标清晰、定位准确、表述规范，符合学习者的认知水平。
	教学内容	教学内容准确严谨，无科学性、政策性错误；组织编排符合学习者的认知规律，过程主线清晰，重难点突出，具有启发性。
	教学策略	教学顺序、教学活动安排、媒体的选择等适合教学目标、教学内容和学习者特征。
教学实施	教学呈现	教学形式新颖；教学过程深入浅出，形象生动，趣味性和启发性强；教学氛围的营造有利于提升学习者学习的积极性。
	教学语言	教师教学口头语言规范、清晰，富有感染力；教师肢体语言大方得当，严守职业规范，能展现良好的教学风貌和个人魅力。
教学应用	知识掌握	能有效解决教学问题，能使学习者高效掌握知识。
	技能提高	学习者能准确重现微课中所讲授的技能操作，并将其应用于学习与生活之中。
	素质形成	激发学习者的学习兴趣，提高其自主学习和信息处理的能力。

第四节　微课制作案例
——《教学 PPT 的设计与制作之全局导航》

教学 PPT 是教师最常用的教学内容呈现方式之一，良好的 PPT 可以显著提高教学效果与质量。可是制作一部质量上乘的教学 PPT 并非易事，教师们经常苦于不知如何制作，更不知如何设计教学 PPT；或者费尽力气，做完却发现自己的作品并不像心中预期的那样能优化教学。"教学 PPT 的设计与制作"系列微课针对这一教学痛疾，力图通过重点理论讲解、具体真实案例和详细操作演示来提高教师的教学 PPT 设计与制作能力。其中，《教学 PPT 的设计与制作之全局导航》这一小节专门讲解了如何在教学 PPT 中设置"全局导航"，帮助教师更加全面地掌握教学 PPT 的设计与制作方法，进而优化教学过程、提高教学质量。

一、需求分析

在校师范生或者一线教师已经掌握了教学 PPT 制作的基本步骤，认识了"文本框""形状""超链接"等 PPT 基本元素，并掌握了新建、编辑、保存 PPT 等一般操作，但缺乏"全局导航"的意识。因此，本微课案例聚焦于解决"如何设置全局导航？"的问题，旨在通过具体的教学情境和使用案例帮助学习者理解"全局导航"的概念，了解"全局导航"在教学中的应用。

二、稿本设计

（一）教学设计

微课《教学 PPT 的设计与制作之全局导航》的教学设计如表 5-4-1 所示。

表 5-4-1 《教学 PPT 的设计与开发之全局导航》教学设计

微课名称	教学 PPT 的设计与开发之全局导航
知识点描述	【教学内容】 全局导航的概念、类型以及设计方法。 【重难点分析】 重点：全局导航的意义。 解决措施：利用真实教学情境展示导航在教学中的应用场景。 难点：设置目录导航的方法。 解决措施：教师结合案例录制"利用 PowerPoint 设置目录导航"的过程。

（续表）

学习者特征	适用对象：师范类专业本科生或一线教师。
教学目标	■ 阐述全局导航的概念。 ■ 区分两种全局导航。 ■ 应用目录导航的设计技巧，为教学 PPT 设计目录导航。
教学方法	讲授法、演示法。
工具及 辅助资源	【工具】 ■ 硬件：虚拟演播室录播系统。 ■ 软件：Camtasia 2022。 【辅助资源】 《教学 PPT 的全局导航》教学 PPT、《国际交流的打招呼用语》教学 PPT、《再塑生命的人》教学 PPT。

<table>
<tr><td colspan="5" align="center">教学过程设计</td></tr>
<tr><td>教学环节</td><td>教学目标</td><td>教学内容</td><td>教学安排和方法</td><td>使用媒体</td></tr>
<tr><td>情境导入</td><td>运用真实情景，引入教学主题"导航"，激发学习者的学习兴趣。</td><td>张同学浏览教学 PPT 时，在繁多的知识节点中迷航了。</td><td>教师播放情景视频，明确在教学 PPT 中添加导航的重要性。</td><td>视频</td></tr>
<tr><td rowspan="2">新课讲授</td><td>学生能描述全局导航的概念。</td><td>**一、全局导航的概念**
导航是一种避免教学偏离教学目标，引导教师 / 学生提高教与学效率的策略。在教学 PPT 中，全局导航表现为页与页之间的跳转。</td><td>教师讲授</td><td>PPT 图文</td></tr>
<tr><td>学生能举例区分目录导航和菜单导航。</td><td>**二、全局导航的类型**
目录导航以目录的形式展示当前课件的内容要点，使用者可以通过点击目录行跳转到指定页面。目录导航一般位于页面的中间。
菜单导航可以垂直列于课件主体每一页的页面左侧，也可以水平列于下方。教师或学习者通过单击菜单，即可实现课件的自由跳转。</td><td>教师讲授，并演示两种导航的不同跳转方式。</td><td>PPT 图文</td></tr>
<tr><td>操作演示</td><td>学生能够应用目录导航的设计方法，为教学 PPT 添加目录导航。</td><td>目录导航设计
目录导航：创建目录页，为每一个标题添加超链接，将标题链接到要跳转的知识内容页面。同时，在每一部分内容结束的幻灯片里加上返回目录的按钮。这样就可以实现目录与各知识点之间的跳转。</td><td>教师演示</td><td>操作演示视频</td></tr>
<tr><td>总结提升</td><td>能列举出本节课的知识点。</td><td>总结回顾本节课。</td><td>教师讲授</td><td>PPT 图文</td></tr>
</table>

（二）脚本设计

由教学设计可知，《教学 PPT 的设计与制作之全局导航》一课需要借助图片、动画、视频等媒体，并且结合真实案例将全局导航概念具体化，让学习者掌握设计全局导航的方法。因此，本微课选择综合使用摄像机、PowerPoint 软件和 Camtasia Studio 软件等多种工具制作混合类微课，如表 5-4-2 所示。

表 5-4-2 《教学 PPT 的设计与制作之全局导航》微课脚本

微课名称	教学 PPT 的设计与开发之全局导航		
制作类型	□录屏类　　□拍摄类　　□软件制作类　　☑混合类		
微课来源	学科：教学 PPT 的设计与制作 教材：《教学课件设计与制作》		
适用对象	本科师范生／在职教师		
脚本设计			
教学内容	画面内容	制作要求	设计意图
情境导入 40 秒	■ 张同学坐在电脑前打开课件，在阅读课件的时候不断上下翻页，翻来翻去找不到需要查阅的信息（迷航），很是苦恼（抓狂的表现）。 ■ 场景画面静止缩小至右侧，教师从画面左侧走出，看向困扰的张同学，引出主题："教学 PPT 的全局导航"。	■ 案例画面暂停，缩小移动至画面。 ■ 中景拍摄教师讲解画面。	情景导入微课相关内容。
新课讲授 6.5 分钟	■ PPT 呈现"一、全局导航的概念"。 ■ 画面右侧展示网页页面的导航动图。 ■ 教师左手指向动图，类比讲解导航的概念。	■ 从情境导入部分到此部分需要流利的转场。	形象介绍全局导航的内涵、类型以及样式。
	■ 教师出镜，位于画面左侧， PPT 呈现"二、全局导航的类型"。 ■ 动画呈现目录导航和菜单导航图标。	■ 画面流畅。 ■ 教学 PPT 中的内容采用思维导图形式。	
	■ 教师介绍目录导航后，画面进入目标导航示例课件。 ■ 教师一边语音讲解目录导航的概念，一边演示。演示完毕，退出目录导航 PPT。 ■ PPT 全屏。	■ 此部分主要为操作录屏，后期需要添加强调动画。 ■ 音频收录清晰。 ■ 教师不出镜。	
	■ 教师介绍菜单导航后，画面进入菜单导航示例课件。 ■ 教师一边语音讲解菜单导航的概念，一边演示。演示完毕，退出菜单导航 PPT。 ■ PPT 全屏。	■ 画面流畅。 ■ 教师不出镜。	

（续表）

教学内容	画面内容	制作要求	设计意图
	■ 内嵌习题——以下教学 PPT 没有应用全局导航的是:(　　) A. B. C.	■ 测验功能中无法添加图片，需要用 PPT 呈现问题后再进行测试。	
操作演示 7.5 分钟	■ PPT 录屏展示操作过程，教师语言讲解。	■ 音频收录清晰。 ■ 在操作过程中添加必要注释。	演示制作全局导航操作过程。
知识总结 50 秒	■ 教师总结本节微课的知识要点。	■ 画面黑色淡出。 ■ 片尾标注"吴军其教授工作室"。	引导学生回顾并应用微课内容。

三、微课录制

（一）收集和制作素材

根据微课脚本设计，本环节需收集和制作如表 5-4-3 所示的素材，并按编号存入不同的文件夹中。

表 5-4-3　素材收集清单

序号	素材类型	素材内容	获取方式
1	微课片头模板视频	视频	网络下载
2	情境导入视频	视频	现场拍摄
3	教师授课课件演示	图片 / 视频	屏幕录制
4	"制作与操作 PPT"过程录屏	视频	屏幕录制

（续表）

序号	素材类型	素材内容	获取方式
5	教师知识讲解	视频	现场拍摄
6	婉转悠然的纯音乐	音频	网络下载

（二）视频拍摄

根据微课《教学 PPT 的设计与制作之全局导航》的脚本设计，拟拍摄两段视频：情境导入和教师本人讲解。前者在明亮空旷的教室中拍摄，后者在录播室中进行拍摄。其中，在录播室拍摄视频时，均采用中景在绿色背景布前拍摄，方便后期处理时抠像。教师身着与幕布背景颜色相差较大的白色上衣出镜，佩戴领夹式麦克风同期收声，如图 5-4-1 所示。

图 5-4-1《教学 PPT 的设计与制作之全局导航》拍摄画面

四、微课编辑

（一）片头制作

片头效果图

片头效果如图 5-4-2 所示。

图 5-4-2 微课片头效果图

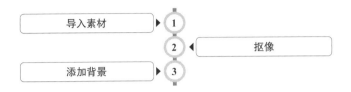

制作片头的技术路线如图 5-4-3 所示。

```
导入素材  ▶  ①
              ②  ◀  抠像
添加背景  ▶  ③
```

图 5-4-3 片头制作的技术路线

第一步：下载片头视频模板。根据微课需求，在互联网上搜索合适的微课片头模板并下载。本微课选用了颇具科技风格的模板，其中照片序列和标题文字都可以替换，如图 5-4-4 所示。

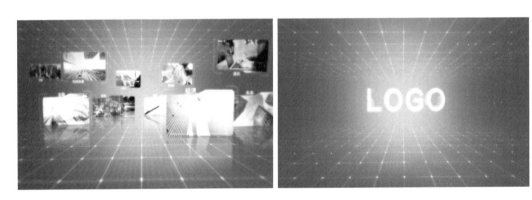

图 5-4-4 原片头视频模板

第二步：编辑模板。在视频编辑软件 Adobe After Effects 中替换模版的照片以及文字，将模板中的照片更改为主讲人的授课截影，将模板中的标题替换为"教学 PPT 的设计与制作之全局导航"，如上页效果图 5-4-2 所示。

第三步：导出文件。在 Adobe After Effects 中将片头视频文件导出为 mp4 格式。

（二）更换背景

在绿幕布前拍摄的视频均需要进行抠像处理，并与新的背景进行合成，如图 5-4-5 所示。

抠像效果图

抠像合成背景效果如图 5-4-5 所示。

图 5-4-5 抠像合成背景效果图

操作步骤

在微课《教学 PPT 的设计与制作之全局导航》制作过程中，为绿布前拍摄的视频更换背景的技术路线如图 5-4-6 所示。

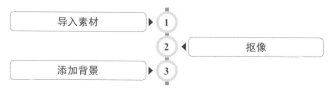

图 5-4-6 更换背景技术路线

第一步：导入素材。新建项目后，首先单击【导入媒体】，导入要抠像的视频或图片素材，如图 5-4-7 所示；随后，将人物素材拖至轨道 2，如图 5-4-8 所示。

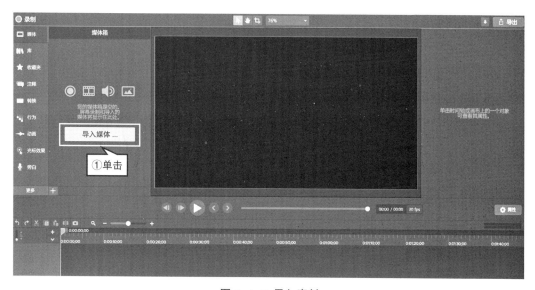

图 5-4-7 导入素材

图 5-4-8 拖拽素材至轨道

第二步：**抠像**。单击软件界面左侧【视觉效果】选项卡，如图 5-4-9 所示，选择【移除颜色】效果。接着，如图 5-4-10 所示，将其拖动至待处理视频，在软件界面右侧的【属性】中，依次单击【移除颜色】模块中的【颜色】图标■与弹窗中的【颜色拾取器】图标◢。随后，移动鼠标至人物背景并单击画面，拾取背景颜色，最终呈现效果如图 5-4-11 所示。

图 5-4-9 进入【视觉效果】选项卡

图 5-4-10 对素材进行抠像处理

图 5-4-11 抠像效果图

第三步：添加背景。单击媒体库左下角的【+】按钮，将背景视频导入【媒体库】中，并拖入轨道 1，如图 5-4-12 和 5-4-13 所示。最终效果如图 5-4-14 所示。

图 5-4-12 导入背景

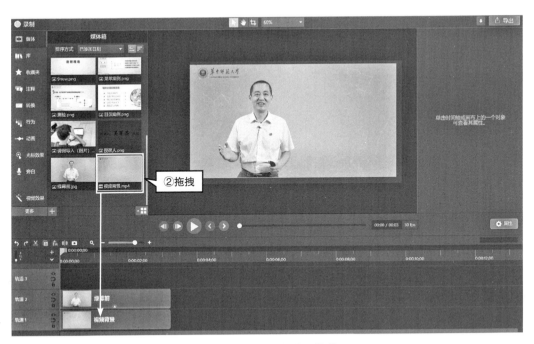

图 5-4-13 拖拽背景至轨道

（三）素材合成

完成上述步骤之后，即可开始合成素材，形成完整视频。

👆**素材合成效果图**

素材合成效果如图5-4-14所示。

图 5-4-14　素材合成效果图

👆**操作步骤**

合成各段处理完毕的素材技术路线如图5-4-15所示。

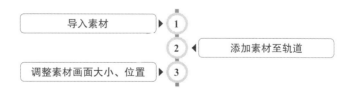

图 5-4-15　素材合成的技术路线

第一步：导入素材。参照表5-4-3将所有需要合成的视频素材导入【媒体箱】，如图5-4-16所示。

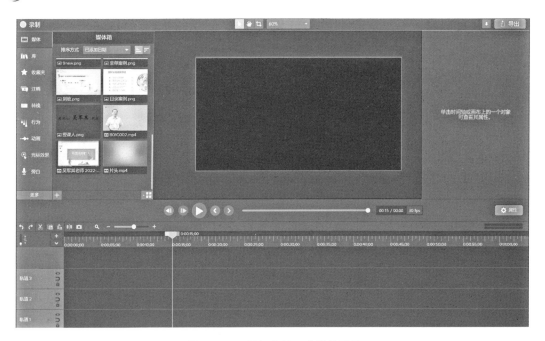

图 5-4-16 导入素材至【媒体箱】

第二步：添加素材至轨道。根据脚本设计，将素材依次排列在轨道 2 上；接着选择需要叠加的画面，把它们依次放置在轨道 3 上。此时，轨道 3 上的素材会叠放在轨道 2 的素材上，如图 5-4-17 所示。添加素材至轨道的操作方法与片头制作环节导入素材相似，此处不再赘述。

图 5-4-17 素材叠加效果

　　第三步：调整素材画面大小、位置。将【播放指针】左右拖拽移动到素材所在时间段，选中轨道上的素材，单击【选择】按钮 ，进入【编辑模式】，如图 5-4-18 所示。接下来，鼠标单击拖拽画布中的素材边缘调整画面大小；最后单击拖拽画面中心以调整素材位置，如图 5-4-19 所示。

图 5-4-18 拖拽到合适位置并选中素材

图 5-4-19 拖拽以调整素材大小与位置

（四）设置转场

素材合理放置在轨道上后，需要在素材与素材之间添加合适的转场效果。

转场效果图

设置转场效果如图 5-4-20 所示。

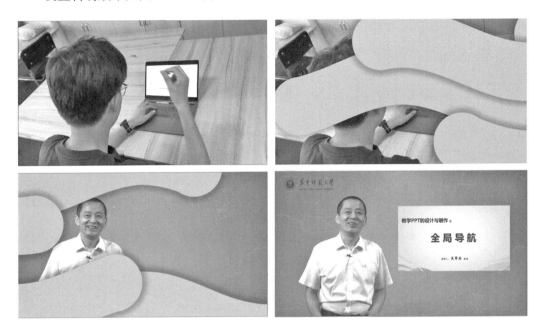

图 5-4-20 设置转场效果

操作步骤

设置各段媒体素材之间转场的技术路线如图 5-4-21 所示。

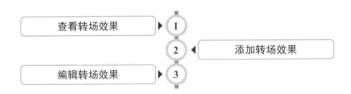

图 5-4-21 设置转场的技术路线

第一步：查看转场效果。单击【转换】选项卡，将鼠标悬停于任意一种转换效果上即可预览，如图 5-4-22 所示。

图 5-4-22 查看转场效果

第二步：添加转场效果。选择好心仪的转场效果后，用鼠标拖拽的方式把该转场效果拖到轨道上两段媒体素材之间，即可完成添加，如图 5-4-23 所示。然后，两段媒体间会出现如图 5-4-24 所示的标志。

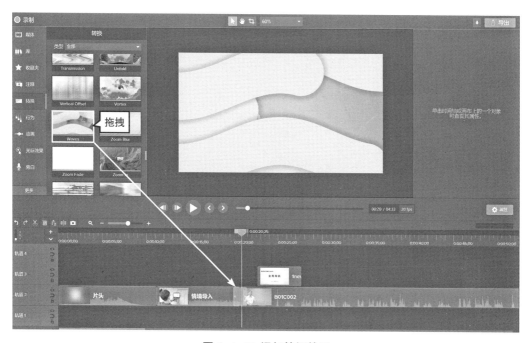

图 5-4-23 添加转场效果

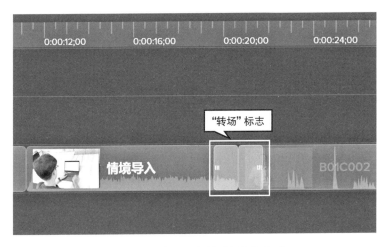

图 5-4-24 素材之间的"转场"标志

第三步：编辑转场效果。将鼠标移动到轨道上"转场"标志的边线上，左右拖拽移动，即可调整转场的时间长度，如图 5-4-25 所示。

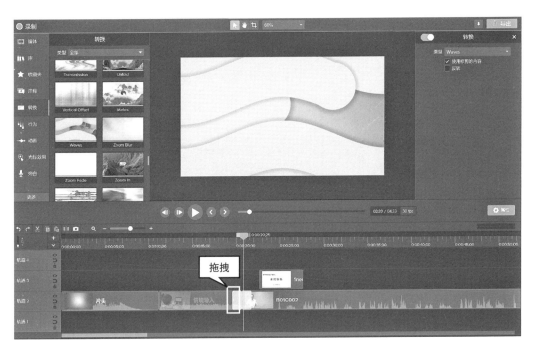

图 5-4-25 调整转场时间长度

（五）添加动画

根据脚本设计，教师演示目标导航操作方法时，需要为操作区域设置局部放大动画。添加动画效果的前后对比，如图 5-4-26 所示。

动画效果图

图 5-4-26 添加动画效果图（左图为添加前，右图为添加后）

操作步骤

为微课添加动画的技术路线如图 5-4-27 所示。

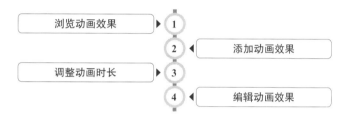

浏览动画效果	▶	1
		2	◀	添加动画效果
调整动画时长	▶	3
		4	◀	编辑动画效果

图 5-4-27 添加动画的技术路线

第一步：浏览动画效果。依次单击【动画】选项卡和【动画】模块，接着，将鼠标悬停于任意一种动画效果上即可实现预览，如图 5-4-28 所示。

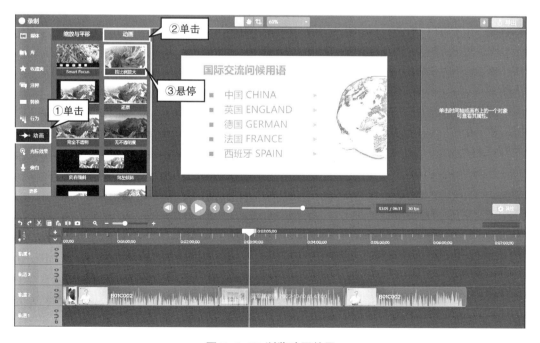

图 5-4-28 浏览动画效果

第二步：**添加动画效果**。选中轨道上需要添加动画的媒体片段，将【播放指针】定位于要创建动画的位置，并将动画效果【按比例放大】从【动画】选项卡中拖拽到媒体片段上，如图5-4-29所示。然后媒体片段上会出现"箭头状"动画图标，如图5-4-30所示。

图5-4-29 添加动画效果

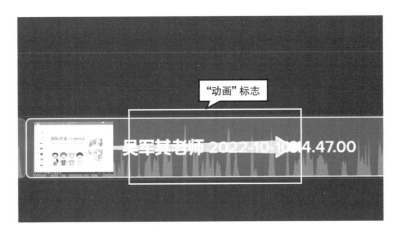

图5-4-30 箭头状"动画"图标

第三步：**调整动画时长**。利用鼠标左右拖拽动画箭头首部或尾部，即可调整动画时长，如图5-4-31所示。

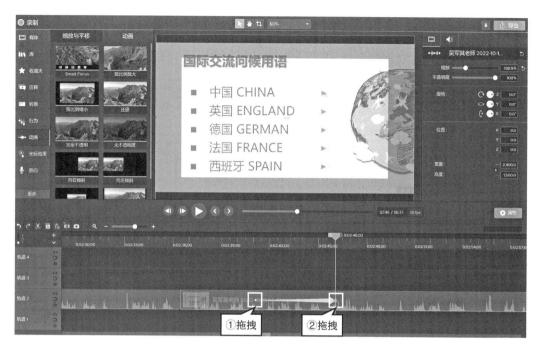

图 5-4-31　调整动画时长

　　第四步：编辑动画效果。鼠标单击箭头尾部，接着进入【编辑模式】调整画面（详细步骤参考素材合成环节），将画面放大，效果如图 5-4-32 所示。该动画可以实现画面随着播放进度按比例放大画面，从而起到强调教学内容的作用。

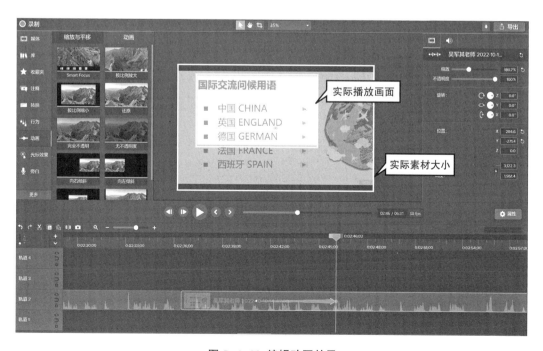

图 5-4-32　编辑动画效果

（六）添加声音

合成素材后，基本上就形成了一个完整的视频，此时需要为视频添加背景音乐。

添加声音效果图

添加声音效果如图 5-4-33 所示。

图 5-4-33 添加声音效果图

操作步骤

为视频添加背景音乐的技术路线如图 5-4-34 所示。

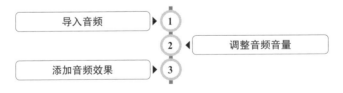

图 5-4-34 添加背景音乐的技术路线

第一步：导入音频。将所需音频素材导入【媒体箱】，并拖入轨道 1，如图 5-4-35 所示。

第二步：调整音频音量。选中轨道中的音频素材，在【属性】窗口中左右拖拽，调整音频的【增益】大小至合适水平，以免背景音乐音量过大盖过教师讲课音量，如

图 5-4-36 所示。

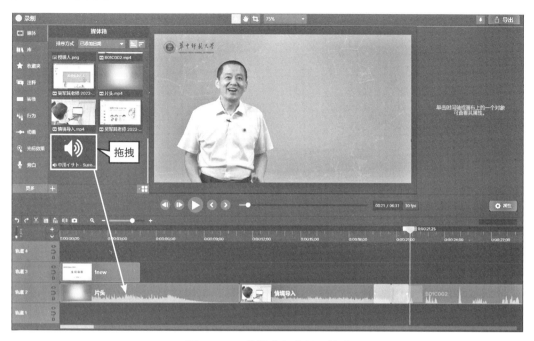

图 5-4-35 拖拽音频素材至轨道

图 5-4-36 调整音频音量

第三步：添加音频效果。单击【音频】选项卡后，选择【淡入】效果，拖拽至轨道 1 上的音频素材中，操作过程如图 5-4-37 所示。

图 5-4-37 添加音频效果

（七）添加字幕

微课视频整体编辑完成后，即可为其添加字幕。

添加字幕效果图

添加字幕效果，如图 5-4-38 所示。

图 5-4-38 添加字幕效果图

操作步骤

为微课添加字幕的技术路线如图 5-4-39 所示。

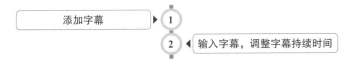

图 5-4-39 添加字幕的技术路线

第一步：**添加字幕**。将【播放指标】调整到合适位置后，依次单击【字幕】选项卡和【添加字幕】按钮，如图 5-4-40 所示。

图 5-4-40 添加字幕

第二步：**输入字幕，调整字幕持续时间**。在输入框中输入字幕文本，接着在字幕轨道上左右拖拽字幕两边以调整持续时间，操作过程如图 5-4-41 所示。

图 5-4-41 输入字幕并调整持续时间

（八）交互制作

完成视频编辑后，在微课中插入交互测验。

交互制作效果图

交互制作效果，如图5-4-42所示。

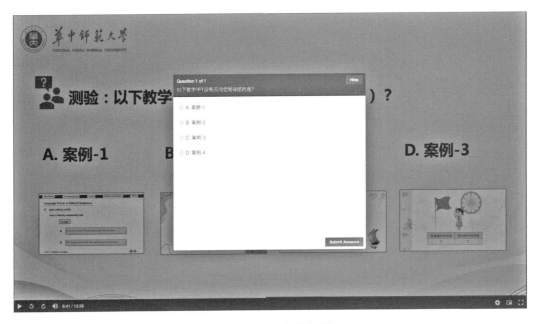

图 5-4-42 交互制作效果图

操作步骤

在微课中添加交互式习题的技术路线如图5-4-43所示。

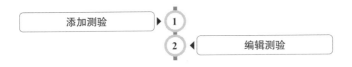

图 5-4-43 交互制作的技术路线

第一步：添加测验。将【播放指针】拖拽到合适的轨道位置，依次单击【交互性】选项卡和【时间线】按钮，如图5-4-44所示。

第二步：编辑测验。单击轨道上的【测验】按钮，在【属性】栏中选择测验类型为【多项选择】。接着，分别输入【问题】与【答案】内容，最后单击"正确答案"前的【按钮】◉，即可完成测验的设置，如图5-4-45所示。

图 5-4-44 添加测验

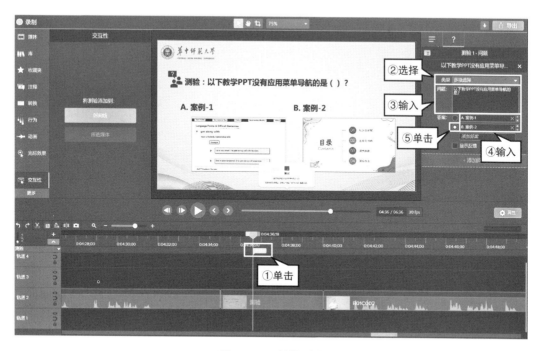

图 5-4-45 编辑测验

五、导出发布

视频编辑完成后进行预览。一旦确认符合微课脚本设计要求，即可导出视频并发布至教学平台。导出发布效果图如图 5-4-46 所示。

导出发布效果图

导出发布效果如图 5-4-46 所示。

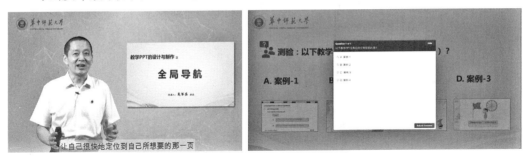

图 5-4-46 导出发布效果图

操作步骤

在 Camtasia Studio 中导出带有交互功能的视频的技术路线如图 5-4-47 所示。

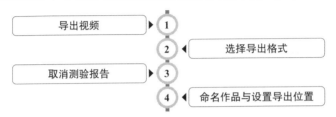

图 5-4-47 导出视频的技术路线

第一步：导出视频。单击软件界面右上角的【导出】按钮 ，接下来便单击【本地文件】，如图 5-4-48 所示。

图 5-4-48 导出视频

第二步：选择导出规格。在弹窗中单击选择导出格式，因为微课《教学 PPT 的设计与制作》中包含交互式"测验"，所以导出格式只能选择为"带 Smart Player（智能播放器）的 MP4"，接着单击【下一页】按钮，如图 5-4-49 所示。

图 5-4-49 选择导出格式

　　第三步：取消测验报告。单击取消勾选"通过电子邮件报告测验结果"，接着单击【下一页】按钮，如图 5-4-50 所示。

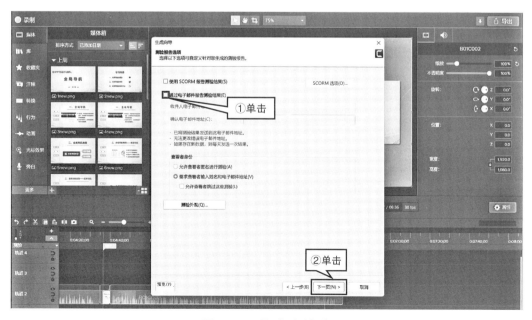

图 5-4-50 取消测验报告

第四步：**命名作品与设置导出位置**。在文本框中输入微课作品名称，并单击【文件夹】按钮，设置视频的导出位置，最后单击【完成】，如图 5-4-51。视频即刻开始渲染，出现如图 5-4-52 所示的弹窗。最终作品需要在浏览器中播放，效果如图5-4-46 所示。

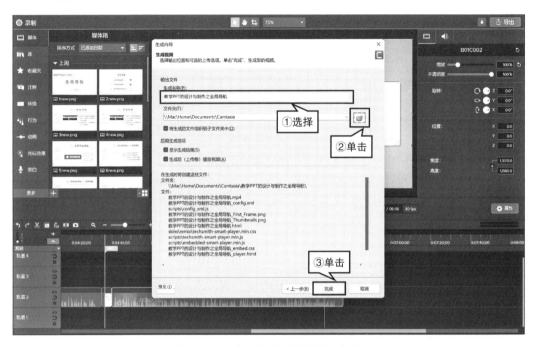

图 5-4-51 命名作品与设置导出位置

图 5-4-52 渲染项目

六、微课评价

（一）微课呈现效果评价

混合类微课《教学 PPT 的设计与制作之全局导航》视频总时长 13 分钟，聚焦于"全局导航"这一主题，介绍了全局导航的概念、分类和应用等内容。该微课视频图像清晰稳定、声音清楚、构图合理，视频全过程均配置了字幕，微课教学设计方案、课件、制作素材等辅助性教与学材料完整，具有良好的技术规范性。教学设计方面，该微课结合教师讲授实拍与教学课件录屏，条理清晰地阐释了微课的知识框架；运用动画与语音讲解，生动讲解了全局导航制作与操作的过程；微课教学过程主线清晰，重难点突出，将理论与案例生动结合，具有启发性。在教学实施上，教师讲解声音清晰、表达生动，教态自然大方，具有较强的感染力，适合绝大多数的师范生和在职教师学习。

（二）微课应用评价

"全局导航"没有绝对固定的形式，更偏向于一种教学 PPT 设计理念和风格。如果微课中只有单纯的理论讲解，这对于学习者来说将会十分晦涩抽象，而且单一的语言或图示讲解也难以完整地帮助学习者建立起对全局导航的认知。在《教学 PPT 的设计与制作之全局导航》中，微课综合运用了理论讲授、案例讲解和操作演示三种教学方式，不仅能帮助学习者理解什么是全局导航，更能让学习者掌握全局导航的应用方法，在具体的全局导航操作中优化自己的教学 PPT 与教学过程，提高教学质量与效果。

第六章　VR/AR 教学资源

何谓 VR/AR?

当前各种信息技术层出不穷，给教育带来了更多的可能性。虚拟现实（Virtual Reality，简称为 VR），又称为虚拟环境、灵境或人工环境，是利用电脑及外部设备模拟仿真三维空间环境和人类感觉（视觉、听觉、触觉等）的一种技术，涵盖了桌面式 VR、沉浸式 VR、增强现实（AR）和分布式 VR。VR 让使用者仿佛有亲临其境之感，可以实时、360 度地观察三维空间内的事物并与之进行交互。这种由计算机技术辅助生成的仿真系统具有很强的交互性和情境化。VR/AR 在教育教学领域不断普及，为学习者创设了生动、逼真的学习环境。

🎯 学习目标

1. 举例说明 VR/AR 资源的教学应用和使用原则；

2. 举例说明 VR/AR 资源的获取途径；

3. 描述 AR 资源的开发流程，并能制作出简单的 AR 教学资源。

知识图谱

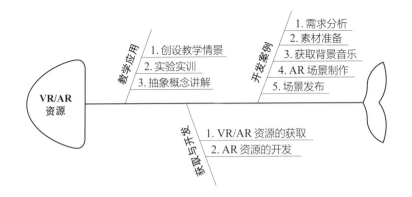

第一节　VR/AR 资源在教学中的应用

一、VR/AR 资源在创设教学情景中的应用

（一）案例描述

小学六年级语文课《故宫博物馆》的学习目标是：了解故宫，完成故宫参观路线图的设计，能为家人介绍故宫景点。在课堂上，教师首先以"你脑海中故宫是怎样的"引入，然后向学生的平板上推送"数字故宫"小程序中的"全景故宫"，让学生"云游故宫"，观察故宫的整体布局及主要建筑的特点。最后，让学生以小组的形式设计故宫的参观路线并完成一份向家人介绍故宫景点的方案。

（二）应用分析

"全景故宫"是利用虚拟现实技术制作而成的故宫全景漫游系统，包含故宫全景地图、各宫殿漫游场景、文字语音解说、自动播放浏览及背景音乐五部分功能。学生观看故宫全景地图，把握故宫的整体布局；手动触控屏幕，可 360 度观看故宫各宫殿虚拟场景，如图 6-1-1 所示；文字及语音解说，能帮助学生了解故宫各宫殿的结构及其在古代发挥的作用；舒缓而又恢宏的背景音乐，缓缓地向学生渲染了一种气势磅礴的氛围。学生进入故宫全景漫游系统，就犹如亲临故宫，置身于故宫的金瓦红墙。

图 6-1-1　全景故宫[①]

[①] 图片来自微信小程序"故宫博物院"。

（三）效果点评

教材中的《故宫博物馆》主要用文字详细描述了故宫博物院中各宫殿的主要布局、外观及其功用，内容呈现较单一。虽然六年级学生具有一定的阅读理解能力，但也难以长时间集中注意力进行学习和记忆。教师创设"云游故宫"场景，让学生置身于故宫之中，从视觉、触觉、听觉等多种感官去体验和感受故宫的宏大，了解故宫的构造，学习故宫的历史。本课借助虚拟学习场景，使学生直观地了解故宫主要建筑的布局及其功用，加深学生对故宫博物院的认识，促进学生对文章内容的理解。

二、VR/AR 资源在实验实训中的应用

（一）案例描述

小学三年级科学课《空气有质量吗》旨在让学生对空气是否有质量这个问题进行探索和求证。课堂上，教师首先提问学生"空气有质量吗"，引导学生根据生活经验发表自己的想法并思考"用什么方法可以测量空气质量"。其次，教师向学生端的平板发布 NOBOOK 小学科学实验《空气有质量吗》任务，引导学生根据平台实验导航，体验这种验证空气质量的实验过程。最后，教师组织学生交流实验发现，并尝试解释实验现象。

（二）应用分析

NOBOOK 小学科学是一个科学虚拟仿真实验平台，包括实验导航、虚拟实验台等部分。学生进入《空气有质量吗》实验后，观察实验器材简易天平、胶带、钢针，联想一年级课程《谁轻谁重》中"天平的倾斜可以反映出轻重"的知识，体会工具在科学观察和测量中的妙用；根据实验导航，学生在虚拟实验室体验这种验证空气有质量的实验过程，尝试用钢针扎破天平一端的气球，并观察天平的变化，得出"空气有质量，但很轻"的结论，如图 6-1-2 所示。

图 6-1-2《空气有质量吗》实验[1]

---

[1] NOBOOK 虚拟实验室 [EB/OL]. 空气有质量吗 [EB/OL].[2024-01-06]. https://www.nobook.com/index.html.

（三）效果点评

空气是一种无色透明、没有固定形态的物质，三年级学生难以仅凭文字描述和图解直观感知空气的质量这一抽象概念。教师利用 NOBOOK 小学科学虚拟实验室，为学生提供了安全、仿真的实验环境，让每一位学生都能自主体验这种验证空气有质量的过程，直观感知空气有质量。虚拟实验室的应用为学生搭建了抽象概念和直观体验之间的桥梁，满足了学生探索未知的渴望，有助于学生理解质量的概念，掌握利用工具测量物质质量的方法，激发其学习科学的兴趣。

三、VR/AR 资源在抽象概念讲解中的应用

（一）案例描述

《宇宙中的地球》旨在让学生了解地球在太阳系中的位置和地球的相关特征。考虑到二维平面图像和文字在阐述空间立体知识方面的局限性，胡老师在课前为学生准备了一个能够立体展示太阳系整体行星面貌的增强现实虚拟场景。在虚拟场景中，教师引导学生发现并描述地球的位置。

（二）应用分析

太阳系行星增强现实场景，让学生仿佛置身于太阳系之中，从整体上观察地球的特点以及其他行星对地球的影响。胡老师将太阳系 AR 虚拟场景呈现在多媒体大屏幕中，如图 6-1-3 所示。通过调整虚拟场景的观看角度或调整摄像视角的距离，从多个角度清晰地向学生展示了地球在宇宙中的位置、九大行星的顺序、太阳系特征等抽象知识，真正做到了使抽象知识可视化、形象化。

图 6-1-3 太阳系 AR 虚拟场景

（三）效果点评

《宇宙中的地球》包含较多抽象的空间概念。但是从学生认知水平的发展阶段来看，初中学生在学习地理时以直观思维为主，抽象思维能力较弱。作为高中地理的第一节课，它既要完成本课的教学任务，又要激发学生学习地理的兴趣。增强现实技术能给

学生带来更加真实的感官刺激，能有效激发其学习动机。胡老师利用增强现实虚拟场景进行教学，将原本晦涩的地理知识形象化，让学生以直观的方式观察地球和地球周围的宇宙环境，建立对地球更深层次的立体认知，有助于培养他们的地理学科核心素养。

第二节　VR/AR 资源的获取与开发

一、VR/AR 资源的获取

（一）虚拟现实资源的分类

1. 桌面式 VR

桌面式 VR 是应用最为方便、灵活的一种 VR 系统，它将计算机的屏幕作为学习者观察虚拟场景的窗口，采用立体图形技术，在计算机屏幕中构建三维立体空间的交互场景。学习者借助鼠标、键盘、追踪球、力矩球等输入设备操纵虚拟世界，就能实现与虚拟场景的充分交互。

> 📖 **桌面式 VR 案例**
>
> NOBOOK 虚拟实验聚焦于中小学实验教学，创设了各种虚拟实验环境，学习者可以通过鼠标交互或手势交互进行实验操作。如图 6-2-1 所示，在《植物呼吸作用》虚拟实验中，学习者可以利用鼠标拖拽等交互方式操控虚拟实验器材，体验这种检测植物呼吸作用的实验全过程，并缩短实验反应时长，加速度过将广口瓶置于黑暗处 24 小时的过程，在短时间内观察到显著的实验现象。
>
>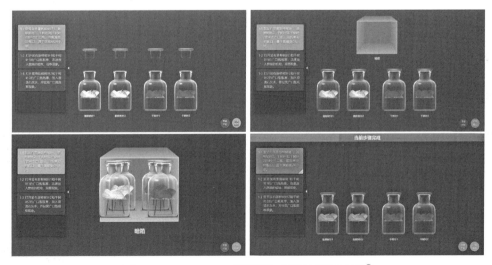
>
> 图 6-2-1 NOBOOK 虚拟实验《植物呼吸作用》[①]

---

① NOBOOK 虚拟实验室 [EB/OL]. 植物呼吸作用 [EB/OL].[2024-01-06].https://www.nobook.com/index.html.

2. 沉浸式 VR

沉浸式 VR 资源能为学习者带来完全沉浸式的体验。它利用洞穴式立体现实装置或头戴式显示器等设备，将学习者的视觉、听觉和其他感觉封闭起来，提供一个全新的、虚拟的感觉空间，并利用数据手套、空间位置跟踪器、三维鼠标等输入设备以及视觉、听觉等设备，使学习者产生身临其境、完全投入和沉浸其中的感觉。

沉浸式 VR 案例

《VR 消防演练》系统中，学习者通过头戴式显示器和红外感应器，以第一视角分别体验家庭、交通工具、超市等不同的虚拟火灾场景。学习者进入火灾场景后，根据指示路线和系统语音躲避危险区域，通过障碍物，逃离火灾区域到达室外开阔的安全区域，如图 6-2-2 所示。此外，在逃生过程中，学习者也可以根据火情，选择相关的灭火工具，尝试灭火。

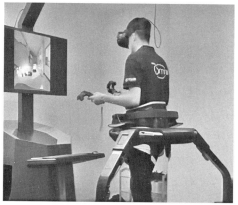

图 6-2-2《VR 消防演练》

3. 增强现实（AR）

增强现实（Augmented Reality，简称 AR）从广义上说，是虚拟现实的扩展。AR 借助穿透式头盔显示器、投影仪、摄像头、移动设备等设备，将计算机构建的虚拟物体、场景或系统提示信息叠加到真实场景中，从而实现对现实的增强，使得虚拟信息与真实世界巧妙融合。

AR 案例

如图 6-2-3 所示，学习者利用平板电脑识别零件模型，即可立即呈现对该零件的介绍，以及关键细节标识。

图 6-2-3 识别零件模型

4. 分布式 VR

分布式 VR 是虚拟现实技术与网络技术结合的产物,在沉浸式虚拟现实系统的基础上,将多个学习者或多个虚拟世界通过网络连接在一起,使每个学习者同时加入同一个虚拟场景,通过联网的计算机与其他学习者进行交互,共同体验虚拟经历,实现协同探究。

📋 **分布式 VR 案例**

如图 6-2-4 所示,四名学习者借助头戴式显示器共同连接至海岛地图虚拟场景中,探索海岛地形与生态。

图 6-2-4 探索海岛 [1]

---

[1] 探索海盗 [EB/OL].[2023-12-12].http://www.wxvrv.com/Home/goods/detail/id/554.

（二）VR/AR 资源教学使用原则

1. 教学实用性原则

并非所有课程都适用于利用 VR/AR 资源辅助教学，应根据教学的实际需求来选择资源。VR/AR 资源常用于特定的自然与人文社会学科的探究活动中，模拟真实课堂环境中难以直接体验的情境，支持学习者与虚拟场景交互，进而观察人文现象，探索科学规律与问题解决的方法。

此外，教师在选择 VR/AR 资源应用于教学活动时，需考虑其内容的真实性与教学性。所选择的 VR/AR 资源应遵循事物发展的客观规律，在科学、历史、社会、伦理等层面真实可信；在虚拟场景中，学习者应能够获取足够的信息来明确学习目标，并准确识别 VR/AR 教学系统中的元素，理解其所承载的教学内容。

📋 **教学实用性原则案例**

如图 6-2-5 所示，利用 AR 资源立体地呈现地球的内部结构，学习者通过点击、旋转地球模型即可直观而准确地感知地球各内部层级所处位置与形态。

图 6-2-5　探索奇妙的地球

---

2. 沉浸性原则

沉浸感是 VR/AR 资源最突出的特点，教师使用 VR/AR 资源时需要仔细设计教学活动，在激发学习者主动性的同时，提高学习者使用 VR/AR 的沉浸感。研究表明，个体在遇到与技能水平相匹配的挑战时，能够全身心投入目标导向的任务中，达到忘我的心理状态。学习前，教师为学习者提供脚手架，使其明确虚拟资源的使用方法、掌握该 VR/AR 资源的先验知识，并明确学习任务。学习过程中，教师密切关注学习者的学习体验，对于 VR/AR 应用时的突发情况予以及时干预。学习结束后，教师提供反馈意见，以指导学习者评估和反思其在虚拟场景中的问题决策或获得的知识、技能与情感体验。

📖 **沉浸性原则案例**

《VR 道路安全教育》[①]将沉浸式 VR 与安全教育有机整合，创设了一个可移动的全沉浸式虚拟环境——基于城市中心道路交通实况的虚拟道路交通场景。学习者利用头戴式显示器以及两个红外传感器自由探索交通问题空间，依次完成立刻横穿马路还是等待绿灯时从斑马线过马路、绿灯倒计时闪烁时是原地等待还是快速通过、校车倒车时是横穿马路还是等待这三个决策行为，如图 6-2-6 所示。

学生探索 VR 世界　　　　　　　　VR 世界行人挑战

十字路口的三个决策

图 6-2-6　VR 道路安全教育

（三）VR/AR 资源的获取途径

1. NOBOOK 虚拟实验

NOBOOK 虚拟实验是一个虚拟实验仿真系统，支持多终端、多系统使用，涵盖了国内小学科学主流版本教材中所涉及的实验，以及初、高中各教材版本中所涉及的物理、化学、生物实验，具体资源情况如图 6-2-7 所示。

---

① 张雪，罗恒，李文昊，左明章. 基于虚拟现实技术的探究式学习环境设计与效果研究——以儿童交通安全教育为例 [J]. 电化教育研究，2020, 41(01): 69—75+83.

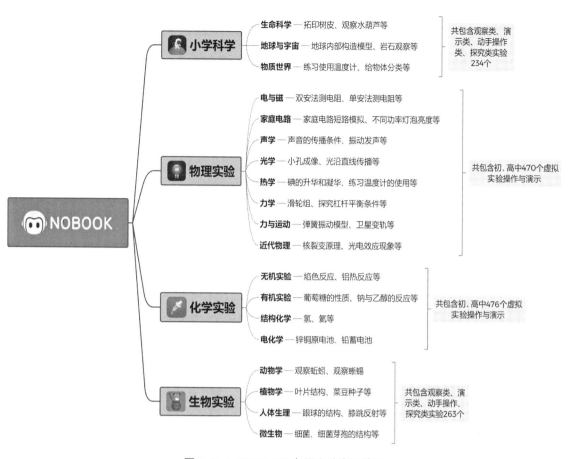

图 6-2-7 NOBOOK 虚拟实验资源情况

NOBOOK 虚拟实验资源获取过程

本节以初中物理实验"电源短路实验"为主题，展示 NOBOOK 物理实验虚拟资源在线获取过程。获取 NOBOOK 虚拟实验资源的技术路线如图 6-2-8 所示。

图 6-2-8 NOBOOK 虚拟实验资源获取的技术路线

第一步：进入 NOBOOK 物理实验首页。打开浏览器，在网址栏中输入"https://www.nobook.com"，敲击键盘上的【Enter 键】进入 NOBOOK 虚拟实验首页，单击【NB 物理实验】选项卡，即可跳转至 NOBOOK 物理实验首页，如图 6-2-9 所示。

图 6-2-9 NOBOOK 虚拟实验室首页

第二步：**选择实验资源版本**。在如图 6-2-10 所示的 NOBOOK 物理实验资源库首页单击【在线使用】按钮，进入如图 6-2-11 所示的 NOBOOK 物理实验资源库。单击【高中】选项，在"选择版本"弹窗中单击【初中版】切换 NOBOOK 物理实验资源的学段，如图 6-2-12 所示。

第三步：**新建实验**。NOBOOK 物理实验提供了两种新建实验的方式：一是直接调用平台虚拟实验模板，利用所提供的实验装置开展实验，具体步骤如图 6-2-13、6-2-14 所示；二是新建空白实验台，自由选择实验器材、自由组装，具体步骤如图 6-2-15、6-2-16 所示。

图 6-2-10 进入 NOBOOK 物理实验资源库

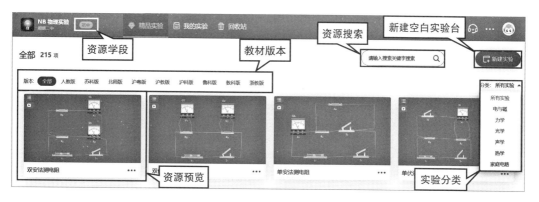

图 6-2-11 NOBOOK 物理实验资源库页面

图 6-2-12 选择实验资源版本

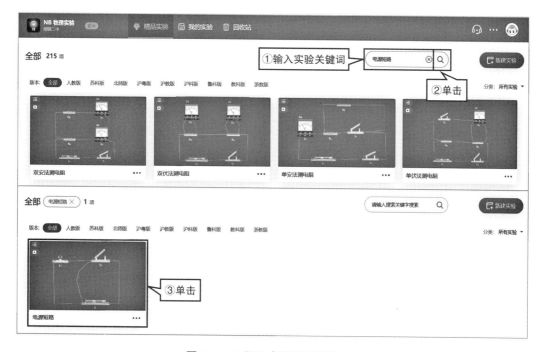

图 6-2-13 调用虚拟实验模板（1）

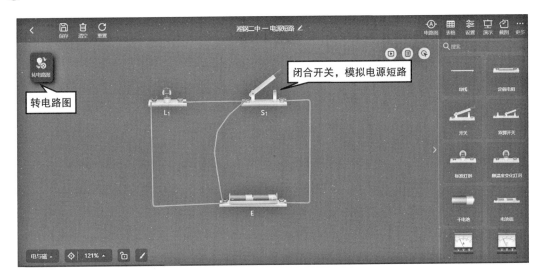

图 6-2-14 调用虚拟实验模板（2）

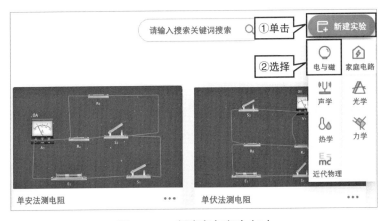

图 6-2-15 新建空白实验（1）

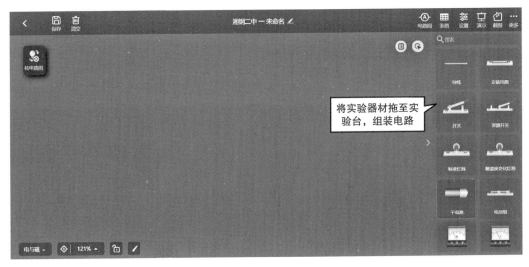

图 6-2-16 新建空白实验（2）

2. PhET 交互仿真实验平台

PhET 虚拟实验平台是由诺贝尔物理学奖获得者卡尔·威曼创建的一款交互仿真实验网页版工具，面向全世界免费开放，涵盖了从小学到大学期间物理、化学、数学、地理、生物各学科的仿真实验，具体资源体系如图 6-2-17 所示。

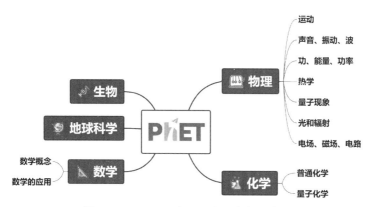

图 6-2-17 PhET 虚拟实验平台资源情况

PhET 交互仿真实验资源获取过程

本节以数学"等式探索：两个变量"实验为例，展示 PhET 交互仿真资源获取过程，其技术路线如图 6-2-18 所示。

图 6-2-18 PhET 交互仿真资源获取的技术路线

第一步：进入 PhET 交互仿真实验平台首页。打开浏览器，在网址栏中输入网址"https://phet.colorado.edu/zh_CN"，敲击键盘上的【Enter 键】进入 PhET 交互仿真实验平台（中文版）。单击【数学】图标，即可进入资源页面，如图 6-2-19 所示。

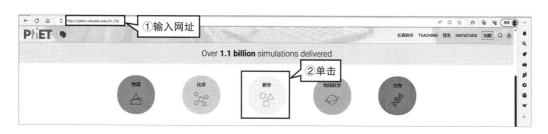

图 6-2-19 搜索交互仿真实验资源

第二步：**搜索交互仿真实验资源**。单击平台页面右上角【搜索】图标Q，如图6-2-20所示。之后，在搜索弹窗中输入实验关键词"等式的探索"，再次单击【搜索】按钮Q，如图6-2-21所示。接着，在搜索结果页面中选择所需实验链接，如图6-2-22所示。随后，网页跳转至实验预览页面，单击【播放】按钮▶，如图6-2-23所示，即可进入实验详情页。紧接着就可体验交互仿真实验，如图6-2-24所示。

图6-2-20 搜索交互仿真实验资源（1）

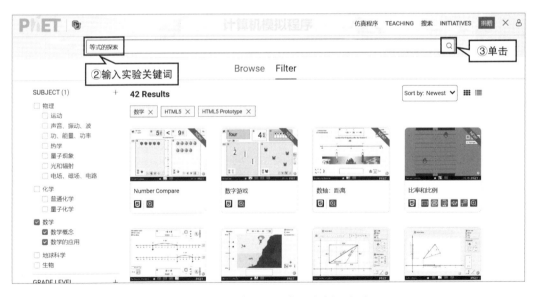

图6-2-21 搜索交互仿真实验资源（2）

图 6-2-22 搜索交互仿真实验资源（3）

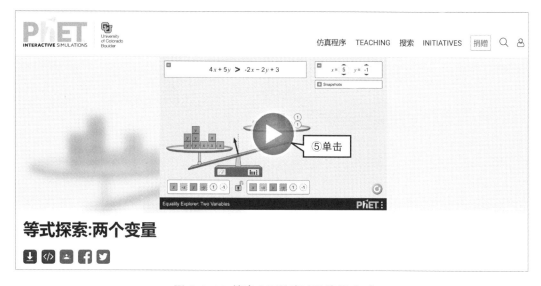

图 6-2-23 搜索交互仿真实验资源（4）

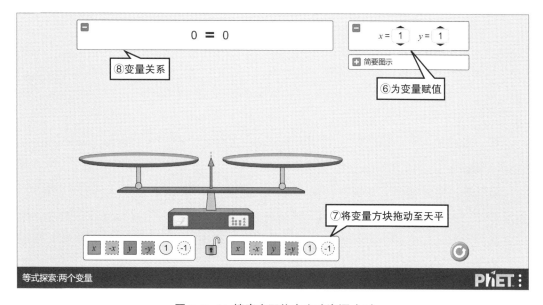

图 6-2-24 搜索交互仿真实验资源（5）

3. UtoVR 平台

UtoVR 是一个 VR 全景视频平台，包括 VR 视频、VR 地图、AirPano、VR 专题、VR 直播等板块，各板块的具体资源如图 6-2-25 所示。

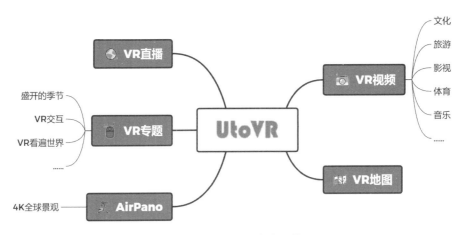

图 6-2-25 UtoVR 平台资源情况

UtoVR 全景 VR 视频资源获取过程

本节以"圆明园"为例，展示 UtoVR 全景 VR 视频资源获取过程，其技术路线如图 6-2-26 所示。

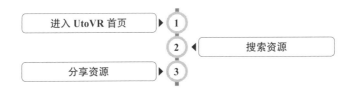

图 6-2-26 UtoVR 全景 VR 视频资源获取的技术路线

第一步：进入 UtoVR 首页。打开浏览器，在网址栏中输入"https://www.utovr.com"，敲击键盘上的【Enter 键】进入 UtoVR 平台，如图 6-2-27 所示。

第二步：搜索资源。在搜索栏输入资源关键词"圆明园"，单击【搜索】按钮Q，如图 6-2-28 所示。在搜索结果页面中，单击选择所需 VR 全景视频资源预览图，跳转至播放页面，如图 6-2-29 所示。通过鼠标拖拽画面可 360 度观看画面内容，如图 6-2-30 所示。

图 6-2-27　进入 UtoVR 首页

图 6-2-28　搜索资源（1）

图 6-2-29　搜索资源（2）

图 6-2-30 VR 全景视频播放页

第三步：分享资源。单击【分享】按钮，在分享弹窗中选择通用代码或二维码分享，如图 6-2-31 所示。通用代码支持学习者直接在移动设备上播放 VR 全景视频，如图 6-2-32 所示。

图 6-2-31 分享资源（1）

图 6-2-32 分享资源（2）

拓展：VR/AR 资源平台

移动端 VR/AR 资源平台见表 6-2-1。

表 6-2-1 移动端 VR/AR 资源平台

APP 名称	简介
Within	从纯粹想象世界中的故事到纪录片，Within 提供了丰富的基于故事的 VR 资源。
720yun	720yun 是一款全景内容分享应用，支持查看全球各地的 VR 全景内容。
ARuler	ARuler 是一款利用 AR 技术来测量现实世界物体的相机，目标瞄准所要检测的平面时就开始使用。
The Sun 3D	The Sun 3D 面向 8~18 岁的学习者，提供了 1200 个宇宙 3D 场景，大多数 3D 场景包含场景叙述和内置动画，可从预设角度旋转、放大或查看场景。

二、AR 资源的开发

（一）AR 资源开发工具

AR 资源的开发拥有不同的方式，如利用开源工具 Google Arcore、Vuforia 等进行开发；利用 kivicube 平台制作 AR 场景；也可以利用 Blender、CINEMA 4D 等软件制作 3D 模型或利用 sketchfab 平台获取 3D 模型，再将 3D 模型嵌入相应平台中发布 AR 场景。因此，本节按照不同的开发方式介绍相应的工具及其功能，如表 6-2-2 所示。

表 6-2-2 AR 资源开发工具

资源开发方式	工具	功能
AR 场景制作与发布	Kivicube	■ 构建 AR 场景； ■ Web AR 图像跟踪； ■ 多识别模式制作：支持本地图像检测与跟踪、云识别两种识别模式； ■ 多种发布形式：可以将 AR 场景通过小程序、URL 链接、二维码、分享链接、嵌入微信公众号等形式发布； ■ 自定义启动页面：可自行设置背景图、Logo、立即体验按钮。
3D 模型制作	Blender	■ 提供全面的 3D 创作工具：包括建模、UV 映射、贴图、绑定、蒙皮、动画、粒子和其他系统的物理学模拟、脚本控制、渲染、运动跟踪、合成、后期处理和游戏制作。
	Unity 3D	■ 支持构建三维模型； ■ 构建的三维模型支持所有主流格式，如 FBX 文件和 OBJ 文件等。
	CINEMA 4D	■ 拥有强大的建模工具和插件，可以制作高质量的三维模型； ■ 具有强大的灯光、渲染、骨骼绑定、材质等功能，能够制作优美的动画和场景等。
3D 模型获取	sketchfab	■ 支持发布、共享、下载 3D、VR 和 AR 资源； ■ 提供基于 WebGL 和 WebVR 技术的查看器，用户可以在 Web 上显示 3D 模型，也可以用任何移动浏览器、桌面浏览器或虚拟现实头盔查看。

（二）AR 资源开发流程

AR 资源开发包括需求分析、素材准备、AR 资源制作、场景发布这四个环节，AR资源开发流程如图 6-2-33 所示。

图 6-2-33 AR 资源开发流程

1.AR 资源开发要素

（1）需求分析

开发 AR 资源，首先，分析教学需求，确定教学中的哪一个环节、哪一个知识点需要 AR 资源的支持。其次，分析学习者特征，开发与学生知识能力水平相适应、与学生兴趣相匹配的 AR 资源。

（2）素材准备

开发 AR 资源不仅需要准备被识别的素材，还需要准备用来增强效果的多种形式的素材。

■ 被识别的素材

获取 AR 资源需要使用移动设备扫描被识别的素材。根据上一步的需求分析，可以确定获取 AR 资源时被识别的素材内容，被识别的素材可以是教材中的图片、从网络获取的相关图片或二维码等。如教师利用 AR 资源向学生介绍大象时，可以选择大象的图片作为被识别的素材，学生扫描大象图片即可获取有关大象的 AR 资源。

■ 增强效果的素材

开发 AR 资源前，需要准备用来增强现实的各种素材，包括图片、三维模型、视频、音频、文字等，可以根据需要选择一种或多种形式的素材。

（3）AR 场景制作

■ 素材导入：创建场景时，按提示导入被识别的图片。然后将增强效果的素材全部导入素材库中。

■ 场景布置：将素材库中的素材拖入 AR 场景中，并调整素材的大小、位置等，搭建场景框架。

■ 交互设置：根据交互需要，增加交互事件。如设置背景音乐的开始时间，开始播放视频，停止背景音乐等交互事件。

（4）场景发布

场景制作完成后，即可发布分享场景，生成二维码或链接，学生使用移动设备扫描即可获取 AR 资源。

2. AR 资源开发案例——《动物王国》

（1）需求分析

三年级科学课《动物王国》要求学生总结宝石甲虫的特征，不过学生仅通过观察宝石甲虫的图片，难以全面总结该动物的特征。因此，教师需为学生提供宝石甲虫的 AR 资源，帮助学生认识该动物的全貌。

（2）素材准备

素材准备操作过程

3D 模型素材获取的技术路线如图 6-2-34 所示。

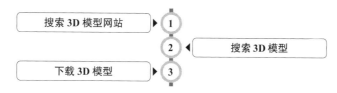

图 6-2-34　3D 模型素材获取的技术路线

第一步：搜索 3D 模型网站。教师可以自己构建一个宝石甲虫的 3D 模型，也可以选择从 sketchfab 网站中直接搜索并下载模型。在搜索框中输入"sketchfab"，单击【百度一下】，选择 sketchfab 官网，如图 6-2-35 所示。

图 6-2-35　搜索 3D 模型网站

第二步：搜索 3D 模型。在资源推荐页面根据需要选择有关动物的 3D 模型作品集，如图 6-2-36 所示。单击作品集封面，进入详情页面，随后单击【犀牛甲虫】的图集，如图 6-2-37 所示。

图 6-2-36 搜索 3D 模型（1）

图 6-2-37 搜索 3D 模型（2）

第三步：下载 3D 模型。单击下载按钮 ⬇，下载宝石甲虫的 3D 模型，如图 6-2-38 所示。在下载弹窗中选择"原始格式（glb）"，单击【下载】按钮，即可下载宝石甲虫 3D 模型，如图 6-2-39 所示。

图 6-2-38　下载 3D 模型（1）

图 6-2-39　下载 3D 模型（2）

（3）AR 场景制作

AR 场景制作操作过程

AR 场景制作包含 5 个步骤，技术路线如图 6-2-40 所示。

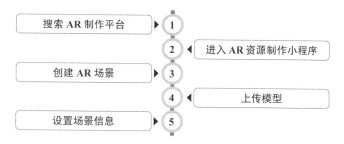

图 6-2-40　AR 场景制作的技术路线

第一步：搜索 AR 制作平台。在微信搜索框中输入"弥知科技"，单击弥知科技公众号，如图 6-2-41 所示。

第二步：进入 AR 资源制作小程序。单击【制作 AR】选项，进入 AR 制作小程序，如图 6-2-42 所示。单击【小程序 AR】按钮，如图 6-2-43 所示，按照指引步骤完成注册，如图 6-2-44 所示。

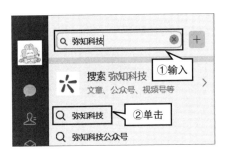

图 6-2-41 搜索 AR 制作平台

图 6-2-42 进入 AR 资源制作小程序（1）

图 6-2-43 进入 AR 资源制作小程序（2）

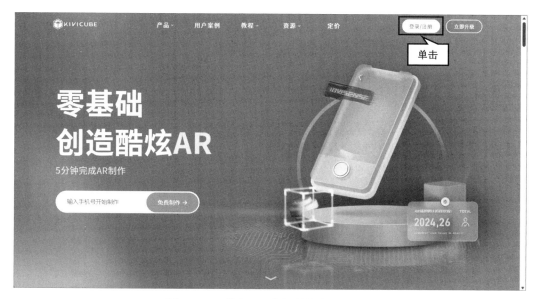

图 6-2-44 进入 AR 资源制作小程序（3）

第三步：创建 AR 场景。登录成功后，单击界面上方【+AR 场景】功能，如图 6-2-45 所示。选择场景类型为"空间定位与跟踪"，单击【去制作】，如图 6-2-46 所示。

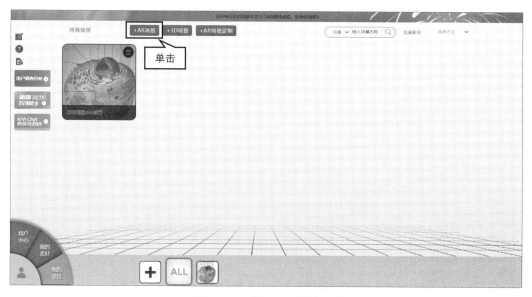

图 6-2-45 创建 AR 场景（1）

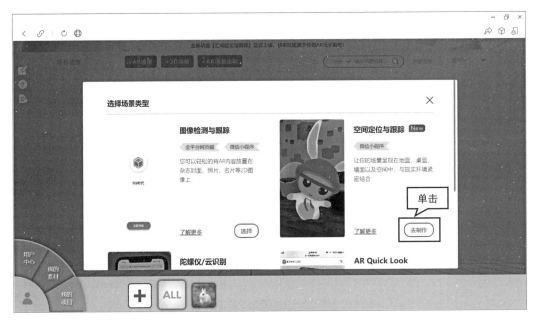

图 6-2-46 创建 AR 场景（2）

第四步：上传模型。 单击【选择文件】，选择第二步下载的模型，依次单击【打开】和【上传】，即可将 3D 模型上传到创建的场景中，如图 6-2-47 所示。

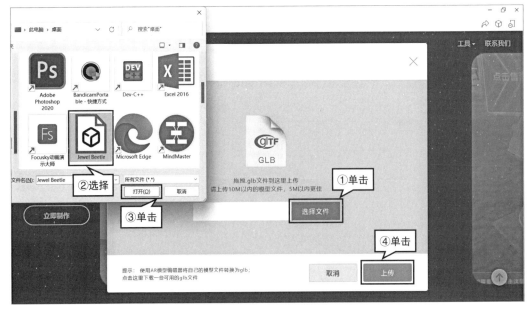

图 6-2-47 上传模型

第五步：设置场景信息。 提前下载有关模型的缩略图。输入页面标题"chong"，单击加号按钮 ➕，选择模型缩略图，单击【打开】，上传模型缩略图，如图 6-2-48 所示。

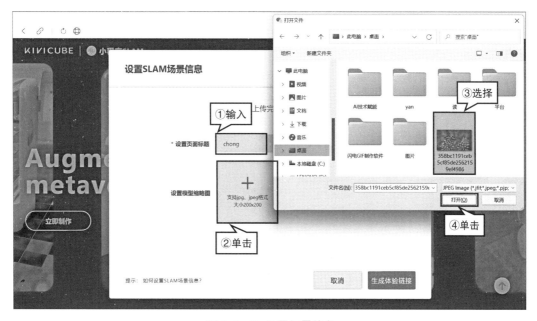

图 6-2-48 设置场景信息

（4）场景发布

单击【生成体验链接】，如图 6-2-49 所示。随后，在发布 SLAM 场景弹窗中单击【下载二维码】，将二维码插入相应课件中，如图 6-2-50 所示。学习者扫描二维码即可看到宝石甲虫的 AR 场景，如图 6-2-51 所示。

图 6-2-49 场景发布（1）

图 6-2-50 场景发布（2）

图 6-2-51 宝石甲虫效果图

第三节　AR 教学资源开发案例
——《细胞器 —— 系统内的分工合作》

　　《细胞器 —— 系统内的分工合作》选自"人教版"高一生物必修一第三章第二节。细胞与细胞器属于微观层次概念，仅通过文字描述、教材图像展示知识，学生难以理解这一知识点。高一学生虽在初中已经观察过叶绿体、线粒体和液泡的形态，但较难用已有知识在高中解决学习细胞器时所遇到的重难点问题，如高尔基体和内质网等细胞器的结构和功能、各种生物膜在结构和功能上的联系，以及细胞器功能和生物体相关生命现象之间的关系等。这些知识具有较高的难度和挑战性，因此教师通过形象化、立体化的资源如 3D 模型和 AR 技术来辅助教学，有助于增强学生的直观认识，调动学生学习的积极性，提高学生对各种细胞器形态和结构的认识。

一、需求分析

《细胞器 —— 系统内的分工合作》教学内容中所涉及的细胞器种类很多，形态结构功能各异，通过 AR 技术立体化展示细胞器有助于学生理解细胞器的结构形态及其功能。教师开发的 AR 学习资源应满足可视化、交互性、真实性的要求：一方面，能完整展现细胞器结构，真实可信，与教学内容相契合；另一方面，学生能 360 度手动调控三维细胞器模型的大小及位置，方便学生观察。

二、素材准备

在制作 AR 场景之前，需要事先准备被识别图片、3D 展示模型以及背景音乐等材料。

1. 获取被识别图片

从网上下载或利用手机拍摄均可，本节选用的被识别图片为教材例图，如图 6-3-1 所示。

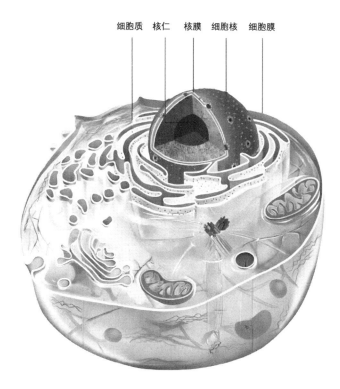

图 6-3-1 "细胞器"教材例图

2. 获取 3D 展示模型

获取 3D 模型操作过程

获取 3D 展示模型包含 4 个步骤，其技术路线如图 6-3-2 所示。

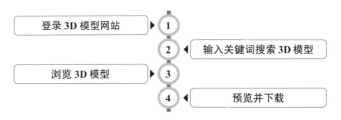

图 6-3-2 获取 3D 模型的技术路线

第一步：登录 3D 模型网站。在浏览器中输入网址 "https://www.sketchfab.com"，进入 Sketchfab 官网，注册或者登录账户，如图 6-3-3 所示。

图 6-3-3 登录 3D 模型网站

第二步：输入关键词搜索 3D 模型。单击搜索框，如图 6-3-4 所示。在搜索栏中输入 "animal cell"，如图 6-3-5 所示，之后敲击键盘上的【Enter】键。

第三步：浏览 3D 模型。单击【Downloadable】，浏览合适的 3D 模型，并单击预览，如图 6-3-6 所示。

图 6-3-4 搜索 3D 模型（1）

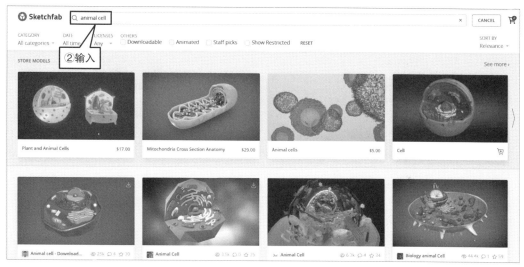

图 6-3-5 搜索 3D 模型（2）

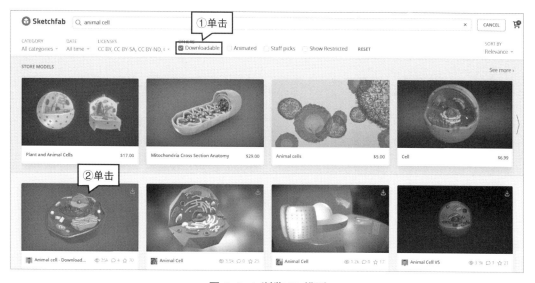

图 6-3-6 浏览 3D 模型

第四步：预览并下载。单击【Download 3D Model】，如图 6-3-7 所示。选择 gltf 格式，在其对应位置单击【DOWNLOAD】，如图 6-3-8 所示。下载的 3D 模型如图 6-3-9 所示。

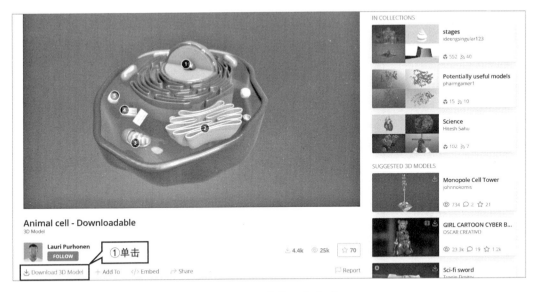

图 6-3-7 预览并下载（1）

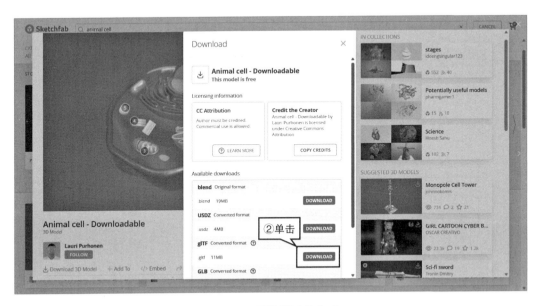

图 6-3-8 预览并下载（2）

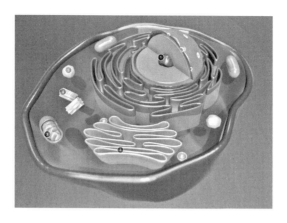

图 6-3-9 动物细胞 3D 模型

三、获取背景音乐

获取背景音乐操作过程

本节制作 AR 场景时，在"网易云音乐"软件中选择并下载较为轻缓的背景音乐，帮助营造轻松的学习氛围。获取背景音乐的技术路线如图 6-3-10 所示。

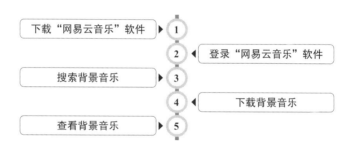

图 6-3-10 获取背景音乐的技术路线

第一步：下载"网易云音乐"软件。在百度浏览器中输入"网易云音乐"，依次单击【百度一下】【网易云音乐】和【下载电脑端】，如图 6-3-11 和图 6-3-12 所示。

图 6-3-11 下载"网易云音乐"（1）

图 6-3-12 下载 "网易云音乐" (2)

第二步: 登录 "网易云音乐" 软件。单击【未登录】按钮 🧑，注册并登录账号，如图 6-3-13 所示。

图 6-3-13 登录 "网易云音乐"

第三步: 搜索背景音乐。输入音乐 "Journey To the Top"，单击【Journey To the Top】，如图 6-3-14 所示。

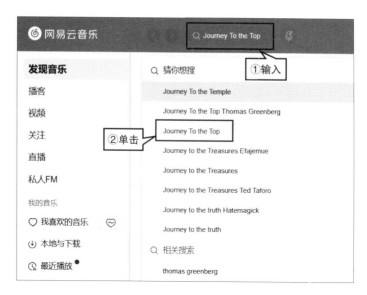

图 6-3-14 搜索背景音乐

第四步：下载背景音乐。依次单击下载按钮 ⬇ 和歌单【配乐】，如图 6-3-15 所示，即可将音乐下载到歌单。

图 6-3-15 下载背景音乐

第五步：查看背景音乐。单击【本地与下载】后，鼠标右击下载的音乐【Journey To the Top】，单击【打开文件所在目录】，如图 6-3-16 所示。接下来即可查看音乐文件所在位置，如图 6-3-17 所示。

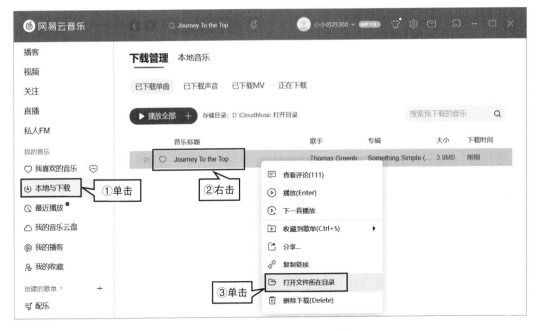

图 6-3-16 查看背景音乐（1）

图 6-3-17 查看背景音乐（2）

四、AR 场景制作

AR 场景制作操作过程

若想实现移动设备识别图片后呈现出 AR 的效果，需要用到 kivicube 工具的 WebAR 功能。该功能使 AR 体验摆脱专门的 APP，让使用者能在微信或者浏览器中体验 AR 场景。AR 场景制作的技术路线如图 6-3-18 所示。

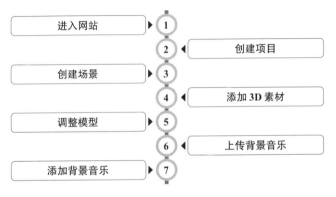

图 6-3-18 AR 场景制作的技术路线

第一步：**进入网站**。在浏览器中输入网址"https://cloud.kivicube.com"，进入 kivicube 官网。

第二步：**创建项目**。单击平台下方的【+】，建立新项目，如图 6-3-19 所示。接着输入名称与描述，上传项目 logo、项目类型并单击保存，如图 6-3-20 所示。

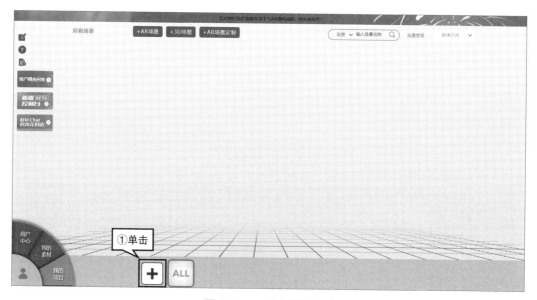

图 6-3-19 创建项目（1）

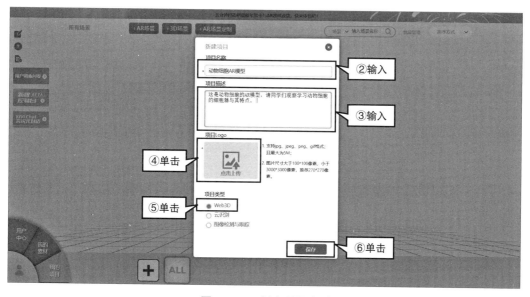

图 6-3-20 创建项目（2）

第三步：**创建场景**。在新项目中单击【+AR 场景】，如图 6-3-21 所示。单击选择【图像检测与跟踪】功能，如图 6-3-22 所示。接着输入场景名称，上传识别图片并单击【立即制作】，如图 6-3-23 所示。

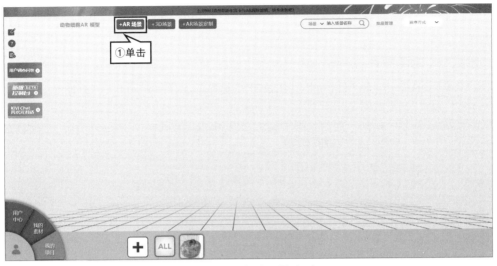

图 6-3-21 创建场景（1）

图 6-3-22 创建场景（2）

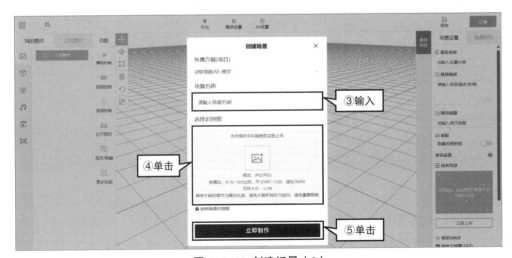

图 6-3-23 创建场景（3）

第四步：添加 3D 素材。依次选择【模型】按钮⊟和【我的素材】，单击【上传素材】和【本地上传】，把提前下载好的 3D 模型上传至平台，并单击【完成】，如图 6-3-24 所示。最后将新素材拖拽至画布，如图 6-3-25 所示。

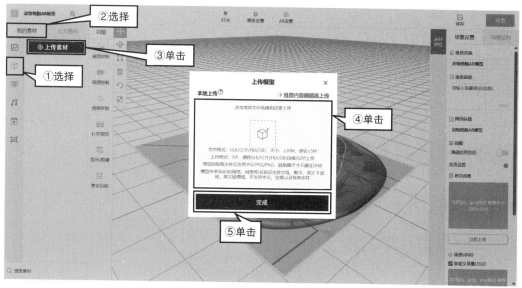

图 6-3-24 添加 3D 素材（1）

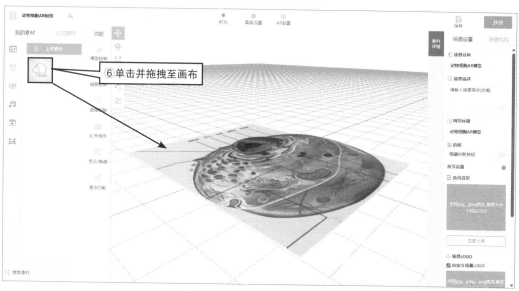

图 6-3-25 添加 3D 素材（2）

第五步：调整模型。依次单击平移按钮✛、旋转按钮↻、缩放按钮⛶，选择坐标轴并拖拽调整模型的位置、角度、大小，如图 6-3-26、6-3-27、6-3-28 所示。

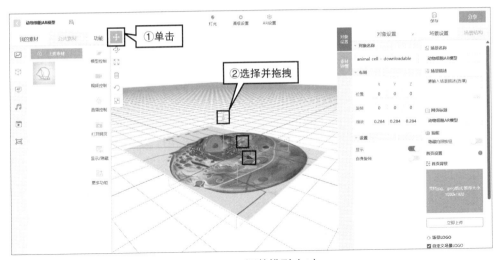

图 6-3-26 调整模型（1）

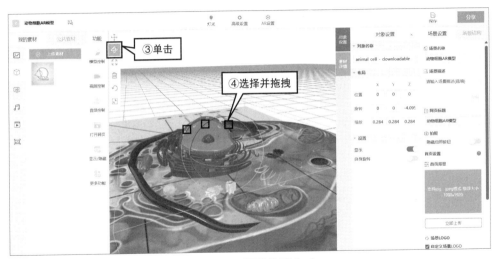

图 6-3-27 调整模型（2）

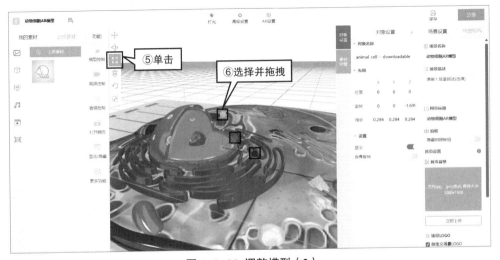

图 6-3-28 调整模型（3）

第六步：**上传背景音乐**。选择【音乐】中的【我的素材】，如图6-3-29所示；单击【上传音频】将准备好的音乐上传至平台，最后单击完成，分别如图6-3-30与6-3-31所示。

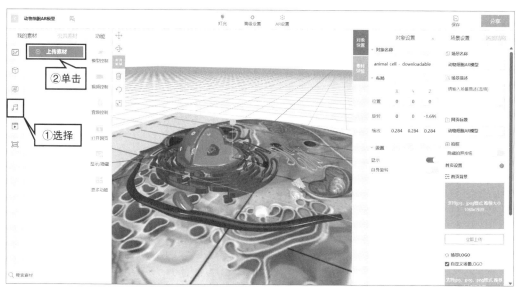

图 6-3-29　上传背景音乐（1）

图 6-3-30　上传背景音乐（2）

图 6-3-31 上传背景音乐（3）

第七步：添加背景音乐。首先选择【音乐】按钮 ♫，进入默认显示界面【我的素材】，将"Journey To the Top.mp3"拖拽至画布，如图 6-3-32 所示。随后，单击【音频控制】，依次选择功能设置和触发条件，如图 6-3-33 所示。最后，单击【完成】，如图 6-3-34 所示。

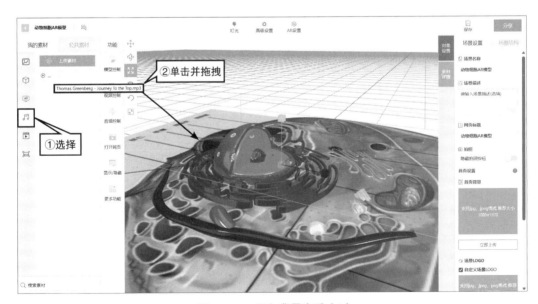

图 6-3-32 添加背景音乐（1）

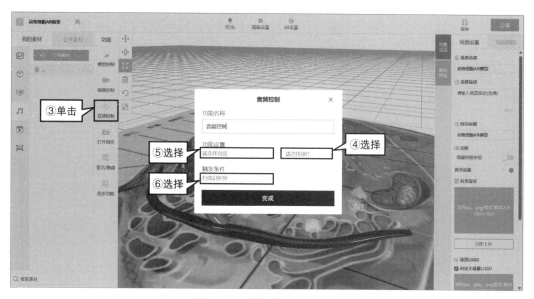

图 6-3-33 添加背景音乐（2）

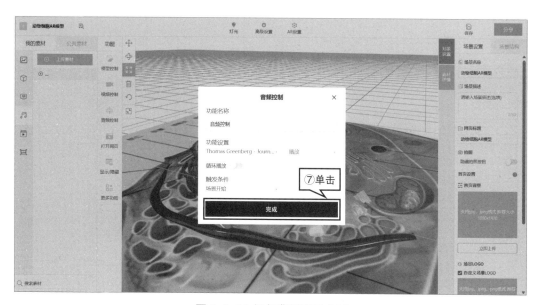

图 6-3-34 添加背景音乐（3）

五、场景发布

单击平台右上角【分享】按钮 [分享]，在弹出的窗口中输入作品描述，然后单击【保存】按钮，如图 6-3-35 所示。学生扫描二维码或者单击链接，利用浏览器识别教材例图，即可实现 AR 效果，效果如图 6-3-36 所示。

图 6-3-35 场景发布

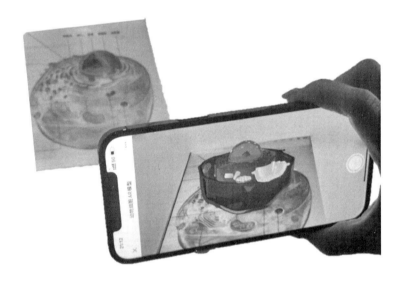

图 6-3-36 AR 资源效果展示

本章彩图
扫码可看

第七章　微教材

何谓微教材？

在信息技术飞速发展的今天，移动设备被广泛应用到教与学中，微学习已成为有效获取知识的途径之一，而传统教材冗长的学习内容难以满足学生微学习的需要。因此，将冗长的学习内容进行合理拆分并科学构建，进而生成微学习资源，制作成微教材，以满足学生微学习的需要，已成为新形态教材建设的趋势。

微教材是指以微知识点为核心，将精简、细致、系统、系列等特点融为一体的一种新型教材形式，能够满足微学习、微教学及微应用的需求。首先，微教材具备以学习者为中心，融合纸质阅读教材功能，支持可视化、移动式阅读的微学习功能；其次，微教材整合文本、图像、视频、动画和课件等资源，通过移动设备或智慧学习平台进行共享，以满足微教学的需要；同时还能将微资源与微应用对接，充分利用线上微应用平台优势，以满足学生线上学习或线上、线下混合式学习的需求，实现线上、线下微课程的有机衔接。

学习目标

1. 举例说明微教材在教育中的应用。
2. 列举微教材的主要构成要素。
3. 列举微教材的开发原则。
4. 熟悉微教材的开发流程，并能按流程制作简单的微教材。

知识图谱

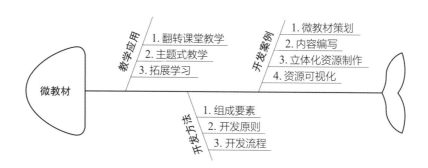

第一节　微教材的教学应用

一、微教材在翻转课堂教学中的应用

（一）案例描述

在四年级数学"观察物体"课堂中，教师采用翻转课堂教学模式。课前，教师将微教材《用数学的眼光观察物体》（所图 7-1-1 所示）发送至班级交流空间，要求学生自主学习，并完成教材中的习题。课中，教师对学生自主学习中存在的疑难点进行讨论和解答。

（二）应用分析

微教材《用数学的眼光观察物体》围绕核心知识"观察物体"进行编排。电子教材由《题西林壁》引入，通过"看一看""想一想"和"搭一搭"三个知识模块，讲解如何观察立体图形并画出三视图以及如何根据三视图还原立体图形；每个知识点均以特定故事情境下的人物对话方式呈现，图文并茂，便于学生理解。同时，在每个知识

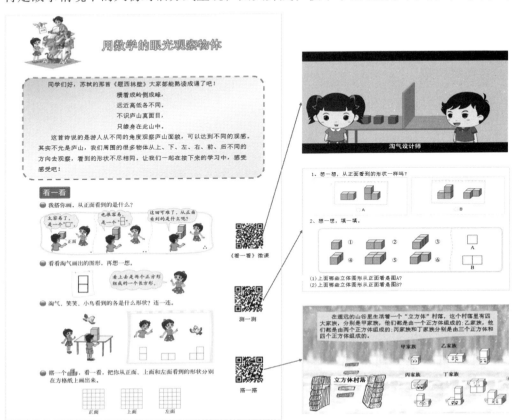

图 7-1-1　微教材《用数学的眼光观察物体》

点旁均附有二维码，学生自主学习该知识点时可以扫描二维码获取微课、微习题、微案例等立体化资源。学生通过观看微课，学习观察立体图形绘制三视图的方法等抽象的知识；通过交互性习题的练习，检测自主学习效果，并根据习题的即时反馈查漏补缺；通过实践案例，体验立体图形的组成过程，拓展空间想象力。

（三）效果点评

本节课中，教师课前向学生推送了微教材《用数学的眼光观察物体》，作为翻转课堂中课前自主学习的材料。该微教材以知识点为单位进行编排，图文并茂，故事性强，并提供了微课、交互性习题等立体化资源，可视化地呈现了"观察物体"这一抽象概念。微教材的使用为学生自主学习提供了有效的脚手架，帮助学生在观察物体的过程中发展空间想象和推理能力。同时，交互性习题的应用强化了学生、教师、教材三者之间的互动，学生完成习题后可获得即时的反馈和评价，这为学生个人学习路径规划和教师教学设计提供了依据。

二、微教材在主题式教学中的应用

（一）案例描述

某高校学生党支部开展"回顾百年党史"主题党日活动。在该主题学习过程中，党员们在支部书记的带领下，深入学习了微教材《回顾百年党史》中呈现的中国共产党发展历经的四个时期，即"中国共产党的酝酿与建立""新民主主义革命时期""改革开放和社会主义现代化建设时期"和"中国特色社会主义时期"。学习完微教材中的内容后，党员们分别谈体会和感受。

（二）应用分析

微教材《回顾百年党史》是一本利用 HTML5 制作的交互式电子书，以党的发展的四个重要历史时期为主线，构成完整的微学习知识体系。该教材通过丰富的文本、图像、音视频和动画等元素营造一个个历史场景，党员们徜徉书中，犹如走进真实的场景，在情景体验中感知党百年来遇到的一系列重要历史关口，面临的一系列重大选择、重大转折和重大斗争。同时，书中还嵌入了问答和测试，党员们在学习过程中可随时检测自己的知识掌握情况。

图 7-1-2 微教材《回顾百年党史》截图

（三）效果点评

日常的党史学习教育通常以纸质教材或文件作为学习材料，而该学生党支部制作的微教材拥有逼真的学习情景，能充分激发学习者的学习兴趣，满足不同学习者的学习需求，帮助学习者系统、全面、深刻地了解党的百年历程。同时，该教材以交互电子书的形式通过网络进行传输和分享，学习者能够随时随地运用微教材开展泛在学习，让党史学习成为我们常态化学习的一部分。

三、微教材在拓展学习中的应用

（一）案例描述

"人教版"七年级下册课文《黄河颂》选自大型交响乐《黄河大合唱》中的第二乐章，由光未然作词。该课文写于20世纪中国抗日战争的民族危亡时刻，写作背景的意义十分深厚，但是教材本身对于课文诞生背景的介绍较少。王老师针对课文的历史背景制作了微教材，其中包含微说明、微引入、微视频、微课以及微习题。课前，王老师把微教材分发给学生，让学生开展自主学习。课上，王老师根据学生完成微教材学习后所获得的知识基础，引导学生挖掘课文主旨，朗读并感悟课文的意境。

（二）应用分析

微教材《黄河颂》是基于课文创作背景这一知识点形成的微学习知识体系，其内容包括介绍作者及其创作缘由的文本，以及《黄河大合唱》视频、课文的历史背景资料文档和《黄河颂》微课等立体化资源，如图7-1-3所示。该教材能够让学生通过文本资料了解作者的生平简介和创作背景；通过视频感受《黄河大合唱》的韵律美感和雄浑气魄，体会冼星海和光未然的创作经历；通过微课学习《黄河颂》中的难点与重点；通过文本资料了解中国抗日战争时期英雄先辈们苦难而光辉的岁月。

图 7-1-3　微教材《黄河颂》

（三）效果点评

《黄河颂》这篇课文的教学对象为初中一年级学生，他们文学知识储备量相对有限，对一些需要结合社会历史文化背景才能理解的课文往往望而生畏。根据这一情况，王老师开发了针对特定知识点的微教材，引导学生在课前利用微教材了解课文的社会历史文化背景、拓展自身的文化知识储备，从而促使他们在课堂学习中能产生知识联结，能深度挖掘课文内在的文化意义和精神内涵，使学习变得有深度、有宽度。微教材的使用能有效帮助教师在 45 分钟的课堂时间内完成教学目标，恰当拓展特定知识点，因此大大优化了课堂教学的效率和效果。

第二节　微教材开发

一、微教材组成要素

（一）组成要素

微教材由系列知识点构成，每个知识点由微引入、微概念 / 微原理 / 微方法 / 微说明 / 微应用、微案例、微习题和微资源组成，如图 7-2-1 所示。

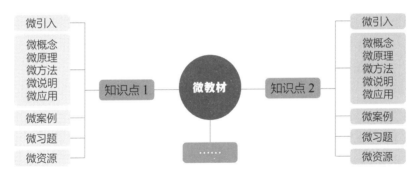

图 7-2-1 微教材组成要素

1. 微引入

顾名思义，微引入即微教材的导入环节。相较于传统纸质教材中的导入部分，微引入的形式更加丰富多元。微引入除了可以通过图片或文字回顾旧知识、创设情境外，还可以利用二维码、微应用平台等可视化手段呈现语音、视频甚至是虚拟场景，为学习者带来更丰富的学习体验与更强的临场感，达到引起学生注意、明确学习目标、建立新旧知识之间的联系、激发学习者的学习兴趣等作用。

📓 **案例：图片微引入**

微教材《滕王阁序》开篇由一张滕王阁的图片引入，如图 7-2-2 所示，营造时空对话的情境，带领学习者进入滕王阁，拉近学习者与作者之间的距离，激发学习者的学习兴趣。

图 7-2-2 图片微引入案例

📓 **案例：二维码视频微引入**

微教材《认识角》[①] 以二维码的方式呈现了动画故事"图形聚会"，视频中圆自

---

① 案例视频来自微信公众号"新世纪小学数学"2022 年 3 月 8 日的内容。

述："和长方形、正方形、三角形相比，我没有'尖尖直直的地方'"，如图7-2-3所示。由此引入微教材的核心知识"角"，帮助学生率先从外形上感知"角"。

图 7-2-3 二维码视频微引入案例

2. 微概念 / 微原理 / 微方法 / 微说明 / 微应用

微概念 / 微原理 / 微方法 / 微说明 / 微应用是微教材知识呈现的核心内容，微教材借助图片、动画、视频等多样化的内容呈现形式与交互手段，能够更生动、更直观地阐释与微知识点相关的经典概念和科学原理、解决问题的常用方法以及理论联系实际的典型应用。

📋 **案例：思维导图呈现微概念**

微教材《中国古代史》利用思维导图梳理了中国古代各个时期标志性事件的经过以及历史意义，如图7-2-4所示。

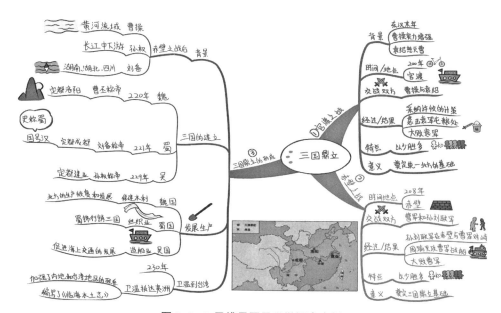

图 7-2-4 思维导图呈现微概念案例

📓 **案例：教学动图呈现微原理**

微教材《三角函数的图像与性质》利用教学动图动态展示了正弦函数 $A\sin(\omega x+\phi)+B$，仅变化 A 时函数图像的变化，如图 7-2-5 所示。

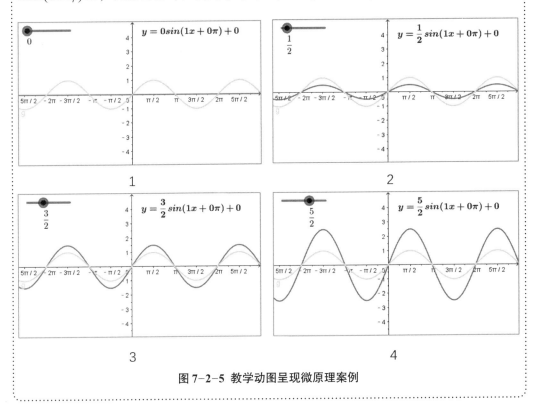

图 7-2-5 教学动图呈现微原理案例

3. 微案例

微案例通常以发现、分析、解决、讨论问题为线索，通过一个微故事或微场景来解决微概念／微原理／微方法／微说明／微应用中特定的问题。相比于大篇幅的理论讲授，微案例灵活度更高、针对性更强，适合于系统组织的碎片化学习，能够有效提高学习者学习知识的效率和效果。

📓 **案例：微故事呈现微案例**

微教材《改革开放知多少》选择《人民日报》改革开放 40 周年系列故事海报作为案例，启发学习者回顾改革开放简史以及改革开放的伟大历史意义，如图 7-2-6 所示。

案例学习

欣赏《人民日报》改革开放40周年系列故事海报，回顾改革开放40年来我国取得的伟大成就。

图 7-2-6　微故事呈现微案例

4. 微习题

习题是教材的重要组成部分，知识的巩固训练和复习都离不开一定的习题量。在传统纸质教材中，习题通常位于每一章的最后，由学习者自行检测学习效果，交互性较弱。微习题在信息技术的支持下，可利用交互式习题实现即测即评。学习者在完成习题后，能即时获取评价反馈以及习题讲解资源，查漏补缺，提高分析问题和解决问题的能力。除此之外，微教材还可以借助二维码或微应用平台为学习者提供拓展题库，甚至是针对错题推送个性化的学习资源，进一步加深对知识的理解。

案例：交互式微习题

微教材《高中解析几何一网打尽》总结概述了直线、圆、椭圆、抛物线、双曲线等解析几何常考知识点。为检测学习者知识的掌握情况，微教材在微应用平台上呈现了交互式习题，如图 7-2-7 所示。学生自主答题完成后，平台自动批改并提供错题解析。针对错误率较高的抛物线相关题型，微教材推送了 4 个抛物线专题微视频，供学生自主学习。

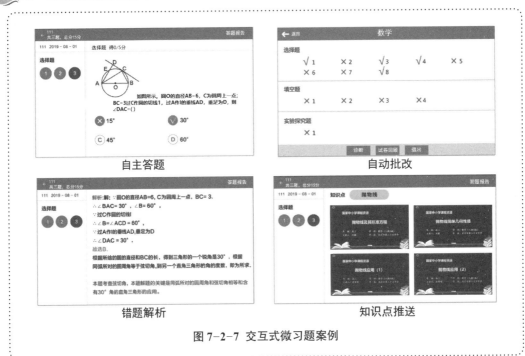

图 7-2-7 交互式微习题案例

5. 微资源

微资源即辅助微教材可视化、多元化、立体化呈现知识内容的各类数字化资源，包括微图片、微教案、微课件、微视频、微动画和微测试等。微资源的内容通常存储在云端，利用二维码或者微应用平台网址链接附在微教材上，内容丰富并具有系统性，形式上具有灵活性和共享性，学习者可以随时随地利用移动终端设备获取微资源进行学习。

📱 案例：立体化微资源

微教材《月是一首千年的诗》主要介绍了古代描写江苏省各地月色的诗句。该教材以 HTML5 的形式提供了集成式微资源，如图 7-2-8 所示，包含了文字、图片、音频、交互式习题等多种资源形式。

图 7-2-8 立体化微资源案例

（二）微教材形式

随着互联网和移动设备智能化的普及，微教材成为满足微学习需求的必然产物。与传统纸质教材相比，微教材的形式具有两大显著特点，如图7-2-9所示。

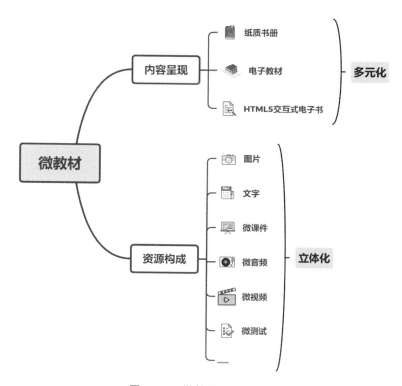

图 7-2-9 微教材形式的特点

1. 内容呈现形式多元化

微教材除了纸质书册的呈现方式外，还可以制作成电子教材或HTML5交互式电子书。纸质微教材能够满足学习者传统学习的需要，保留学习者固有的学习习惯；电子微教材有利于学习者的移动学习；HTML5交互式电子书便于教师、教材、学习者三者之间的交流，能提供即时交互。

2. 资源构成立体化

微教材的资源形式并不局限于图片和文字，它囊括了微课件、微音频、微视频、微测试等多种资源，如图7-2-10、7-2-11所示，能够更大程度地满足学习者自主学习、主题式学习以及拓展学习的需要。

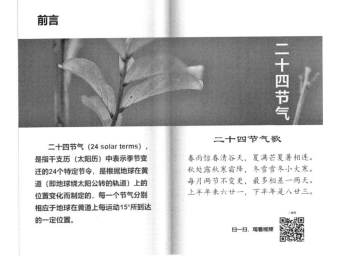

图 7-2-10 电子教材

图 7-2-11 HTML5 交互式电子书

二、微教材开发原则

（一）精简化原则

微教材"微"的特点要求微教材开发时能充分考虑学习者的认知容量与认知负荷，遵循精简化原则，主要体现在两个方面。一是内容编写的语言应该精简，聚焦于核心概念、原理、方法、应用、案例的阐释。教材中过于冗长、烦琐的描述，容易造成学习者的认知过载，因此那些难以通过语言描述的复杂知识或动态过程，可以利用信息技术制作成动画、视频等立体化资源，并转化成二维码附于纸质或电子教材微知识点中。二是各类资源的页面布局应该精简，适当留白，着重标识重点词汇，尽可能采用可读性强的图片、视频和动画等可视化资源，少用大幅文字，避免加入与学习需求无关的元素。

📒 **精简化原则案例**

传统教材中通常采用图文结合的形式来讲授"显微镜的使用"步骤，当涉及光圈的调节及粗准焦螺旋、细准焦螺旋的调节时，往往会利用大篇幅的文字来描述注意事项，而这容易超出学生的认知负荷。微教材《走近显微镜》介绍"练习显微镜的使用"时，如图 7-2-12 所示，仅简要陈列显微镜使用的要点，并通过二维码链接至生物虚拟实验室平台，学习者可以根据平台提供的详细分解步骤，逐步练习利用显微镜观察细胞的过程。

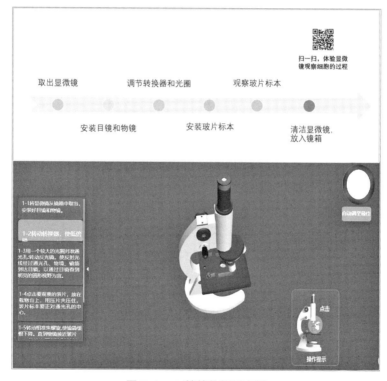

图 7-2-12 精简化原则案例

（二）系统化原则

碎片化学习突破了时空的限制，学习方式便捷，学习资源丰富。但也容易因为碎片化知识的"多、杂、碎"特征而导致学习者在学习过程中出现认知偏差或认知超载，造成知识割裂，阻碍学习者形成完整的知识体系。

为了消减微教材自身碎片化的缺陷，开发微教材时应遵循系统化原则。以微知识点为单位编排微教材内容时，应注重微知识点在课程中的逻辑连贯性以及知识脉络的完整性，各知识点之间呈平行或递进的关系，点与点之间互相衔接构成课程内容的统一整体。当教学内容所囊括的微知识点过多时，则应按照内容的关联度划分为多个模块，每个模块为一册，形成包含多册的系列化微教材。

系统化原则案例

微教材《生物体的层次结构》按照从简单到复杂的逻辑，划分出细胞、组织、器官、系统四个微知识点，如图 7-2-13 所示。细胞是生物体结构和功能的基本单位，经过分化形成组织；不同的组织构成器官；在大多数动物体和人体中，各个器官按照一定的顺序排列在一起构成系统。各微知识点之间层层递进，形成完整的生物体层次结构知识体系。

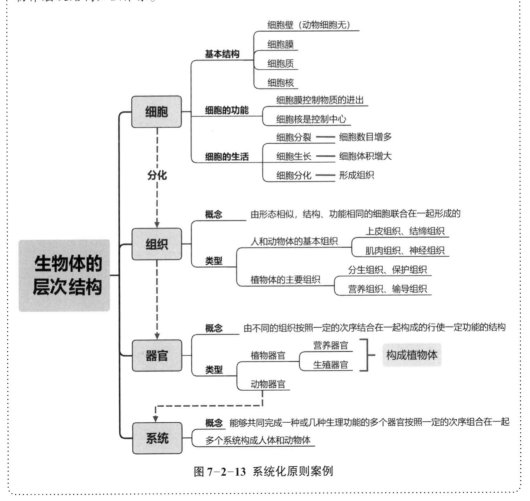

图 7-2-13 系统化原则案例

（三）立体化原则

微教材不仅是一种纸质或电子教材，还应包括微图片、微教案、微课件、微视频、微动画和微测试等立体化资源。它借助资源可视化手段，支持面对面传播、在线传播等立体化传播途径。

📄 立体化原则案例

微教材《英语句子结构》既提供了纸质书册，还在微应用平台上传了电子教材和微课件、英语音频、微课、微测试等立体化资源，如图 7-2-14 所示。学生在利用该微教材自主学习时，可以直接阅读纸质书册，并扫描二维码获取微资源；也可以直接利用手机、平板等移动设备在线学习。

图 7-2-14 立体化原则案例

（四）适度性原则

微教材开发过程中，划分微知识点时应遵循适度性原则。如果微知识点的划分"过于精细"，会让读者觉得烦琐；如果"过于粗略"，又不够完整。因此，微教材编写前应深入分析学习内容，将核心知识划分为模块化、彼此独立的微知识点。

📄 适度性原则案例

微教材《函数的概念》从数学应用的角度出发，划分了函数三要素、函数的表示方法、分段函数、反函数四个微知识点，如图 7-2-15 所示。旨在帮助学生通过函数的不同表示法加深对函数概念的认识，并通过分段函数、反函数的学习感受研究函数的基本内容、过程和方法，并在此基础上学会运用函数理解和处理问题的方法。倘若从函数概念本身的构成出发，划分成定义域、对应关系等微知识点，就太细碎了，不仅烦琐，而且不利于学生理解应用函数知识。

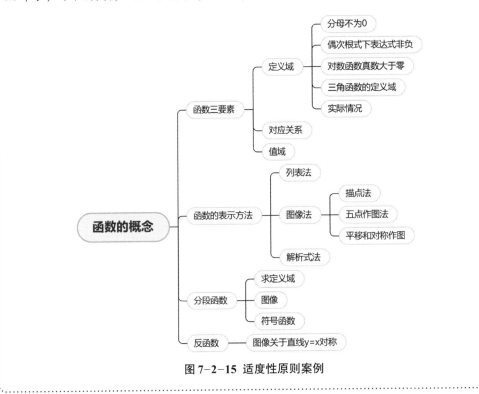

图 7-2-15 适度性原则案例

三、微教材开发流程

微教材的开发，需将原有章节化的教材内容进行有效的分割、重组，以微知识为单位进行编排，并制作丰富的微资源。整个开发过程包括微教材策划、内容编写、立体化资源制作、资源可视化四个步骤，如图 7-2-16 所示。

图 7-2-16 微教材开发流程图

（一）微教材策划

微教材作为一种系统化的微学习资源，在开发前需进行精心策划，以保证微教材内容统一全面、知识结构设计合理、微教材形式新颖且能满足教学需求。

1. 梳理原教材中的知识体系，遴选核心知识，划分微知识点。

2. 综合考量微知识点之间的逻辑性、系统性与整体性，确定微知识点的编排顺序，使其符合学习者的认知特点。

3. 根据各微知识点的特点，确定内容呈现形式与资源构成。例如：陈述性知识适合通过文字、图片、音频、视频等媒体形式呈现，教师可通过提供微课件、微视频给予学习者以充分的刺激，加深其对知识的理解。

4. 设计微教材的内容呈现风格与版面布局，并提供清晰的微知识点目录。

（二）内容编写

微教材的内容编写是微教材开发的核心，它整体反映了微教材的质量。编写微教材内容时，需突出微知识点的核心地位，考虑以下三个板块的内容。

1. 编写学习目标

在编写微教材内容时，应首先明确每个微知识点的学习目标，把握微教材学习的总方向。

2. 编写微教材正文

为每个微知识点编写微引入、微概念/微原理/微方法/微说明/微应用/微案例与微习题等文本内容。编写微引入时，应联系学习者的先验知识，深入挖掘引入素材。微概念（或微原理、微方、微说明、微应用）部分应深入浅出地阐述微知识点，不应因篇幅限制而缩减内容。编制微习题时，则应由易到难、突出重点，这样有利于学生全面掌握知识要点、重点和难点，起到复习、巩固、重温知识的作用。

3. 编写知识小结

总结微教材知识点内容、思想方法以及学习该知识过程中容易出现的问题的解决策略。

（三）立体化资源制作

立体化资源制作是系统工程，本阶段的主要任务是将内容编写模块所设计的文本内容转化为图文并茂的微教材，并开发配套的微资源包。制作不同类型的资源，所用工具也不尽相同，如表7-2-1所示。

表7-2-1 立体化资源制作工具

资源类型	制作工具
纸质或电子版教材	Word等办公软件。
HTML5交互式电子书	易企秀、MAKA等HTML5设计平台。
微图片	Xmind、MindMaster等思维导图制作软件；Visio等图形绘制软件；画图等图形图像编辑软件。

（续表）

资源类型	制作工具
微教案	Word、PowerPoint 等办公软件。
微课件	PowerPoint、希沃白板、101 教育 PPT 等课件制作软件。
微视频	Camtasia Studio、爱剪辑、绘声绘影等视频编辑软件。
微动画	万彩动画大师、Focusky 动画演示大师等软件。
微测试	问卷星等专业问卷调研平台。

（四）资源可视化

资源可视化是指利用可视化技术，并结合已开发的立体化资源的特点，方便人们获取、接受和理解微资源。目前，微教材的资源可视化主要通过二维码、交互电子书和微学习平台等方式实现。三种方式均可展示图片、文本、课件、音频、视频、链接等数字化资源。

微教材中二维码通常位于对应的知识点旁边，学生利用移动设备扫描二维码即可获取各类微资源。

交互式电子书是一种基于网络在电脑、平板电脑、智能手机上呈现的数字化书籍，注重学习者的交互体验。交互式电子书支持学习者对微教材内容进行单点或多点触控，并实现即时交互，如观看视频、在线答题、重点标记、链接跳转等。

微学习平台可以实现微教材和微课件、微视频等多种资源的整合，师生利用网络平台可以实现资源的共建、共享，从而实现资源的可视化。

第三节 微教材开发案例——《安全教育》

安全教育是学校教育的永恒话题，也是教师日常工作的重中之重，教师几乎每天都向学生强调"注意安全，注意交通安全，注意食品安全，注意网络安全……"，并经常组织安全教育主题班会，其主要目的在于通过日常的不断提醒，让学生重视安全。但这样的安全教育显然还不够。如何通过日常点滴的渗透，让学生充分了解安全，懂得防范安全事故，形成安全意识和自我保护意识，这才是安全教育的最根本目的。那么，系统全面、开放共享、便捷应用的安全教育类教材的建设就显得尤为重要。具有精简、系统、立体和细致特点的微教材正是当下信息时代日常学习所需要的教材新形态，学习安全教育微教材便是将安全教育落到实处的有效途径之一。

一、《安全教育》微教材策划

（一）内容构成

《安全教育》微教材根据校园学生安全健康方面发生的新情况、新问题，从交通安全教育、网络安全教育、消防安全教育和食品安全教育这四个方面进行系统设计。每一模块通过情景引出知识点；通过"概念、说明"等模块内容帮助学习者学习安全健康方面的普适性知识，强化安全健康意识；通过"方法"模块提升学生的安全技能水平，提高实际应用能力，形成良好的安全意识；通过"案例"模块贯穿"探究与实践—知识拓展—综合演练—综合评价"等环节，提升学生的安全素养；通过"习题"模块检测学生的学习效果。

（二）内容组织

教材内容强调贴近生活、贴近校园，案例要求内容新颖、体例活泼、文字浅显，融理论性与实用性、趣味性与教育性于一体。教材内容丰富，以知识点为单位，建有微课、交互式电子书、在线化测试题、微教材题库与案例库等资源。

（三）版面布局

该微教材面向小学生，小学生以具象化思维为主，生动、直观的内容更能吸引学生的注意力，激发学生的学习兴趣。因此，该教材采用图文混排的版面布局，力求文字简洁、图片形象。其中，针对难理解的概念，借助二维码链接视频、动画或课件等形式为学生提供相关的拓展资料。

（四）微教材形式

教材形式多样化，有纸质教材、电子书和电子交互教材。内容呈现立体化，有文本、图片、动画和音视频等。知识传播途径多样化，有面对面的传递，有通过二维码的链接，也有通过网络的分享。满足学生线上、线下学习和碎片化、自主性和个性化学习的需求。

二、《安全教育》微教材内容编写

整本微教材内容包含四个知识点，分别为交通安全、网络安全、食品安全、消防安全，每个知识点包括引言、概念、说明、方法、案例和测试六大块内容。

（一）知识点1——交通安全

1. 交通安全内容编写目的

交通安全模块旨在帮助学生通过学习了解生命的可贵，掌握交通安全知识，增强学生的安全意识，提高其自我保护能力；进而在日常生活中自觉遵守交通规则，乃至带动他人遵守交通规则，做到安全出行，珍视生命。

2. 交通安全知识点内容

（1）"引入"部分：以问题导入的方式，引出"交通安全"这一主题。

（2）"概念"部分：给出交通安全的定义，并举例说明什么是安全的交通行为，什么是不安全的交通行为。

（3）"说明"部分：强调交通安全的重要性。

（4）"方法"部分：通过具体实例，说明如何避免交通事故的发生。

（5）"案例"部分：以真实的交通事故案例，警示学生，交通安全不容掉以轻心。

（6）"测试"部分：通过判断题和选择题的形式检测学习效果。

交通安全

一、引言

同学们每天上学、放学都要走马路，都要经过"十字"路口和"三叉"路口，当你行进时是否留心和注意过往的车辆？是否知道交通规则呢？是否见过一些交通事故呢？下面一起来了解交通安全。

二、概念

交通安全是指在交通活动过程中，能将人身伤亡或财产损失控制在可接受水平的状态。交通安全意味着人或物遭受损失的可能性是可以接受的；若这种可能性超过了可接受的水平，即为不安全。道路交通系统作为动态的开放系统，其安全既受系统内部因素的制约，又受系统外部环境的干扰，并与人、车辆及道路环境等因素密切相关。

三、说明

1、交通安全是在一定危险条件下的状态，并非绝对没有交通事故的发生。

2、交通安全不是瞬间的结果，而是对交通系统在某一时期、某一阶段过程或状态的描述。

3、交通安全是相对的，绝对的交通安全是不存在的。

四、方法

（一）行走时要注意的交通安全

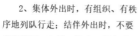
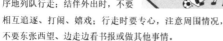

1、在道路上行走，要走人行道；没有人行道的道路，要靠路边走。

2、集体外出时，有组织、有秩序地列队行走；结伴外出时，不要相互追逐、打闹、嬉戏；行走时要专心，注意周围情况，不要东张西望、边走边看书报或做其他事情。

3、在没有交通民警指挥的路段，要学会避让机动车辆，不与机动车辆争道抢行。

4、在雾、雨、雪天，穿着色彩鲜艳的衣服，以便机动车司机尽早发现目标，提前采取安全措施。在一些城市中，小学生外出均头戴小黄帽，集体活动时还手持"让"字牌，也是为了使机动车及时发现、避让，这种做法应当提倡。

（二）横穿马路应特别注意

1、穿越马路，要听从交通民警的指挥；要遵守交通规则，做到"绿灯行，红灯停"。

2、穿越马路，要走人行横道线；在有过街天桥和过街地道的路段，应自觉走过街天桥和地下通道。

（三）坐车时的安全注意事项

1、坐公共汽车

排队上车，先下后上，做懂事的小孩；在车里，不要将头手伸出窗外，这样易被别的车刮伤；不要坐在开动的车厢座位上看书；没有座位时，要拉好身边的扶手；不得向车内外乱扔东西。

2、坐出租车

■ 冲到马路中去拦车很危险，在路边招手司机叔叔也能看见。

■ 下车时要从右边下车，注意后面的车辆和行人。

■ 下车前看坐椅上有没有东西，不要把东西忘在出租车上。

■ 如果下车要过马路，走到出租车后面比前面更安全。

3、坐父母开的车

■ 不要提问题和唱歌，以免父母分心影响开车。

■ 不要去开车门，在后排坐好。

■ 不要坐副驾驶位，不要扳动方向盘、排档杆，这样容易造成事故；不能在车厢里放带尖角的玩具，这样容易受伤。

（四）认识交通信号灯

1、绿灯亮时，准许车辆、行人通过。

2、黄灯亮时，准许越过停止线的车辆和进入人行道的行人通过。

3、红灯亮，不准车辆、行人通过。

4、当有箭头指示灯时，车辆按绿色箭头所指方向通行。

（五）小学生交通安全寄语

1、严格遵守交通法，平安和谐靠大家。

2、彼此多一分理解和谦让，路上便多一分宁静与和谐。

3、生命无返程，珍惜生命；安全出行，从我做起。

4、父母慈祥的笑脸，尽在你安全行路。

5、过马路左右看，不要在马路上跑和玩。

6、宁等一分，不抢一秒。

五、案例

（一）横冲直撞、猛跑过马路

广西都安瑶族自治县某安置点，几个男孩在公路边玩耍，其中一名男孩突然向公路对面跑去，被驶来的大货车撞飞身亡。

（二）往返、折返穿行道路

安徽铜陵枞阳县枞阳镇一条主干道上，三个孩子来回奔跑着横穿马路。短短3分钟，来回穿行了13次。最终，一名6岁男孩不幸被一辆避让不及的红色轿车撞倒。

（三）交通安全小故事

那天，吃完晚饭，我去商场买东西。在一个十字路口的时候，我发现有一辆面包车在不许左拐的状况下左拐。虽然警察没有发现，但是这已经违反了交通规则；而且还容易被直行、拐弯的车撞到，这样就会出现交通事故，尤其是在路口，会造成交通堵塞，十分危险。这次面包车侥幸没有出现事故，而下次再这样的话可能就出事故了。

我们回家的过程中由于路口很堵，所以有一辆车的司机为了不出车祸，连续两个绿灯都没有开车，直到另一条马路没有车，他才开始开车。

违反交通规则也是很危险的。所以，我们必须好好遵守交通规则，做一个守法的好市民。

六、测试

（一）判断题

1、我们既要养成遵守交通规则的习惯，也要劝导家人不要违规。（　）

2、凡在道路上通行的车辆、行人、乘车人以及在道路上进行与交通有关活动的人员，都必须遵守《中华人民共和国道路交通安全法》。（　）

3、走路时，要思想集中，注意来往行人，不能三五人勾肩搭背并行而影响他人行走。（　）

4、人行横道信号灯绿灯闪烁时，准许行人进入行横道。（　）

5、行人穿越马路要走斑马线，并且快步前进。（　）

（二）选择题

1、向左方向的绿色箭头灯亮时，表示（　）。

A、可以右转弯　B、可以左转弯　C、可以直行

2、搭乘汽车、地铁时应（　）。

A、排队等候　B、车内不嬉戏　C、头手不伸出车外

3、交岔路口前进方向是绿灯时（　）。

A、慢慢通过　B、停止，红灯时再通过　C、快速通过

4、我们骑车穿越斑马线时，要怎样做呢？（　）

A、慢慢骑过去　B、推车过去　C、随便

5、在没有交通民警指挥的路段，见到机动车辆应怎么做？（　）

A、避让机动车辆　B、与机动车辆争道抢行　C、随便走

（三）思考题

结合以上所学知识，思考问题：下图中，小朋友过马路的方式是否应该提倡？为什么？

（二）知识点 2——网络安全

1. 网络安全内容编写目的

网络安全模块旨在普及网络安全知识，帮助学生了解网络危害的类型，在享受网络所带来的便利的同时，提高网络安全意识，学会辨别信息、提高网络防护能力，自觉抵制网络不良信息，掌握必备的网络安全防护技能。

2. 网络安全知识点内容

（1）"引入"部分：以情境导入的方式，引出"网络安全"这一主题。

（2）"概念"部分：给出网络安全的定义，阐述为什么要关注网络安全。

（3）"方法"部分：通过顺口溜介绍网络安全防护技能。

（4）"案例"部分：以真实的网络诈骗案例来警示学生，网络诈骗无处不在，不容忽视。

（5）"习题"部分：通过选择题和思考题的形式检测学习效果。

网络安全

一、引言

网络已经与我们的学习、工作、生活密不可分，有着强烈好奇心和求知欲望的小学生也已经深受其影响。网络的使用是一把双刃剑，在给我们带来方便与快乐的同时，也带来很多潜在的威胁。希望同学们能够正常、全面地对待上网的利与弊，牢记并践行学生安全上网守则，做"网络安全小卫士"。

二、概念

网络安全是基于互联网的发展以及网络安全社会到来所面临的信息安全新挑战而提出的概念，其反映的问题是基于网络的，但核心是信息安全。

小学网络安全教育是指为了保护小学生的身心健康发展和权益不受侵害。在相关政策法规的指导下，联系学生

实际情况，根据不同年龄段学生的身心发育特点，通过制定相关的课程、培训、讲座等对学生进行教育，其目的是让学生在使用网络时提高安全意识，学会必备的网络安全防护技能。

三、方法

（一）网络使用安全

1、每次在计算机屏幕前学习或玩乐不要超过1小时。

2、眼睛不要离屏幕太近，坐姿要端正。

3、屏幕设置不要太亮或太暗。

4、适当到户外呼吸新鲜空气。

5、不要随意在网上购物。

（二）保护个人信息

1、不要说自己的真实姓名和地址、电话号码、学校名称、密友等信息。

2、不与网友会面。

3、不随便透露家庭住址、手机号。

4、对谈话低俗的网友，不要反驳或回答，以沉默的方式对待。

请你学会自我保护招数：

　　匿名交友网上多，切莫单独去赴约。

　　网上人品难区分，小心谨慎没有错。

（三）甄别虚假网络信息

1、尽量不要下载个人站点的程序，因为这个程序有可能感染了病毒。

2、不要运行不熟悉的文件，尤其是一些看似有趣的小游戏。

3、不要随便加陌生人，不要随便接受他们的聊天请求，避免遭受端口攻击。

4.不要随便打开陌生人的邮件附件，因为它可能是一段恶意代码。

（四）网络安全小技巧

1、陌生人发微信红包勿乱点

■ **现象：** 不法分子将手机病毒伪装成微信红包，诱导人们领取。收到陌生人发送的红包时不要乱点，因为这样很有可能带病毒。

■ **建议：** 如果点开红包，需要填写个人信息的，肯定是骗局，应当第一时间关闭手机网络，修改网银支付宝的密码，通过正规途径删除病毒。

2、人脸识别也危险

■ **现象：** 人脸识别技术曾被曝出安全隐患，仅凭两部手机，一张随机正面照一个换脸APP，就能通过控制一张3D脸模，骗过人脸识别系统。

■ **建议：** 这项技术成熟之前要慎重使用。

（五）网络防骗顺口溜

　　防范网络诸骗术，不贪便宜要记住。

　　畅游网络要谨慎，诈骗手段频翻新。

　　网上交友要警惕，让您汇款有猫腻。

　　装穷装病最常见，博您同情把您骗。

　　盗取 QQ 来搭讪，冒充好友巧借钱。

　　大骗往往骗好友，欲取还羞骗到手。

　　投资理财和股票，多是骗徒设圈套。

　　所谓内幕和信息，全是人家使诡计。

四、案例

一名家长晚上接到第三方支付平台客服人员打来的电话，提示她刚刚在一小时之内连续操作购买了近12万元的游戏点卡。原来，当天晚上，小学生小美（化名）拿着妈妈的手机刷短视频，看到有条短视频里提供了一位明星的私人QQ号。

小美正好是这位明星的粉丝，便迫不及待地添加了QQ。谁知道过了一会儿，对方自称是明星的代理律师。

在威逼和恐吓下，小美对这位所谓的"明星律师"言听计从，并按照对方的要求在网店里大量购买游戏点卡。小美不知道妈妈的支付密码，对方还教她更改密码。这些骗局也揭开了疫情下一些新的诈骗案例，儿童接受线上教育的时候，手机使用频率在增加，当自身辨别能力不足的时候，就容易遭受电信诈骗。

五、习题

（一）选择题

1、小学生在接触和使用网络的时候，应该在家长或老师的指导陪同下上网，每天上网不要超过多长时间？（ ）

A、3小时　　B、5小时　　C、8小时　　D、10小时

2、在上网时，我们可以将自己或家庭成员的信息（包括姓名、年龄、照片、家庭地址、学校、班级名称、E-Mail地址）轻易告诉他人吗？（ ）

A、不可以，需要时要征得家长或老师的同意

B、可以，不必向家长或老师征求意见

C、自己拿主意，不用征求家长或老师意见

D、可以将局部信息透露

3、如果我们上网时不小心进入了"儿童不宜"的网站，我们应该怎么做？（ ）

A、点击，翻开浏览

B、马上关闭，并及时向老师或家长汇报

C、不去浏览，不向家长或老师汇报

D、介绍给其他同学扫瞄该网站

4、如果我们上网时在E-Mail中扫瞄到不良信息或不良言论，应该怎么做？（ ）

A、如果涉及自己利益，仔细阅读信息并参与评论

B、介绍给其他同学扫瞄和阅读

C、阅读该信息并参与评论

D、马上删除、关闭并告知家长或老师

5、你认为有必要经常与教师、同学、父母沟通安全使用网络的知识吗？（ ）

A、有必要

B、完全没必要

C、不必积极沟通，问就说，不问就不说

D、只和同学交流沟通

6、你怎么看待网络游戏，应该怎么做？（ ）

A、游戏很好玩，多花时间在上面

B、在学习之余，尽情地玩，不顾及时间

C、将网络游戏作为精神寄予，沉迷其中

D、在父母或老师的指导下玩益智类游戏并注意时间不可过长

（二）思考题

请同学们观察下图，思考问题：图片中的小女孩遇到了什么问题？如果你是她的朋友，你会向她提出什么建议呢？

（三）知识点3——食品安全

1. 食品安全内容编写目的

食品安全模块旨在帮助学生通过学习来了解食品安全知识，关注食品安全，能在生活中辨别某种食品的安全性，学会购买安全食品，培养讲卫生的好习惯。

2. 食品安全知识点内容

（1）"引入"部分：通过讲述食品安全的重要性，引出"食品安全"这一主题。

（2）"概念"部分：阐释什么是食品安全。

（3）"说明"部分：结合图片，举例说明食品安全常识。

（4）"方法"部分：通过具体实例，分类解释确保食品安全的方法。

（5）"案例"部分：以真实的食品安全案例，阐释食品安全问题带来的危害，提醒学生多关注食品安全问题。

（6）"习题"部分：通过选择题和判断题的形式检测学习效果。

食品安全

一、引言

在人的生活中，衣食住行，缺一不可。特别是食品，它与我们每个人紧密相连，是我们每天生活的必需品。食品安全关系着我们的身体健康，所以我们更应该安全饮食，健康生活！

二、概念

食品安全指食品无毒、无害，符合应当有的营养要求，对人体健康不造成任何急性、亚急性或者慢性危害。根据倍诺食品安全定义，食品安全是"食物中有毒、有害物质对人体健康影响的公共卫生问题"。食品安全还涉及食物中毒、三无产品、过期产品等名词，都值得关注。

三、说明

常识一：白开水是最佳饮品

常识二：过量吃冷饮有损健康

常识三：彩色汽水会影响体格发育

常识四：膨化食品尽量少吃或不吃

四、方法

（一）食堂用餐安全规范

■ 排队前：遵守学校疫情防控相关制度，配合检查。注意手部卫生，可用洗手液在流水下洗手或用免洗手消毒液揉搓双手。

■ 取餐时：避免用手直接触碰频繁接触的物品表面。

■ 用餐时：摘下口罩时要注意保持口罩内侧的清洁，避免污染。同学之间避免面对面就坐，可以选择同向而坐，且相隔一米以上。尽量减少与同行人员的交流。

（二）把自己的手洗干净

排排队，挽挽袖，轻轻拧开水龙头；先湿手，打肥皂，手心相对搓一搓，掌心正对搓一搓；手指交叉搓手背，十指交错擦擦掌，扣实小手扭一扭；拇指为轴转转手，换手攥紧小拳头；手成小铲掌心划，轮流完成六步骤，洗得细菌无处躲；捧水三洗水龙头，龙头拧紧擦擦干手；好习惯，每天做，身体健康乐呵呵。

（三）用冰箱保存好食物

用盘子存储剩菜往往不能有效利用冰箱的空间，建议提前准备一些容积较小的方形、长方形的保鲜盒，把剩菜分类装进保鲜盒中，再整齐地排列在冰箱中。最容易变质的食物，如豆制品和海鲜应该放在冰箱下层深处，或者保鲜抽屉中，因为这里的温度最低。水分含量较低的炸鱼、炸丸子之类，可以放在略微靠外的部分，因为这里的温度相对高，特别是冰箱开门时温度不够稳定。剩的果汁之类可以放在冰箱门的部位，因为果汁比较酸，细菌不易繁殖。

五、案例

（一）校园周边小摊食品卫生造成安全问题

■ 2021年3月2日，宁海县一中学的29名学生陆续出现了呕吐、腹泻等食物中毒情况。后经调查，所有出现食物中毒现象的学生都吃了学校附近小店里出售的鸡肉卷，该食物对学生身体造成不良影响。

■ 2019年5月6日，毕节市七星关区某小学数名学生在路某某经营的早餐店内购买炒饭，进食后呕吐送医。案件发生后，毕节市七星关区人民检察院及时介入引导侦查，在涉案炒饭内检出金黄色葡萄球菌超出国家安全标准限量值。经毕节市疾病预防控制中心认定，本案系因进食含有金黄色葡萄球菌的腐败变质食品引发的食物中毒事故。

（二）食用过期食品造成安全问题

■ 2011年3月3日上午，宿州萧县一所小学发生学生集体中毒事件，数十名学生出现不同程度的肚痛、腹泻等症状。据了解，该小学是当地的一个封闭式小学，大部分学生都寄宿在学校，并且早餐均由学校供应。当天早上校方给学生发放了一批方便面，其中有部分为过期产品，导致了此次事故的发生。

■ 2021年1月5日，大冶市市场监督管理局执法人员对武汉某某餐饮管理公司大冶分公司经营场所进行检查，在其厨房操作台见"李锦记蒸鱼豉油"1瓶，已开封；同时在食品库房见有同批次的产品2瓶；另在库房还有"胖子炒龙虾佐料"4袋、"农家锅巴"5块。上述食品原料均已超过保质期，执法人员依法予以扣押。

六、习题

（一）选择题

1、在下列产品的标识上，哪种产品必须注明生产日期和安全使用期或失效日期（　　）

A、学习文具

B、五金制品

C、食品

D、日常生活用品

2、儿童不宜经常食用哪种食品（　　）

A、五谷杂粮

B、坚果类的零食

C、各种保健品

D、自然食物

3、下列防范食品污染采取的错误措施是（　　）

A、饮用洁净的水，把水烧开了再喝

B、吃饭前可以不洗手，饭后洗也可以

C、菜刀、菜板用前都应清洗干净

D、小红不食用未经清洗的苹果

4、生熟食品应该分开包装、存放，避免交叉感染。（　　）

A、对

B、错

5、外出野餐时，可以采摘并食用一些来源不明的食物、食材。（　　）

A、对

B、错

6、从无证小贩那里买来的食品，根本不需要担心食品的安全问题。（　　）

A、对

B、错

（四）知识点4——消防安全

1. 消防安全内容编写目的

消防安全模块旨在提高学生的消防安全意识，明确防火自救的重要性，帮助学生了解各类火灾成因，认识各种灭火设备，掌握消防安全常识及灭火、防火自救的方法。

2. 消防安全知识点内容

（1）"引入"部分：以图片导入的方式，引入"消防安全"这一主题。

（2）"概念"部分：阐释消防和消防安全的定义。

（3）"说明"部分：结合具体案例，阐释如何在日常生活中避免消防安全事故。

（4）"方法"部分：结合图示介绍不同类型的消防工具及其使用方法。

（5）"案例"部分：以真实的火灾事故案例，警示学生提高消防安全意识。

（6）"习题"部分：以选择题的形式检测学习效果、巩固知识。

消防安全

一、引言

相信大家对火都不陌生，火的出现带给我们光明和温暖，也让原始人类能够加工食物，这使他们更容易从食物中吸收营养，从而加速人类的进化历程。在如今的生活中，火也起着十分重要的作用，但用火不当可能会造成灾难。玩火，那就更加危险。

二、概念

消防是预防火灾和扑救火灾的简称，是人类在同火灾作斗争的过程中，逐步形成和发展起来的一项专司防火和灭火、具有社会安全保障性质的工作。"消防安全"即是指预防和解决(扑灭)火灾的安全措施。

三、说明

（一）起火怎么办？

- 电器着火：应马上拔下电源，使用干粉或二氧化碳灭火器扑救。若发现及时，也可拔下电源后迅速用湿地毯或棉被等覆盖电器，切勿向失火电器泼水。
- 煤气泄漏：一旦煤气泄漏，不要触动任何电器开关，更不能用打火机、手电筒等照明检查。应迅速关闭气源，打开窗门，让自然风吹散泄漏气体。如需报警，应到远离现场的地方打电话，避免发生爆炸。

（二）消防安全常识

- 自觉维护公共消防安全，发现火灾时应大声喊叫提醒周边人员，迅速在安全场所拨打119电话报警，消防队救火不收费。

- 发现火灾隐患和消防安全违法行为可拨打96119或12345电话，向消防救援机构或市长热线举报。
- 不埋压、圈占、损坏、挪用、遮挡未经允许使用的消防设施和器材。
- 不携带易燃易爆危险品进入公共场所、乘坐公共交通工具。
- 不在严禁烟火的场所动用明火和吸烟。
- 电瓶车勿停放在楼梯间等公共场所，不把电瓶车带到家中存放或充电。
- 进入公共场所注意观察安全出口和疏散通道，记住疏散方向。
- 遇到火灾时沉着、冷静，分析烟火蔓延情况，按照"躲火避烟"理念进行火灾避难求生，不贪恋财物、不盲目跳楼。
- 必须穿过浓烟逃生时，尽量保护头部（特别是呼吸道）和身体，捂住口鼻，弯腰低姿前行。

四、方法

（一）火警电话及其报警方法

当发现火灾时，要立即拨打119火警电话报警。报警时要沉着冷静，向接警中心准确说清着火地址、着火物质、火势大小、有无被困人员、有无爆炸以及有无有毒气体泄漏等。同时留下报警人的电话姓名以便联系，打完电话后立即到路口等待，以引导消防员及时到达火灾现场。最后要注意，谎报火警是严重扰乱社会治安的违法行为，禁止谎报、漏报、不报。

（二）灭火用具的使用方法

1、室内消火栓的使用办法

- 打开消火栓箱，按下内部火警按钮。
- 取出消防水带，向火源点延伸展开。
- 接上水枪。
- 连接水源。
- 手握水枪头及水管，打开水阀门，即可灭火。

2、灭火器的使用办法

灭火器示意图	灭火器种类	适用范围
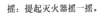	干粉灭火器	适用于扑救石油、石油产品、油漆、有机溶剂和电器设备火灾。能抑制燃烧的连锁反应而灭火，不能扑救轻金属燃烧的火灾。
	泡沫灭火器	最适宜扑救如汽油、柴油等液体火灾，不能扑救水溶性可燃、易燃液体的火灾（如：醇、酯、醚、酮等物质）和带电火灾。
	二氧化碳灭火器	适用于扑救600伏以下的带电电器、贵重物品、设备、图书资料、仪表仪器等场所的初起火灾，以及一般可燃液体的火灾。

摇：提起灭火器摇一摇。
拉：拉出灭火器的保险销。
握：握住喷管对准火焰根部。
压：保持适当距离，按压手柄。

五、案例

（一）森林失火

- 2020年3月，四川木里县一名11岁男孩在自己家后山，用打火机点燃树木来熏松鼠，不幸失火，造成森林大火，火场过火面积约270公顷，相当于250个足球场的大小，大火耗费整整一个星期才完全扑灭，损害多类珍贵植物和国家保护动物，造成不可估量的生态损坏。

- 2019年2月2日，犯罪嫌疑人王某某在淳化县十里塬镇仙家河村祭祀上坟，在祭祀过程中烧纸钱。由于当日天冷风大，坟地周围杂草开始蔓延着火，后引起森林火灾。经勘查鉴定，总过火面积40.17公顷，造成经济损失241499元。王某某被淳化县人民法院以失火罪判处有期徒刑1年，宣告缓刑二年，并承担防护林补植种费用30591元。

（二）居民生活失火

2022年1月19日14时45分，辽宁大连甘井子区千山心城小区77号楼居民住宅发生火灾，起火原因系住宅内长明酥油灯引燃灯架装饰物，扑救不当进而引燃沙发、衣物及泡沫地垫等可燃物。起火部位紧邻入户门，火势迅速蔓延，瞬间产生大量浓烟，封住了入户门。4人脱险，2名老人行动不便未能逃生，2人逃生不当坠亡，十分令人痛惜。

（三）校园生活失火

2015年12月18日上午，清华大学化学系何添楼231室，共3个房间起火，着火面积80平米。造成一名实验人员死亡。火灾发生后，楼内师生已及时组织撤离，周围人员也已疏散。发生爆炸的是一间实验室，内部存放有化学品。不幸身亡的博士后名叫孟祥见，年仅32岁，家属在事发后第三天得知，爆炸的是一个氢气钢瓶，爆炸点距离操作台两三米处，钢瓶底部爆炸。钢瓶原长度大概一米，爆炸后只剩上半部大概40公分。据了解，钢瓶厚度为一公分，可见当时爆炸威力巨大。

六、习题

1、我国目前通用的火警电话是（　）。

A、911

B、119

C、110

D、120

2、我国消防日是（　）。

A、1月19日

B、1月20日

C、9月30日

D、11月9日

3、学生不得玩火，平时不得随身携带（　）。

A、书本

B、水杯

C、火柴、打火机等

4、妈妈做饭时，油锅突然起火了，应当（　）。

A、接盆水浇上去

B、把油锅扔出去

C、迅速关闭燃气阀门，盖上锅盖

三、《安全教育》立体化资源制作

（一）交通安全资源制作

1. 海报制作

为让学习者直观感知交通安全这一微知识点，意识到交通安全的重要性，教师开发微教材时，制作了海报，如图7-3-1所示。海报由图像工具（如美图秀秀、Photoshop软件等）制作而成，通过主题词"交通安全"，文字"请勿闯红灯"和"安全文明出行、细节关乎生命"告诫学习者应文明出行。海报中间通过红绿灯、动画人物、公交车等元素，模拟红绿灯过马路时的场景，增强学习者阅读微教材时的真实感。

图7-3-1　交通安全海报

2. 课件制作

课件采用 PowerPoint 制作而成，通过对知识的梳理，有逻辑地呈现交通安全知识点，是对微概念、微方法等内容的条理化处理和再加工。该课件从乘车须知、爱护交通设施、马路行走规则、外出活动注意事项四个方面组织知识，如图 7-3-2 所示，图文结合，从而美化课件画面，促进学生系统了解交通安全知识。

图 7-3-2 交通安全课件

3. 电子书制作

纸质版微教材携带不方便时，可借助电子书来随时随地学习。本节的 HTML 电子书通过易企秀软件制作而成，如图 7-3-3 所示。制作时，先准备好教学内容及图标、卡通人物等素材，按照需要和设计将文字、图片等元素插入、排版，即可制作完成。学习者利用电子书可以随时进行交互式学习，增强学习的效果。

图 7-3-3 交通安全电子书

4. 微课制作

微课作为一种学习资源，是传达知识点的载体，能以生动、直观的形式促使学习者学习知识。因此，在微教材的交通安全知识点中，通过 MG 动画，分场景制作了《交通安全》微课，如图 7-3-4 所示，该动画分为行路安全、骑行安全两大部分，通过车和动画人物营造场景，通过文字和解说传递交通安全的教学内容，有助于学习者理解交通安全知识，并实现知识迁移。

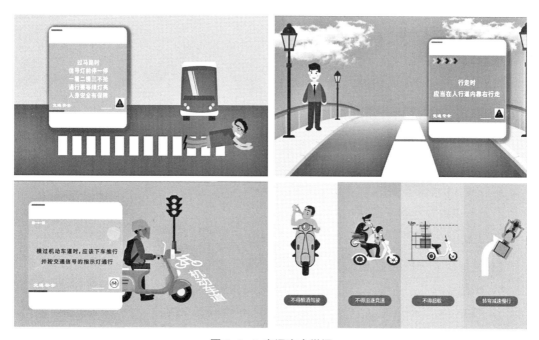

图 7-3-4 交通安全微课

5. 测试题制作

学习者学习微教材过程中，需要对学习者的学习效果进行检测，从而发现学习者学习的薄弱点，再进行有针对性的辅导。本节通过问卷星平台，制作了有关交通安全知识的测试题，如图 7-3-5 所示，在线测试题支持在线答题、即时反馈答题数据。制作在线测试题，首先根据交通安全的微概念、微方法编制测试题；随后，在问卷星平台一键导入测试题；最后，编辑细节并调整外观。测试题既有助于学习者巩固知识，也有助于教师检测学习者的学习效果。

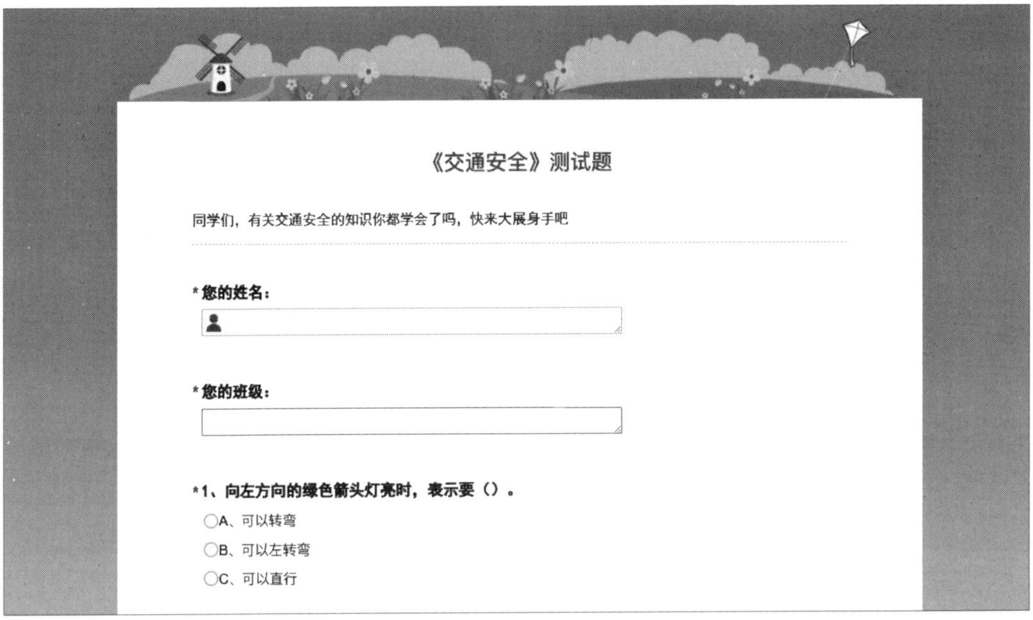

《交通安全》测试题

同学们，有关交通安全的知识你都学会了吗，快来大展身手吧

* 您的姓名：

* 您的班级：

*1、向左方向的绿色箭头灯亮时，表示要（ ）。
○A、可以转弯
○B、可以左转弯
○C、可以直行

图 7-3-5 交通安全在线测试题

（二）网络安全资源制作

1.海报制作

本节制作有关网络安全的海报，旨在引起学习者对网络安全问题的重视，以达到宣传作用。海报采用图像工具（如美图秀秀、Photoshop 软件等）制作而成，如图 7-3-6 所示，以"网络安全"为主题词，文字"谨防网络诈骗、细节关乎生命""请勿给陌生人转钱"切实表达出注重网络安全、谨防网络诈骗的教育主题，具有很好的启示和警醒作用。

图 7-3-6 网络安全海报

2. 课件制作

课件是对纸质版教材重点的凝练和突出，学习者利用课件学习，有利于把握重点。课件采用 PowerPoint 制作而成，如图 7-3-7 所示，从网络安全问题着手，主要呈现网络安全所包括的内容、网络安全小技巧及安全上网的建议，课件有条理化地将网络安全教育的重点表现出来，既丰富了微教材资源的形式，也有助于学习者理解重点知识、减少学习者的认知负荷。

图 7-3-7 网络安全课件

3. 微课制作

短小精悍的微课资源，辅以虚拟情境，将网络安全的要点 —— 电信诈骗、校园网贷、网络沉迷清晰地呈现出来，有助于学习者在短时间内主动获取知识。该微课利用 MG 动画制作而成，通过动画人物、形象化的图片构造虚拟情境，如图 7-3-8 所示，将学习者置身网络安全的情境中，更有利于学习者联系生活实际，理解抽象的网络安全知识。

图 7-3-8 网络安全微课

4. 电子书制作

将纸质版微教材电子化，是将纸质教材变"薄"的过程，学习者不仅可以随时阅览电子书，还可以在电子书中看到比纸质教材更丰富的元素。在网络安全教育知识点教学中，教师根据纸质版微教材的内容，利用易企秀软件制作了HTML5页面的电子书，如图 7-3-9 所示，以丰富的资源形式，促进了学习者对知识的理解。

图 7-3-9 网络安全电子书

5. 习题制作

网络安全知识点后面附以相关知识的习题，有助于学习者及时巩固知识。该在线习题通过问卷星平台制作而成，在 Word 文档中编制习题后，可在问卷星平台直接上传文档，一键生成如图 7-3-10 所示的在线习题。在线习题可传播范围广，且支持随时填写、即时反馈和可视化统计。

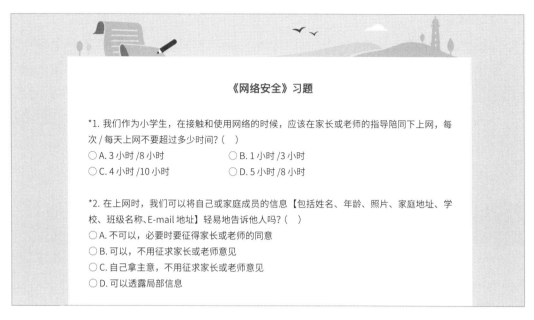

图 7-3-10 网络安全习题

（三）食品安全资源制作

1. 海报制作

小学生年纪较小，自制力差，见到美食会不知节制地进食。如果不加以提醒和纠正，长此以往容易形成暴饮暴食的不良习惯，这会给人的健康带来很多危害。因此针对食品安全这一主题，制作海报来强调暴饮暴食这个相对常见的食品安全问题，如图7-3-11 所示，有助于学生形成良好的食品安全习惯。海报以一名小学生正在疯狂吃零食，并且肚子已经鼓胀起来为关注点，宣传合理进食的食品安全观。

图 7-3-11 食品安全海报

2. 微课制作

微课的主题是食物中毒，首先向学生解释食物中毒的概念，接着介绍食物中毒的原因，并在过程中穿插一些重要的常识，比如什么是霉变，为什么会发霉，容易导致食物中毒的食物有哪些，等等，最后微课讲解食物中毒发生后自我救治的方式，如图 7-3-12 所示。微课逻辑性强且具有极佳的针对性，可以清晰简短地讲解食物中毒的相关微知识点。微课在视频中创造了一位科学家的形象，利用这一角色来讲解食物安全知识能够提高微课内容的可信度，也会带给学生一种权威感和认可感，从而能间接提高微课的教学效果。

图 7-3-12 食品安全微课

3. 电子书制作

微教材中的电子书包含校园食品安全常识、家庭存储安全须知、食物中毒后的措施等食品安全内容。电子书以五谷杂粮作为背景，提供具备生活气息的学习环境，如图 7-3-13 所示，同时搭配轻快的背景音乐来调节学生情绪，激发学生的学习兴趣。

4. 课件制作

课件包含的微知识点共分为三部分，分别是"常见含有隐患的食品介绍""垃圾食品对人体的危害"和"中小学食品安全应注意的问题"。课件首先介绍了诸如油炸类、汽水类、腌制类食品的潜在危害和不正确食用方法，接着重点介绍不正确的食用习惯可能造成的后果和损害，最后告诫学生在日常生活中应该遵循哪些食品安全常识，如图 7-3-14 所示。该课件精心挑选了符合该年龄段学生的常见示例，采用可爱活泼的画风来塑造教学课件的风格，贴近学生习惯和认知特点。

图 7-3-13 食品安全电子书

图 7-3-14 食品安全课件

5. 习题制作

在《食品安全》测试题中，教师围绕必要的食品安全常识、常见的错误食用习惯等食品安全知识设置习题，并利用"问卷星"的"考试功能"进行测验，如图7-3-15所示。

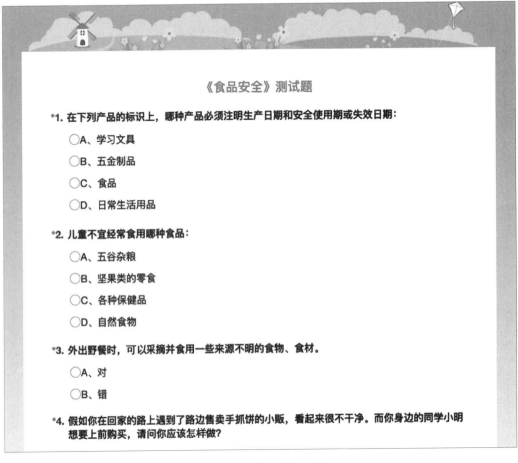

图7-3-15 食品安全习题

（四）消防安全资源制作

1. 海报制作

橙色在日常生活中常作为警戒色出现，消防员制服、救生衣、安全锤等安全用品的颜色大多以橙色为基调。宣传消防安全知识的海报也选择了以橙色为底色，如图7-3-16所示，强调消防安全的重要性，要求学生给予足够的重视。据相关资料显示，人们在火灾中丧生大部分不是因为被火灼烧至死，而是发生了吸入浓烟、踩踏以及被困电梯等其他不当的逃生行为。因此该海报向学生展示了发生火灾时逃跑所应该遵循的规则重点之一——不乘坐电梯。

图 7-3-16 消防安全海报

2. 微课制作

在消防安全主题微课的制作中，微课选择了一些用图片或文字均无法解释清楚的知识内容，如图 7-3-17 所示。首先，微课利用动画引入，向学生展示火场的一般场景。接着列举了学生最常接触的火灾隐患，并创造了"消防员"这一角色，让他来指正这些行为，介绍日常中其他潜在的火灾隐患，讲解如何正确利用灭火器等消防知识。最后，微课引用了社会新闻以及统计资料，用事实告诫学生杜绝火灾、重视消防安全、学好消防知识。

图 7-3-17 消防安全微课

3. 电子书制作

电子书呈现了逃生知识、灭火器的使用方法、常见火灾隐患等消防安全知识内容。每一处知识内容搭配了合适的背景以及演示图例，如图 7-3-18 所示，学生滑动页面即可翻阅这些知识。电子书也选取了节奏紧凑的背景音乐来吸引学生的注意，给学生营造一种严肃的氛围，让学生重视火灾，重视消防安全教育。

图 7-3-18 消防安全电子书

4. 课件制作

教师利用 PowerPoint 制作教学课件，由浅入深地讲解消防安全知识。用"火"引入之后，教学课件的教学内容依次是"认识火灾的危害""了解火灾的原因""预防火灾的意识""生活中的自我防护""灭火器的使用方法""火灾中如何逃生""课堂小结"，如图 7-3-19 所示。教学内容层层递进，这样按照上下位关系呈现知识能够帮助学生更有效地建构系统知识体系。同时课件中添加了大量的漫画示意图，直观生动地帮助学生认识常见的火灾隐患、灭火方法、逃生注意事项等安全知识。

5. 习题制作

教师围绕火灾隐患、灭火方法等消防安全知识点设计《消防安全》测试题，并利用"问卷星"的"试卷功能"来进行测验，如图 7-3-20 所示。

图 7-3-19 消防安全课件

《消防安全》测试题

* 我国目前通用的火警电话是( )。

○A、911

○B、119

○C、110

○D、120

* 假如这一天你刚出门,突然看到邻居赵大爷把自己积攒的一大堆破旧纸箱随意扔在楼栋的安全通道里,此时你会怎么做?

* 消防车和消火栓的颜色是( )。

○A、白色

○B、黄色

○C、红色

○D、蓝色

* 妈妈做饭时,油锅突然起火了,她应当( )。

图 7-3-20 消防安全测试题

（五）微教材题库制作

微教材中设置了题库供学生拓展。题库中包含了《安全教育》全部的知识点，如图 7-3-21 所示，学生在完成基础学习之后，如果想要探索更多关于安全教育的知识，或者想要巩固所学内容，可以在题库中自由练习，满足自己的个性化需求。

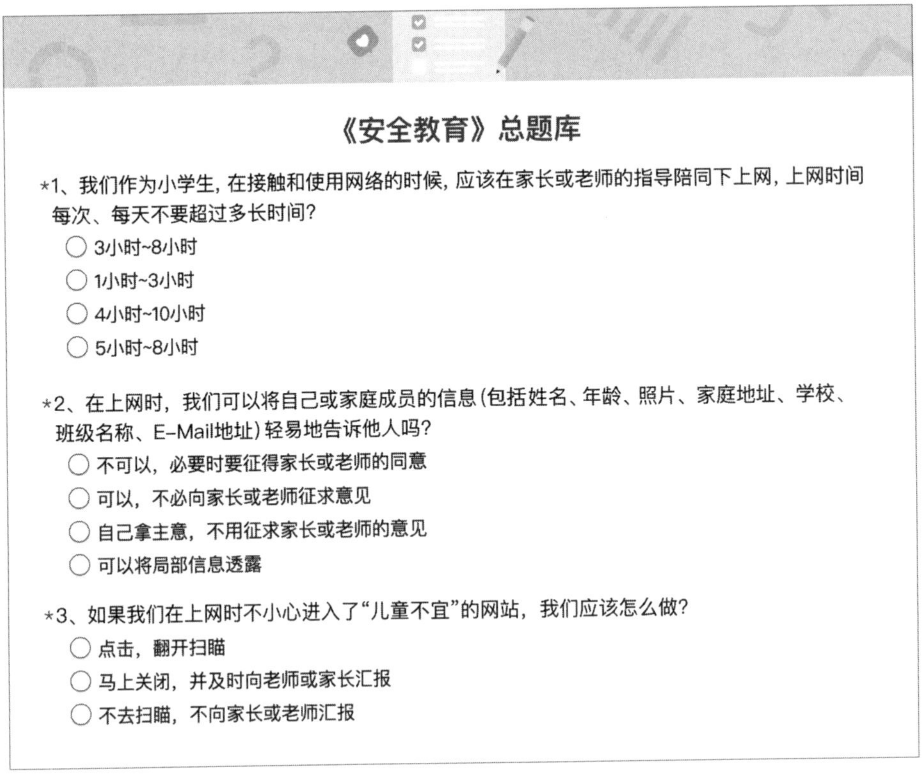

《安全教育》总题库

*1、我们作为小学生，在接触和使用网络的时候，应该在家长或老师的指导陪同下上网，上网时间每次、每天不要超过多长时间？
○ 3小时~8小时
○ 1小时~3小时
○ 4小时~10小时
○ 5小时~8小时

*2、在上网时，我们可以将自己或家庭成员的信息（包括姓名、年龄、照片、家庭地址、学校、班级名称、E-Mail地址）轻易地告诉他人吗？
○ 不可以，必要时要征得家长或老师的同意
○ 可以，不必向家长或老师征求意见
○ 自己拿主意，不用征求家长或老师的意见
○ 可以将局部信息透露

*3、如果我们在上网时不小心进入了"儿童不宜"的网站，我们应该怎么做？
○ 点击，翻开扫瞄
○ 马上关闭，并及时向老师或家长汇报
○ 不去扫瞄，不向家长或老师汇报

图 7-3-21 《安全教育》题库

（六）微教材案例库制作

教师在微教材中利用 HTML5 技术制作了安全教育案例库。学生只需轻轻滑动页面便可以轻松浏览大量的安全事故案例。案例库中包括了交通安全案例、网络安全案例、食品安全案例以及消防安全案例，每个 HTML5 页面中配有文字和图片，向学生呈现了清晰完整的案例，如图 7-3-22 所示。学生如果学有余力或者对安全教育感兴趣，可以尽情利用案例库自主学习，总结经验，拓宽学习的深度和宽度。

图 7-3-22 《安全教育》案例库

四、《安全教育》微教材资源可视化

目前资源可视化主要通过二维码、交互电子书、微学习平台等方式实现。二维码、交互电子书及微学习平台可涵盖图片、文本、音频、视频、链接等相关数字化资源，下面分别具体阐释《安全教育》的三种资源可视化方式的应用及效果。

（一）二维码实现资源可视化

教师将二维码放在微教材的相应知识点位置上，学生可以利用移动设备扫描二维码，从而获取丰富的数字化学习资源。如纸质微教材中交通安全知识点包括了引言、概念、说明、方法、案例、测试题等内容，本节针对该知识点制作了立体化的数字化资源供学习者学习，其中包括海报、课件、电子书、微课及在线测试题等资源，如图7-3-23 所示。

图 7-3-23 《安全教育》二维码资源

（二）交互电子书实现资源可视化

将《安全教育》纸质版微教材与课件、微课、习题、案例等数字化资源相融合制作成交互式电子书，如图7-3-24所示。学生不仅能利用交互电子书学习教材内容，还能直接学习丰富的数字化资源，并进行答题等交互。

图7-3-24 《安全教育》交互电子书

（三）微学习平台实现资源可视化

教师将《安全教育》微教材中交通安全、网络安全、食品安全、消防安全知识点的数字化资源，如海报、电子书、课件、微课、习题/测试题等，上传至微学习平台，如图7-3-25所示。学生利用移动学习设备或电脑等设备登录微学习平台，即可在平台中自主学习。

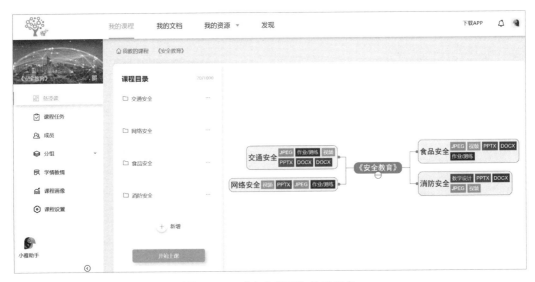

图7-3-25 《安全教育》学习平台

本章彩图
扫码可看

第八章　智慧教学工具

何谓智慧教学工具?

　　随着智能终端和大数据分析技术的广泛应用,"让每个学习者都拥有自己的学习方式和主权"在今天得以实现,这就是全新的学习方式——智慧学习。在智慧学习环境下,学习有了智能化的工具,各种智能学习终端通过对学习者听、说、读、写全方位学习场景的支持,来服务学习者的全过程学习,包括个性化学习路径规划、全息化学习画像、精准化资源推送、开放性学习社区营造、智能化学习评价和便捷化实践应用。

学习目标

1. 说出三个国家智慧教育公共服务平台并描述其主要功能。
2. 举例说明通用型智慧教学工具的功能与使用方法。
3. 举例说明各学科智慧教学工具的功能与使用方法。

 知识图谱

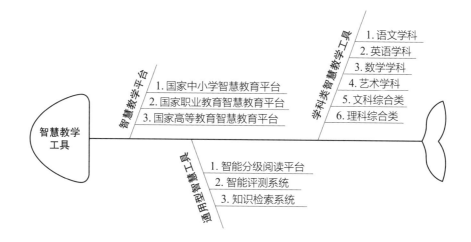

第一节　智慧学习平台

国家智慧教育公共服务平台是由教育部指导，教育部教育技术与资源发展中心（中央电化教育馆）主办的智慧教育平台。它聚合了国家中小学智慧教育平台、国家职业教育智慧教育平台、国家高等教育智慧教育平台、国家24365大学习者就业服务平台等平台，可提供丰富的课程资源和教育服务。本节将对国家中小学智慧教育平台、国家职业教育智慧教育平台及国家高等教育智慧教育平台进行介绍。

一、国家中小学智慧教育平台

（一）平台建设背景

按照《中共中央 国务院关于深化教育教学改革全面提高义务教育质量的意见》有关精神，2020年教育部紧急开发建设了"国家中小学网络云平台"，主要提供专题教育和课程教学两大类优质资源，为支持疫情期间"停课不停学"、学习者自主学习和教师改进课堂教学发挥了重要作用。

为进一步满足服务"双减"工作的需要，"国家中小学网络云平台"改版升级为"国家中小学智慧教育平台"。改版后的平台进一步丰富了原有的专题教育和课程教学资源，并新增了课后服务、教师研修、家庭教育、教改实践经验等四类资源。

（二）走进平台

在浏览器网址栏中输入网址"https://www.zxx.edu.cn"，即可进入国家中小学智慧教育平台。国家中小学智慧教育平台首页如图8-1-1所示。

图 8-1-1 国家中小学智慧教育平台首页

国家中小学智慧教育平台共包含专题教育、课程教学、课后服务、教师研修、家庭教育以及教改实践经验六大板块，各板块包含的具体资源情况如图 8-1-2 所示。

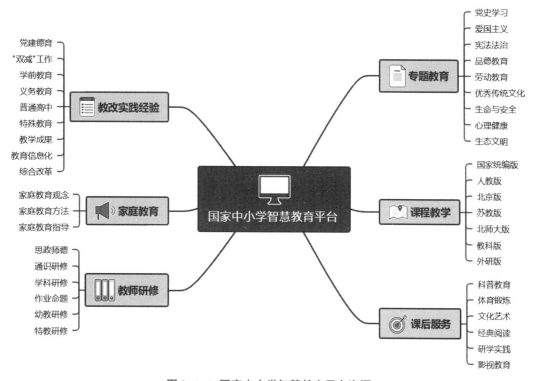

图 8-1-2　国家中小学智慧教育平台资源

二、国家职业教育智慧教育平台

（一）平台建设背景

加快职业教育数字化步伐是提升职业教育治理体系和治理能力现代化的关键举措，是推动职业教育高质量发展的必由之路，也是促进人的全面发展和社会进步的必然选择。数字化转型升级，有助于职业教育加大数据分析应用的力度、深度和效度，实现个性化、精准化资源信息的智能推荐和服务，为管理人员和决策者提供及时、全面、精准的数据支持，逐步形成"数治职教"治理新模式，解决好管理部门多、工作链条长、信息衰减快的问题。通过数字化评价技术和手段，教师能够实现学习者学习行为全数据采集分析，真实地测评学习者的认知结构、能力倾向和个性特征等，构建以学习者核心素养为导向的教育测量与评价体系，实现实时采集、及时反馈、适时干预，促进学习者的全面发展。为革新传统治理模式、革新传统评价模式、革新传统学校模式，教育部开发建设了国家职业教育智慧教育平台。[1]

① 教育部职业教育与成人教育司.国家职业教育智慧教育平台有关情况 [EB/OL].(2022-03-29) [2023-12-12].http://www.moe.gov.cn/fbh/live/2022/54324/sfcl/202203/t20220329_611594.html.

（二）走进平台

在浏览器网址栏中输入网址"https://vocational.smartedu.cn"，即可进入国家职业教育智慧教育平台。国家职业教育智慧教育平台首页如图 8-1-3 所示。

图 8-1-3 国家职业教育智慧教育平台首页

国家职业教育智慧教育平台目前上线了专业与课程服务中心，包括专业资源库、在线精品课及视频公开课三个模块，如图 8-1-4 所示。其中，专业资源库模块以专业为单位，为各类学习者和教师提供了完整系统的专业课程资源和学习包；在线精品课模块覆盖了所有行业门类，汇集了职业教育领域优质 MOOC 课程，供教师教、学习者学；视频公开课模块以职业教育国家级获奖项目的课程资源为基础，为职业院校提供了可选用、可观摩的课程。

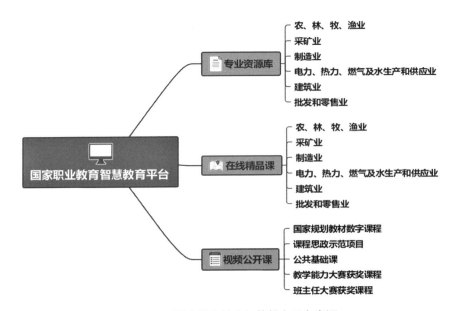

图 8-1-4 国家职业教育智慧教育平台资源

三、国家高等教育智慧教育平台

（一）平台建设背景

当前我国高等教育已经进入普及化阶段，高质量发展成为时代主题，高校师生及社会学习者对优质在线教育资源、高品质在线教育服务、规范化在线教学管理的需求日益强烈。在此背景下，教育部实施"高等教育数字化战略行动"，打造并推出"国家高等教育智慧教育"平台，旨在解决各类学习者在使用中遇到的资源分散、数据不通、管理不规范等问题，实现全国高等教育在线资源的便捷获取、高效运用、智能服务，为高等教育数字化改革和高质量发展提供有力支撑。[①]

（二）走进平台

在浏览器网址栏中输入网址"https://higher.smartedu.cn"，即可进入国家高等教育智慧教育平台。国家高等教育智慧教育平台首页如图 8-1-5 所示。

图 8-1-5 国家高等教育智慧教育平台首页

国家高等教育智慧教育平台首批上线的两万门课程是从 1800 所高校建设的五万门课程中精选的优质课程，课程覆盖了 13 个学科 92 个专业类，如图 8-1-6 所示。同时，平台链接了"爱课程"和"学堂在线"两个在线教学国际平台，向世界提供九百余门多语种课程，与 11 个国家的 13 所著名大学开展国际学分互认，实现了全球融合式课程的建设。

[①] 教育部高等教育司.国家高等教育智慧教育平台建设与应用有关工作情况 [EB/OL].(2022-03-29) [2023-12-12]. http://www.moe.gov.cn/fbh/live/2022/54324/sfcl/202203/t20220329_611591.html.

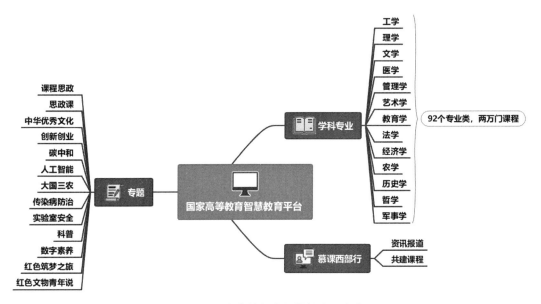

图 8-1-6 国家高等教育智慧教育平台资源

第二节 通用型智慧工具

一、智能分级阅读平台

（一）智能分级阅读平台介绍

分级阅读是一种根据学习者的智力和心理发育程度，为其制定科学合理的阅读计划、提供有针对性图书阅读的阅读方式。这种由易到难、循序渐进，逐级选择最合适读物的阅读方式，能够有效激发学习者的阅读兴趣，使其逐步提升知识理解能力、心智和情商等。智能技术支持下的智能分级阅读平台以其个性化、自适应和智能化的特点解决了学习者"读什么""怎么读"以及"读后怎么评价"的问题。常见的智能分级阅读平台如表 8-2-1 所示。

表 8-2-1 智能分级阅读平台介绍

平台	功能
考拉阅读	■ 阅读能力测评：利用 ER Framework 从整体感知、获取信息、形成解释、做出评价和实际运用五个维度测评学习者的阅读能力； ■ 智能阅读推荐：根据阅读能力，智能匹配阅读书目； ■ 书后检测习题：阅读完成后进行书后测试，并实时记录测试结果； ■ 同伴互动：支持笔记上传，从而实现同学之间互相收藏。

（续表）

平台	功能
柠檬悦读	■阅读能力测评：定期对阅读能力值进行测评，检测学习者的阅读能力和提升状况，量化孩子的阅读能力； ■智能分级匹配：通过定期测评，提供科学的分级阅读规划，精准推荐能有效提升能力的书籍； ■内置词典：内置汉语字典、英汉汉英大词典、歇后语词典、名言警句词典、同义反义词大词典，帮助学习者学习和掌握生词难句； ■在线互动交流：读前导读帮助学习者快速梳理故事结构、背景等有效信息，加深理解；读中通过"注释""评论""趣味测试"等功能邀请老师或同学一起讨论章节；读后发表"评论""读后观点"，也可通过测试了解其对"已阅"书籍的掌握情况。
掌阅课外书	■分级阅读：依据北师大中文分级标准，测试阅读能力，按小学、初中、高中等学段维度、不同的年龄维度、兴趣维度推荐书籍，循序渐进地引导学习者阅读； ■阅读报告：记录每日阅读时长，培养良好的阅读习惯； ■阅读分享：支持将喜欢的书籍进行分享展示。
有道乐读	■海量图书阅读：提供绘本、故事、童话、有声书等多种图书阅读，满足听书、看书、双语阅读等多种需求，并提供互动式的学习闯关，检测学习者的阅读效果。 ■个性化阅读：根据学习者的年龄、兴趣及阅读记录，智能匹配图书。

（二）考拉阅读

1. 软件介绍

考拉阅读是一款面向一至九年级学习者的智能中文分级阅读APP，拥有阅读能力测评、智能阅读推荐、书后检测习题等特色功能。该软件页面如图8-2-1所示。

图 8-2-1 考拉阅读软件下载

考拉阅读 APP 首页如图 8-2-2 所示，包括"任务栏""功能区""有声书推荐""电子书推荐"等板块。

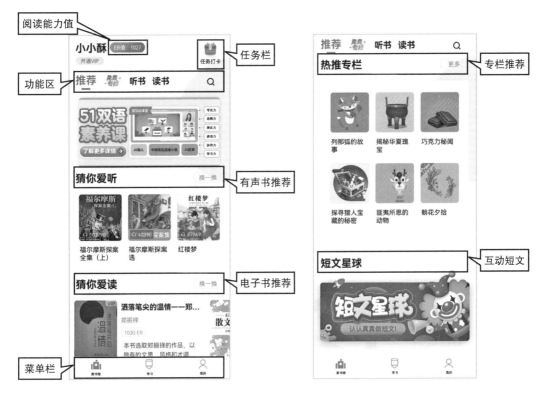

图 8-2-2 考拉阅读软件首页

2. 主要功能介绍

（1）ER 阅读能力测评

ER 阅读能力测评系统将学习者的阅读能力分成五个维度——整体感知、获取信息、形成解释、做出评价和实际运用。考拉阅读通过 ER 分值来衡量学习者的阅读能力，分值范围在 200ER～1300ER 之间，并生成 ER 阅读能力测评报告。学习者通过测试后，系统就会根据其 ER 值推荐匹配的图书，既保证其阅读能力稳步提高，又不会打击其阅读兴趣。具体操作步骤如下。

第一步： 测评 ER 阅读能力。切换至【我的】菜单，点击【我要测评】按钮，测试 ER 阅读能力。

第二步： 查看测评报告。完成测试后，考拉阅读将自动生成 ER 阅读能力测评报告，点击【阅读能力进阶方案】按钮，可查看进阶方案。

以上两个操作步骤如图 8-2-3 所示。

图 8-2-3　ER 阅读能力测评

（2）分级阅读

完成 ER 阅读能力测评后，系统将参考学习者的阅读兴趣，为学习者在最适合阅读的 ER 值范围内推荐图书。例如，某读者的 ER 值为 800ER，那么 ER 值在 700ER～900ER 之间的图书最适合该读者阅读。此外，学习者还可以在听书和读书栏目中自主选择"小菜一碟""难度适中""具有挑战"三个难度等级的图书。系统提供了"童话故事""国学经典""历史文化""文学名著""科幻冒险"等类型的图书。具体操作步骤如下：

切换至【图书馆】菜单，学习者可以在【推荐】选项卡下的"猜你爱听""猜你爱读""推荐书单"等栏目获取系统的每日推荐图书。也可以在【免费专栏】【听书】【读书】选项卡下自主选择图书，如图 8-2-4 所示。

（3）每日阅读任务

考拉阅读以"每日任务"的形式，向学习者推荐阅读能力进阶方案，包括"耳熟能详""博览群书""沙场点兵""短文星球"四大任务。其中，耳熟能详为听书任务，博览群书要求学习者阅读推荐书籍，沙场点兵为词语连连看游戏，短文星球为文本阅读闯关。

点击图 8-2-2 所示的软件首页【任务打卡】按钮。进入任务页面后，点击【做任务】按钮，即可直接跳转至任务页面，完成阅读习题或游戏，具体操作步骤如图 8-2-5 所示。

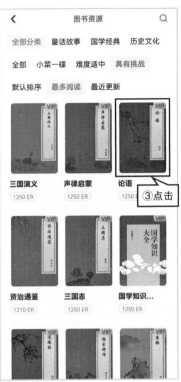

图 8-2-4 分级阅读

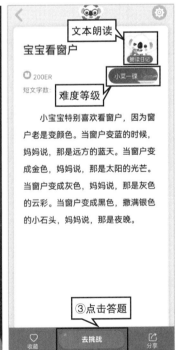

图 8-2-5 每日任务

二、智能评测系统

（一）智能评测系统介绍

传统的纸笔测验可反映学习者的学习成就，但难以记录学习者的学习全过程数据并精准调节学习者的学习过程，难以评测学习者的高层次认知能力。以大数据、云计算、人工智能技术等为支撑的智能测评系统能有效解决这一困境。智能评测系统致力于实现学习轨迹系统记录、学情智能诊断及可视化呈现、个性化知识推荐等目标。常见的智能评测系统如表8-2-2所示。

表 8-2-2 智能评测系统介绍

平台	功能
智能化在线学习考试平台	■AI+考试：利用AI评测技术，实现对篇章类主观问答题的智能评分； ■AI+学习：智能知识定位，帮助学习者快速定位测验题目所对应的课件知识点，提高学习效率；通过采集过程化学练数据，并对行为数据进行分析建模，构建知识图谱，搭建学习地图，智能推送学习资源。
鲸准智能学习平台	■智能批改：听力、阅读客观题全自动批改，客观题自动批改，实时获取报告；雅思口语真人模考、智能评测；作文AI智能批改； ■个性化学习：根据学习者实际答题结果标注试题难度，依据学习者画像自动推荐合适的试题。
批改网	■自动批改：自动识别作文中词汇、搭配、语法等常见错误； ■即时反馈：对用户提交的作文进行实时批改，即时给出分数及分析反馈； ■按句点评：指出作文每一句中存在的拼写、语法、词汇、搭配错误，并一一给出修改建议。

（二）批改网

1. 平台介绍

批改网是一个作文智能评测在线服务平台，支持自动批改、即时反馈、按句点评、抄袭检测等特色功能。学习者在浏览器网址栏中输入网址"http://www.pigai.org"，即可进入批改网首页，如图8-2-6所示。

2. 主要功能介绍

（1）查看作文要求

学习者可以在批改网中查看教师布置的作文任务与具体要求，操作步骤如下：

在菜单栏中选择【我的作文】选项，输入教师发布的作文号，单击【查找作文】按钮，如图8-2-7所示，即可查看教师布置的作文任务。

图 8-2-6 批改网首页

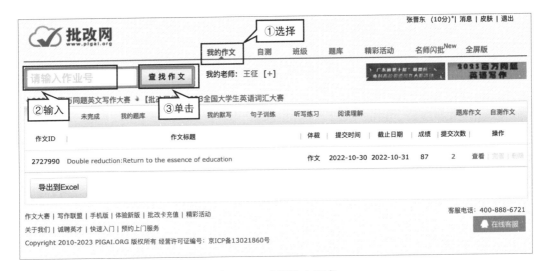

图 8-2-7 查看作文要求

（2）在线写作

学习者首先阅读写作要求，然后构思作文，在答题区域输入作文内容，并单击【提交作文】按钮提交作文，如图 8-2-8 所示。

（3）自动批阅

作文提交后，系统将自动批阅学习者提交的作文并生成反馈报告。学习者可查看作文评分、作文整体点评、按句点评结果，选择继续完善作文，如图 8-2-9 所示。

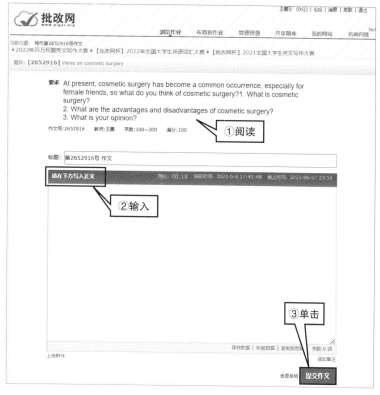

图 8-2-8 写作并提交作文

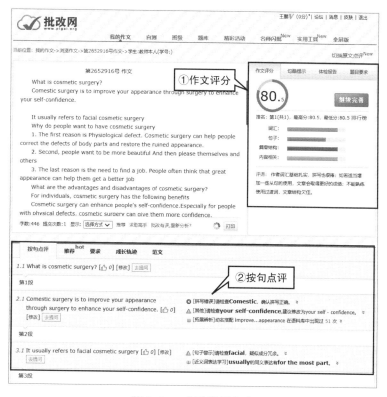

图 8-2-9 自动批阅作文

三、知识检索系统

（一）知识检索系统介绍

知识检索由情报检索、信息检索和文献检索演化而来，指通过对检索对象进行语义层次上的标引，提高查全率和查准率，是按照一定的方式和技术，并根据学习者的需求，从知识资源或知识库中找出相关知识的过程。知识检索系统为人们提供了多种检索方式，例如文字检索、语言检索、图像检索等，常用的知识检索系统如表8-2-3所示。

表8-2-3 知识检索系统介绍

平台	功能
百度识图	■ 相同图像搜索； ■ 全网人脸搜索：自动检测用户上传图片中出现的人脸，并将其与数据库中索引的全网数亿人脸比对并按照人脸相似度排序展现； ■ 图片知识图谱：反馈图片背后所蕴藏的知识和含义。
Google	■ 谷歌搜索引擎：提供网页、图片、音乐、视频、地图、新闻和问答等搜索服务； ■ GoogleBookSearch：可以在搜索页面提供由内容出版商提供的书本内容的搜索结果； ■ Google学术搜索：是一个文献检索服务，主要是提供维普资讯、万方数据等几个学术文献资源库的检索服务。
百度	■ 智能搜索：提供网页、图片、新闻、地图、视频、知道、百科、音乐、文库等搜索服务； ■ 语音搜索/语音播报：支持语音指令获取天气、音乐、儿童故事，资讯信息随时畅听； ■ 图像搜索：拍张照片即可搜索，结合IDL技术，实现识别明星脸、动植物品种、图书信息以及中英互译等功能； ■ 个性化资讯：结合用户阅读习惯和搜索行为，为用户推荐更优质、更符合兴趣点的热门资讯。

（二）百度识图

1. 平台介绍

百度识图是一个在线图像检索平台，使用者通过上传图片或输入图片的url地址，即可检索互联网上与这张图片相似的其他图片资源以及相关信息。学习者在浏览器网址栏输入网址"https://graph.baidu.com"，即可进入百度识图首页，如图8-2-10所示。

2. 主要功能介绍

（1）图像搜索

支持寻找相同或相似图像，并能根据互联网上存在的相同图片资源猜测用户所上传图片的对应文本内容。具体操作步骤如下所示。

第一步：选择识别图片。单击【本地上传】图标，唤出图片窗口，单击【选择文件】按钮，如图8-2-11所示。在"打开"弹窗中，选中目标图片，单击【打开】按钮，即可开始识别所选图片，如图8-2-12所示。

图 8-2-10 百度识图首页

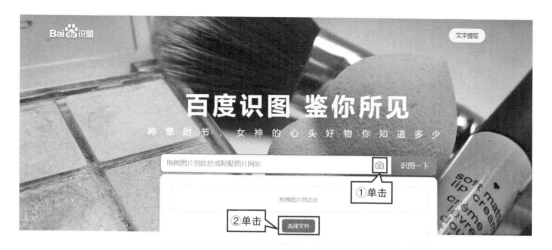

图 8-2-11 选择识别图片（1）

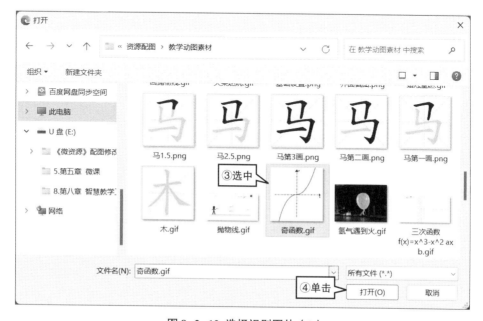

图 8-2-12 选择识别图片（2）

第二步：**查看检索结果**。单击感兴趣的识图结果标题行或图片，即可跳转到相应详情页面。如果识图结果过多，可在【相似图片】旁的搜索框添加图片描述，细化检索标准后，单击【检索】图标 🔍，系统将自动在识图结果中再次搜索，如图 8-2-13 所示。

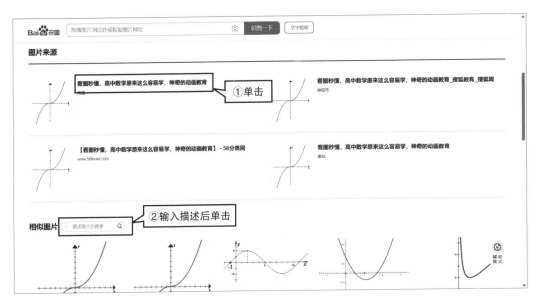

图 8-2-13 查看检索结果

（2）图片知识图谱

平台支持自动检索并反馈图片背后所蕴含的知识与含义，并提供链接导航，具体操作步骤如下所示。

第一步：**上传待识别图片**。操作步骤与图像搜索功能中选择识别图片相同，此处不再赘述。

第二步：**查看知识链接**。在识图结果页面中，单击【搜索更多相关结果】，查看知识详情，如图 8-2-14 所示。

图 8-2-14 查看知识链接

第三节　学科类智慧教学工具

一、语文学科智慧教学工具

（一）语文学科智慧教学工具介绍

语文学科智慧教学工具主要满足了教师和学习者资源获取、字词搜索、朗诵练习等需求，常用的语文学科智慧教学工具如表8-3-1所示。

表8-3-1 语文学科智慧教学工具

工具	主要功能介绍
全球中文学习平台	■ 多样化学习：覆盖语言学习"听、说、读、写"四大技能，满足学习者学习、工作、培训、考试等需求； ■ 个性化学习：支持每个学习者定制个性化学习方案，并提供实时反馈； ■ 海量学习资源：海量经典诵读内容，多款趣味学习课程。
百度汉语	■ 智能搜索：支持多种方式问答搜索内容，如李白的诗，以"一"开头的成语； ■ 拍照朗读：一键拍照识别文本并自动朗读内容； ■ 文本识别：识别文本并给出对应的字词解释； ■ 智能听写：覆盖K12语文课内生字词智能化听写。
智能创作平台（网站）	■ 热点发现：提供领域内热点事件摘要，分析热点发展趋势； ■ 辅助写作：通过自动纠错、文本审核等创作工具，保证创作内容的准确性和规范性； ■ 写作发布：发布助手自动生成文本摘要、文章标签，助力作品发布和共享。

（二）全球中文学习平台

1. 工具介绍

全球中文学习平台是由教育部和国家语言文字工作委员会指导的一个网络在线智能语言学习平台。学习者在浏览器网址栏输入网址"http://chinese-learning.cn"，进入全球中文学习平台后即可开始学习。全球中文学习平台首页如图8-3-1所示。

2. 主要功能介绍

全球中文学习平台作为一个语文学习资源宝库，它为学前儿童、中小学生、成人搭建了一个学习中文以及中华文化的园地，少数民族、海外学习者也能从中受益。

以中小学生群体为例，学习者可以单击首页导航栏的【学习者】栏目，在下拉菜单中选择【中小学生】。平台为中小学生群体设计的三项学习功能，分别是"课程同步""诗词朗诵""口语交际"，如图8-3-2所示。

图 8-3-1 全球中学学习平台首页（1）

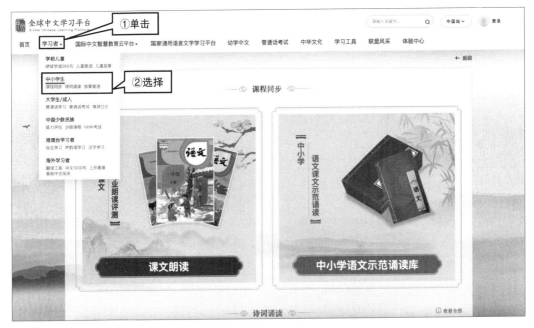

图 8-3-2 针对中小学习者的学习功能

（1）课程同步

"课程同步"中包含"课文朗读"与"中小学语文示范诵读库"两项子功能，如图 8-3-3 所示。前者囊括了一至五年级"人教版"所有同步课文，为学习者提供专业的朗读评测。后者则包括数百部课内外名家经典，并由中央电视台主持人亲自为学习者朗诵文章，学习者可以聆听、欣赏文章内容。

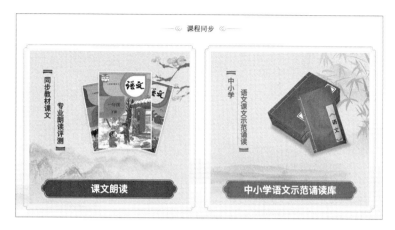

图 8-3-3　全球中文学习平台中小学习者课程同步功能

（2）诗词诵读

"诗词诵读"将诗词按照"朝代""形式""作者"以及"是否完成学习"进行分类，收录了从先秦到明清的多位著名诗人撰写的诗歌、词、文言文和散曲。学习者可以轻松地根据诗歌特征在"诗词诵读"的资源库中检索所需诗歌，进而在学习界面中阅读诗歌全文、浏览诗歌译文、播放诗歌朗诵以及自评朗诵水平，如图 8-3-4 所示，自由开展学习活动。

图 8-3-4　全球中文学习平台中小学习者诗词朗诵功能

（3）口语交际

"口语交际"为中学生群体提供了"看图说话""故事复述""命题说话"三项练习语言表达能力的学习功能，如图 8-3-5 所示。学习者在规定的时间内完成各模块中的任务，系统可以录制学习者的口语回答过程并给予实时反馈评价。

图 8-3-5 全球中文学习平台中小学生课程同步功能

（三）百度汉语

1. 软件介绍

百度汉语支持搜索汉字、词语、成语、诗词等诸多内容，具有拍照识字、拍照朗读、字词智能听写等功能，运用图像识别、智能语音等人工智能技术，为用户提供了多种高效的交互方式，让不识字、提笔忘字、语文题不会做等烦恼一扫而光。百度汉语同时也推出了生词本功能，能帮助学习者提高汉语学习的效率。

学习者可以在智能手机的应用市场中下载"百度汉语"软件。用户首次进入软件之后会被系统询问其目前所在学龄阶段，接下来软件将会根据学习群体特征智能推送相关资源。

2. 主要功能介绍

下面主要介绍百度识图的拍照识字、拍照朗读、语音助手功能。

（1）拍照识字

基于图像识别技术，百度汉字可以分析图像内容，立即给出图片中汉字的释义、读音、例句等内容，让学习者只需拍下照片便可轻松查询学习中遇到的新字、难字、生僻字。具体操作步骤如下。

第一步：选择【拍照识字】功能。打开百度汉语，点击主界面上方的【拍照识字】。

第二步：拍摄被识别内容。调整相机位置，使拍摄内容处于屏幕合适位置，然后点击拍摄按钮。

第三步：涂抹被识别内容。在屏幕上涂抹需要识别的文字，接着点击屏幕下方的勾号，即可完成识别。

以上三个操作步骤如图 8-3-6 所示。

（2）拍照朗读

百度汉字可以快捷精准地读取图像中文本段落内容并以清晰的语音为学习者朗读，同时为每个段落中的汉字标注汉语拼音，辅助学习者认识汉字，从而高效地解决其阅读障碍与学习困难。

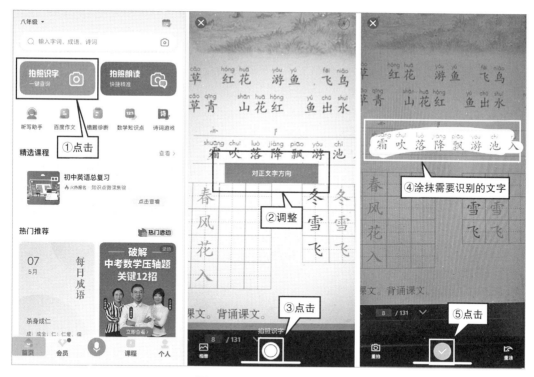

图 8-3-6 百度汉语拍照识字

第一步：进入拍照朗读功能。打开百度汉语，点击主界面【拍照朗读】按钮。

第二步：拍摄朗读内容。调整相机位置，使拍摄内容处于屏幕合适位置，点击拍摄按钮。

第三步：调整取景框位置。拖拽取景框四角，接着点击屏幕下方的勾号，即可完成识别。

以上三个操作步骤如图 8-3-7 所示。

（3）听写助手

听写助手中囊括了"部编版""人教版"和"苏教版"语文书中所有从小学一年级到初中三年级同步课文的课后必学汉字与词汇。听写助手能够智能朗诵播报这些内容，从而支持学习者自主开展听写练习任务。学习者可以根据自己的学习习惯自由改变听写设置，调整朗读间隔、朗读次数等参数。同时，听写助手为学习者配备了生词本，方便学习者及时整理与回顾，开展多样化学习。

第一步：进入听写助手功能。打开百度汉语，点击首页【听写助手】按钮。

第二步：选择朗读内容。选择教材版本和年级，点击听写内容。

第三步：开始听写。进入【课文听写】界面后，点击【开始听写】，即可开始听写。

以上三个操作步骤如图 8-3-8 所示。

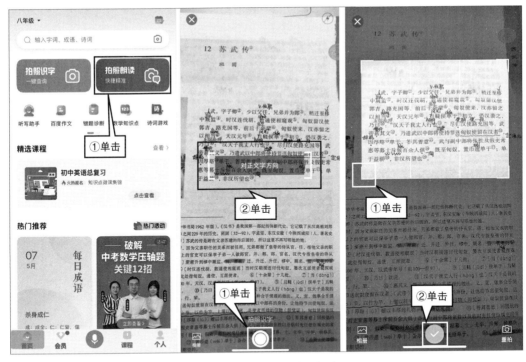

图 8-3-7 百度汉语拍照朗读

图 8-3-8 百度汉语听写助手

二、英语学科智慧教学工具

（一）英语学科智慧教学工具介绍

在日常英语学习中，学习者大多会遇到单词不认识、发音不标准、书写或翻译不准确、日常交流不流畅的问题，且难以了解英语学习过程中的薄弱点。英语智慧教学工具能够有效帮助学习者解决以上问题，满足学习者实时语音翻译、智能听写单词、智能对话训练等需求。常用的英语学科智慧教学工具如表8-3-2所示。

表 8-3-2 英语学科智慧教学工具

工具名称	主要功能介绍
慧满分	■ 智能英语词汇学习； ■ 智能口语训练； ■ 智能化学习分析。
流利说-英语	■ AI测评英语水平：智能评估英语水平，根据优势和薄弱点智能调整学习节奏； ■ 制定个人学习计划：根据测评报告和平台建议，制定学习计划； ■ AI外教：利用语音识别技术，为学习者口语实时打分，矫正发音； ■ 真人对话练习。
百词斩	■ 海量词库：提供小学、初中、高中、四级、六级等多元单词库； ■ 图背单词：一词配一图，辅助学习者高效记忆单词； ■ 多元化单词检测：提供5种单词复习的模式。
AI听写	■ 教材选词，AI听写，支持手写识别和拍照识别，自动生成听写报告； ■ 拍照取词，自动生成智能语音播放。

（二）慧满分

1. 软件介绍

慧满分是一款人工智能交互式英语学习软件，专注于英语听力口语学习，旨在帮助学习者提高英语听说水平，同时提升英语综合能力。

进入手机应用市场搜索"慧满分"即可下载。首次下载"慧满分"的学习者需填写学段、年级、教材版本等信息，以便系统智能推荐学习资源。慧满分首页如图8-3-9所示，包括音标学习、教材同步、同步听说、拓展听说、听说专项、口语跟读等栏目。

2. 主要功能介绍

下面介绍慧满分软件的主要功能，包括智能英语词汇学习、智能口语训练、智能化学习分析。

（1）智能英语词汇学习

同步教材知识图谱，以每一单元所包含的知识点为线索安排词汇学习。词汇学习过程中，学习者可以语音跟读，系统将自动反馈评分并纠正发音。一组单词学习完毕后，系统会自动生成学习报告，提示重点发音问题。同时，还提供听写、看图识字、完形填空等词汇练习供学习者巩固词汇的发音、词义和用法，并即时反馈正误，提供解析。具体操作步骤如下。

第一步：进入词汇图书馆。学习者依次点击【教材同步】和【知识图谱】按钮，选择想要学习的知识点。在知识点学习页面点击【词汇图书馆】按钮，进入词汇学习，如图 8-3-10 所示。

图 8-3-9 慧满分软件首页

图 8-3-10 进入词汇图书馆

第二步：**跟读单词**。进入词汇学习页面后，软件将自动范读单词发音。学习者点击【麦克风】按钮🎤，可朗读单词；点击【播放】按钮▶，可再次播放单词范读；点击【前进】按钮⑤，则可学习下一个单词。

第三步：**查看学习报告**。全部单词学习完成后，软件自动跳转至【词汇图书馆】学习报告页面，学习者可以查看跟读评分与单词纠音学习报告。

第四步：**词汇练习**。在词汇图书馆页面，点击【完成】按钮，进入词汇练习。

以上四个操作步骤如图 8-3-11 所示。

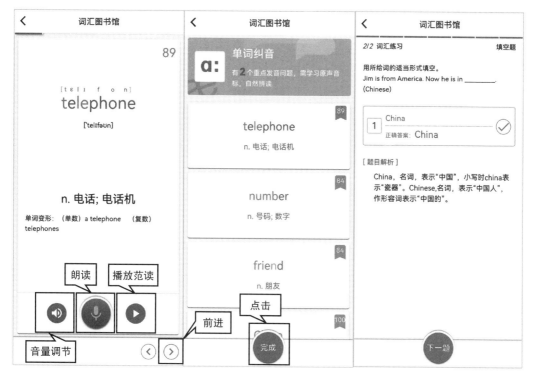

图 8-3-11 单词学习

（2）智能口语训练

学习者可依据所选择单元知识点的内容，在特定场景下进行人机情景对话，提升口语能力。在对话过程中，软件将实时对学习者的口语发音进行评价。对于发音不标准的单词或表达不正确的句式，学习者可以自由选择重复训练。具体操作步骤如下所示。

第一步：**进入口语训练场**。在知识点学习页面，点击【口语训练场】按钮，进入口语训练场。

第二步：**情景化口语练习**。查看对话要求，点击【进入对话】按钮，进行口语练习。

以上两个操作步骤如图 8-3-12 所示。

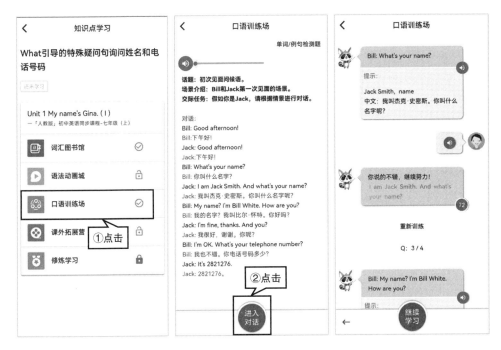

图 8-3-12 智能口语训练

（3）智能化学习分析

AI 教师全程参与并记录学习过程，提供学习分析报告与能力拓展学习方案，具体操作步骤如下。

第一步：查看能力图谱。在教材同步页面，点击【能力图谱】按钮，查看能力图谱，如图 8-3-13 所示。

图 8-3-13 查看能力图谱

第二步：查看能力总览。点击【能力总览】选项卡，查看听、说、读、写能力值，如图8-3-14所示。

图8-3-14 查看能力总览

第三步：能力拓展训练。点击【开启能力拓展】按钮，查看智能推送的能力专项秘籍，进行智能在线场景化互动，提升听说能力，如图8-3-15所示。

图8-3-15 能力拓展训练

（三）流利说英语

1. 软件介绍

流利说英语是一款基于深度学习技术的人工智能英语学习软件，旨在为每一名学习者提供个性化、自适应的学习课程。

进入手机应用市场搜索"流利说-英语"即可下载。初次下载"流利说-英语"的学习者，系统智能助手"小莱"会询问其职业、学习英语的目的、当前英语水平自测等信息，进而为其定制英语学习计划。

2. 主要功能介绍

下面介绍流利说英语软件的主要功能，包括 AI 测评英语水平、制定个人学习计划、AI 外教等。

（1）AI 测评英语水平

软件根据学习者的职业、身份、学段有针对性地提供听力题、文本阅读题等题型，精准评估学习者的英语水平，根据学习者的英语能力制定学习计划，调整学习节奏，具体操作步骤如下。

第一步：能力测评。切换至【我的】页面，点击【立即测试】测评听力、发音、口语、语法、词汇各方面的能力。

第二步：查看测评报告。完成测试后，软件自动生成测评报告，学习者查看测评报告，根据学习建议开展学习活动。

以上两个操作步骤如图 8-3-16 所示。

图 8-3-16 AI 英语水平测评

（2）制订个人学习计划

学习者可以根据个人学习习惯和英语能力，制定学习任务，选择学习内容，具体操作步骤如下。

第一步：调整任务时间。在【学习】页面依次单击【今日任务】【调整任务】和【每日课程学习时间】，调整每日课程学习时间，如图8-3-17所示。

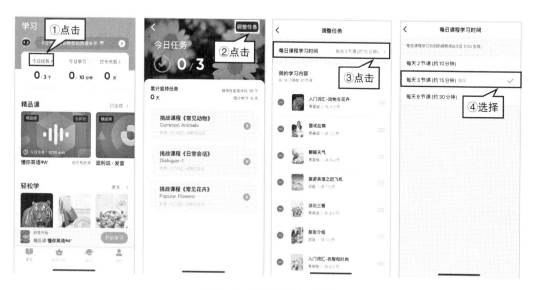

图 8-3-17　调整任务时间

第二步：调整课程任务。在"调整任务"页面中，学习者可以调整课程任务，如：移除课程、调整课程排序、添加更多课程等，具体操作如图8-3-18所示。

图 8-3-18　调整课程

（3）AI外教

软件利用语音识别等人工智能技术，创建了AI外教虚拟对话情景。AI外教将根据学习者的标签特征选择匹配的口语课程。整个口语课程学习过程中，学习者不需要点击、拖动等任何触控交互，仅通过听和说进行交互，还原真实的对话情景。对话结束后，AI外教将反馈一份学习报告，从表达流利度、单词、语法、发音四个方面评估学习者的口语表达，并给予提升建议。具体操作步骤如下。

第一步：选择AI外教。切换至【发现】页面，点击【立即参加】按钮，在AI外教选择窗口选择心仪的外教，开始口语课程，具体操作步骤如图8-3-19所示。

图 8-3-19 选择 AI 外教

第二步：语音对话。倘若在对话过程中，学习者长时间无法回答或表达错误，AI外教将及时纠正，如图8-3-20所示。

第三步：查看学习报告。对话结束后，软件将自动生成学习报告，如图8-3-21所示。

图 8-3-20 语音对话页面

图 8-3-21 学习报告页面

三、数学学科智慧教学工具

（一）数学学科智慧教学工具介绍

数学学科智慧教学工具主要满足智能批改、习题讲解、错题整理等需求，常用的数学智慧教学工具如表 8-3-3 所示。

表 8-3-3 数学学科智慧教学工具

工具名称	主要功能介绍
小猿口算	■ 拍照批改：一键拍照题目，判断对错并提供参考解析与答案； ■ 错题本功能：错题收集，呈现高频错题和答案解析； ■ 定制学习：查看学习周报，获取学习报告。
数感星球	■ AI+讲解：动画智能讲解，专属 AI 老师； ■ 批改练习：拍照批改，实时错题讲解； ■ 错题整理：错题库收集错题。
爱作业	■ 拍照批改：支持应用题和口算题拍照批改； ■ 习题分析：错因分析，提供错题原因分析； ■ 错题整理：错题收集，含同校高频错题集。
洋葱数学	■ 学习资源：趣味视频，5～8 分钟讲解知识点； ■ 整理错题：精选练习，错题及时收录于错题本； ■ 可视化分析：提供教师后台，呈现学习者的答题正确率和学习路径。

（二）小猿口算

1. 工具简介

小猿口算支持拍照检查多种题型的数学习题，并附带练习题库、动画课程等资源。各大手机应用市场均可下载"小猿口算"软件。

2. 主要功能介绍

下面主要介绍小猿口算软件的拍照检查、口算练习功能。

（1）拍照检查

检查界面中的主要功能为拍照检查。通过拍摄纸质练习册和手写作业，APP 能快速判断习题对错，帮助学习者自主检查作业情况，具体操作步骤如下。

第一步：进入拍照检查功能。打开小猿口算，点击首页【拍照检查】。

第二步：拍摄检查内容。选择要检查的内容，一次拍摄一整页，点击拍摄按钮。

第三步：查看识别题目。批改完成后，点击具体被识别成功的题目，查看识别结果。

第四步：查看习题解析。选择匹配的习题识别结果，查看习题解析。

以上四个操作步骤如图 8-3-22 所示。

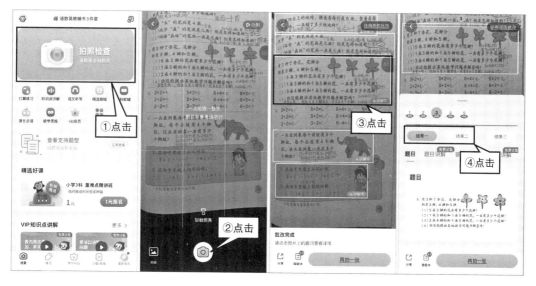

图 8-3-22 拍照检查

（2）口算练习

在练习界面中，软件提供了不同版本、不同学段的口算练习、知识运用、竖式计算、单位换算等数学知识点习题，具体操作步骤如下。

第一步：进入口算练习功能。 打开小猿口算，点击首页【口算练习】。

第二步：开始口算练习。 选择教材版本、年级、上下册，设置题目数量，点击开始练习。

第三步：书写题目答案。 在屏幕下方区域书写出答案。

以上三个操作步骤如图 8-3-23 所示。

图 8-3-23 口算练习

（三）数感星球

1. 工具介绍

数感星球是一款专注于数的理解、欣赏、应用的智慧教学工具，能在算术学习中提供自动批改、智能讲解、游戏娱乐、趣味练习等多种服务。软件综合运用人工智能、可视化、游戏化等技术提升学习者的算术学习体验，在灵活的学习活动中让学习者体验数字的趣与美，建立对数的本质的理解和四则运算能力，培养学习者的数感。

2. 主要功能介绍

数感星球软件的主要功能包括同步练习、拓展游戏、PK挑战等，下面作简要介绍。

（1）同步练习

同步练习为学前儿童以及小学一年级到四年级的学习者准备了对应的教学同步练习，学习者可以根据自身学龄阶段选择最适合的习题内容。

（2）拓展游戏

拓展游戏模块依据不同年龄段学习者的认知能力与知识储备，围绕"算术""几何""逻辑"三个方面的数学能力打造了数十款风趣幽默的数学游戏。这些游戏均以数学知识为内核，将传统的数学练习改造成游戏形式，一改过去练习枯燥无味的面貌。

（3）PK挑战

PK挑战模块基于游戏化教学理论引入交互和竞争奖励机制，激发学习者的学习动力，让学习的发生过程更有趣更生动，在游戏中完成数感的培养与数学知识的学习与运用。功能页面如图8-3-24所示。

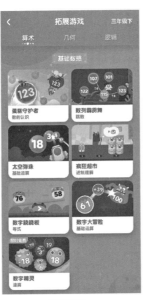
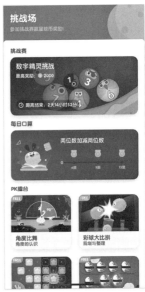

同步练习　　　　　　　拓展游戏　　　　　　　PK挑战

图 8-3-24 数感星球主要功能页面

四、艺术学科智慧教学工具

（一）艺术学科智慧教学工具介绍

艺术学科智慧教学工具借助智能语音测评、智能问答、拍照扫描等技术满足了学习者精准练习、快速获取艺术知识、立体化呈现艺术作品等需求，常用的艺术学科智慧教学工具如表8-3-4所示。

表8-3-4 艺术学科智慧教学工具

工具名称	主要功能介绍
中舞网	■提供海量资源：提供全舞种舞蹈资源，支持 AI 智能推荐，满足个性化学习； ■控制播放：支持镜像、慢放、区间循环播放、音频提取、翻跳翻拍等功能。
歌者盟	■课程资源丰富：提供大量精品课程与教学视频； ■练习过程可视化：支持练习时各种声调的可视化呈现与记录； ■智能计划：根据学习者需求，定制智能训练计划。
懂音律	■AI乐谱：根据练琴实况，AI乐谱能自动播放、滚动翻页，并实时反馈练习时的错音； ■练习过程记录：支持自动记录练习情况、录音分享自己的练习成果，复听自主纠错； ■海量乐谱：提供钢琴谱、吉他谱、尤克里里曲谱、五线谱简谱等乐谱资源； ■多设备同步：可以多设备自动同步乐谱。
一起练琴	■跟音：APP跟随拉琴的声音，实时检测音准； ■播放：演奏乐谱，帮助学习者熟悉节奏，自由开始和结束； ■评测：打分、展示错音详情。
KEEP	■根据学习者需求，生成智能训练计划； ■提供多样化的训练课程； ■实时记录运动状态与能量消耗。

（二）歌者盟

1. 软件介绍

歌者盟是一款学习唱歌的智能软件，学习者在应用市场中搜索"歌者盟"即可下载，软件首页如图8-3-25所示，包括"主页""讨论""直播""我的"四大板块。

2. 主要功能介绍

歌者盟软件的主要功能、包括提供丰富课程资源、练习过程可视化，下面作简要介绍。

（1）提供丰富课程资源

软件提供了实用演唱技巧、探索气息的奥秘、高音练习、共鸣练习、假声技巧、唇颤音入门等丰富的课程资源。查看课程资源的具体步骤如下。

选择课程：在软件主页【免费教学】栏目中选择心仪的课程主题，进入该课程，选择所需知识点，观看视频学习，如图8-3-26所示。

图 8-3-25 歌者盟首页

图 8-3-26 选择课程

（2）练习过程可视化

软件提供了平衡训练、气息＆发声、传声＆咬字、乐理等10类练声科目，每一类科目下设数量不等的练声项目。学习者练习过程中，软件可视化记录声调的变化过程，并实时评分。学习者若遇到演唱难题，可暂停演唱，切换至示范模式。具体步骤如下。

第一步：选择练习项目。点击【唱歌教学】按钮，在练声页面中依次选择练声科目和练声项目。

第二步：练声训练。进入训练项目，开启第一次训练。

第三步：切换示范。依次点击【暂停】图标和切换示范按钮。

以上三个操作步骤如图8-3-27所示。

图8-3-27 练习可视化

（三）懂音律

1. 软件介绍

懂音律是一款功能强大的智能练琴软件，旨在通过智能语音评测等人工智能技术实现精准练琴，提高练琴的效率。进入手机应用市场搜索"懂音律"即可下载。初次下载软件的学习者需要选择常用乐器、喜欢的乐谱等信息，以便更精准地获取乐谱资源。懂音律软件首页如图8-3-28所示。

2. 主要功能介绍

AI乐谱是懂音律软件最主要的功能。AI乐谱功能页面下，软件具有切换乐谱模式、切换弹奏方式、自动节拍器、变速、播放、陪练、录音、标注、翻页等功能。其中，陪练模式下，软件将实时反馈演奏时的错音，以红色标记。标注模式下，软件提供了文本、画笔、数字标音、唱名标音等多种标记类型。具体步骤如下。

第一步：**进入 AI 乐谱**。在首页搜索栏输入乐谱关键词，搜索乐谱。随后，选择合适的乐谱，在乐谱预览页面点击【练习】按钮 ，进入 AI 乐谱，如图 8-3-29 所示。

第二步：**练习乐谱**。利用 AI 乐谱的各项功能练习乐谱，功能介绍如图 8-3-30、8-3-31 所示。

图 8-3-28 懂音律软件首页

图 8-3-29 进入 AI 乐谱

图 8-3-30 AI 乐谱页面

图 8-3-31 AI 乐谱功能示例

五、文科综合类智慧教学工具

（一）文科综合类智慧教学工具介绍

文科综合类智慧教学工具主要满足拓展和丰富政治、地理、历史知识的需求，帮助学习者身临其境地感知地球的奥妙、设身处地地体悟历史文化的源远流长。常用的文科综合类智慧教学工具如表8-3-5所示。

表8-3-5 文科综合类智慧教学工具介绍

工具名称	主要功能介绍
酷玩地球	■ 三维虚拟地球学习环境：学习者可随意收缩和拉伸地球，标记并查看任意国家的地理文化知识。
数字敦煌	■ 虚拟仿真场景：VR技术支持学习者全景漫游体验敦煌莫高窟的不同洞窟文物及景观。
秒懂初中地理	■ 虚拟演示：360度观看AR虚拟演示，立体酷炫剖析教学难点。 ■ 互动操作：360度操作AR虚拟模型、观察入微。 ■ 课件生成：拍照、录像、上传、分享，轻松达到学习的最高境界。
全知识	■ 可视化学习：支持以关系图谱方式为学习者提供丰富的历史知识，并推送相关文章和图片信息。

（二）酷玩地球

1. 工具介绍

酷玩地球是一款独特的3D地球APP，通过3D模拟地球，使学习者身临其境地感知世界各国的名胜古迹和人文知识，领略文化的魅力。该应用程序采用最新VR技术，将地理、历史、人文、动物、科技等知识变得生动有趣。该软件囊括了170多个国家的趣味知识、美食文化、野生动物分布、古代和现代有特色的交通工具，世界史上的建筑奇迹、著名自然景观、最具影响力的人物等。酷玩地球的首页界面如图8-3-32所示。

2. 主要功能介绍

下面主要介绍酷玩地球软件的查看国家知识、切换主题、答题检测功能。

（1）查看国家知识

第一步：选择国家。在地球仪上选择想要了解

图8-3-32 酷玩地球首页界面

的国家位置，点击中国区域。

第二步：查看知识。在新的页面中，阅读有关中国的介绍。点击【开始朗读】，软件将自动朗读文本信息。从右往左滑动屏幕将出现中国的领土、人口等信息。

以上两个操作步骤如图 8-3-33 所示。

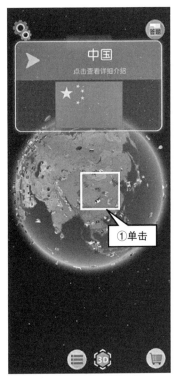

图 8-3-33 查看国家知识

（2）切换主题

酷玩地球提供了知识、地理、历史三大主题的内容，切换主题的具体操作步骤如下。

第一步：切换主题。在软件首页点击【知识】。

第二步：由"知识"切换到"地理"主题。依次点击【地理】和【确认】，完成主题切换。

以上两个操作步骤如图 8-3-34 所示。

（3）答题检测

第一步：开启挑战。在软件首页点击【答题】按钮，注册账号。随后，点击【挑战开始】，开启答题挑战，如图 8-3-35 所示。

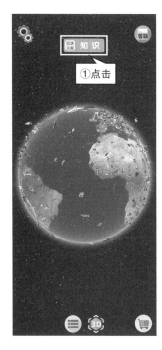

图 8-3-34 切换主题

图 8-3-35 答题挑战（1）

　　第二步：开始答题。在问题弹窗中查看题目，并选择答案，如第一张图选择选项
【C：颜色】，再点击右下角的【确认】，即可进入下一题，如图 8-3-36 所示。

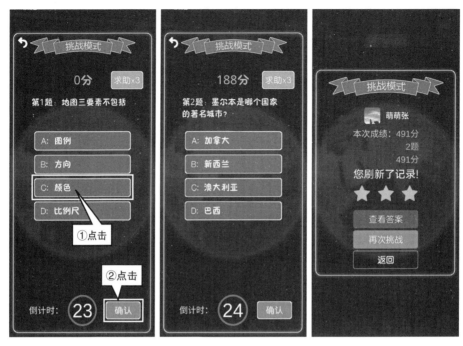

图 8-3-36 酷玩地球答题（2）

（三）全知识

1. 工具介绍

图 8-3-37 全知识首页

全知识app是一款内容全面的历史知识APP，该软件通过3D地图、时空柱、关系图、图文等表现方式向用户清晰地展示历史全貌，呈现了中国以及世界的历史，知识丰富，适合中学学习者及历史爱好者使用。

目前，全知识APP拥有时空柱、中外古籍、历史地图、关系图谱、AB路径、国家简史、古典音乐、社区开放等多个频道。全知识APP首页如图 8-3-37 所示。

2. 主要功能介绍

下面介绍全知识软件的主要功能，包括查看时空柱、查看时空地图、查看人物关系图谱、查看画作。

（1）查看时空柱

第一步：进入时空柱。 在首页中点击【时空柱】，进入全知识时空柱。

第二步：查看历史知识。画面中根据时间轴顺序呈现了东西方的历史。点击【隋唐五代：中古世界】标签，即可查看隋唐五代的历史事件。

以上两个操作步骤如图8-3-38所示。

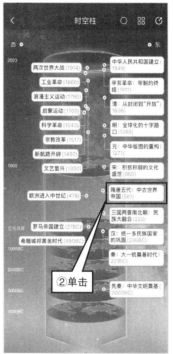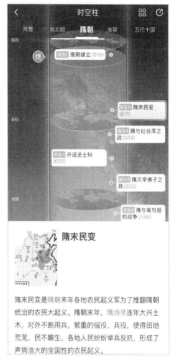

图8-3-38 进入全知识时空柱

（2）查看时空地图

第一步：进入时空地图。在软件首页中点击【时空地图】，进入时空地图页面。

第二步：滑动时间轴，查看信息。在时空地图页面左右滑动时间轴，找到想要了解的相应历史知识的时间点。随后，在3D地图中定位相关国家。如滑动3D地图，点击【范仲淹】，即可呈现有关范仲淹的信息。

以上两个操作步骤如图8-3-39所示。

（3）查看人物关系图谱

第一步：进入关系图谱。在首页中点击【关系图谱】。

第二步：输入人物名字。在关系图谱页面中输入【李白】，即可查看李白的关系图谱。

第三步：查看人物信息。关系图谱清晰呈现了与李白相关的历史人物，点击人物图标可以了解此人与李白的人物关系。如点击【陆游】，页面下方将立刻显示李白与陆游的人物关系以及陆游的人物介绍。

以上三个操作步骤如图8-3-40所示。

图 8-3-39 进入全知识时空地图

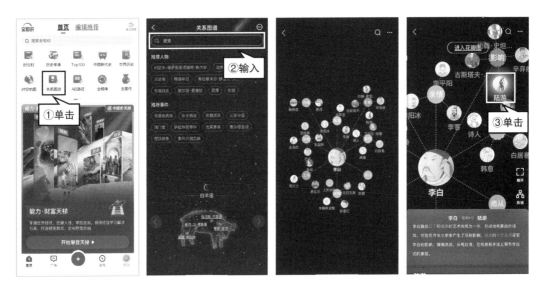

图 8-3-40 查看关系图谱

（4）查看画作

第一步：进入全画作。在首页点击【全画作】，进入全画作页面。

第二步：查看画作。输入画家姓名，如在第二张图中输入【梵高】，软件将呈现梵高（凡·高）画作的搜索结果，点击其中一幅画作，软件将弹出该画作的相关介绍。

以上两个操作步骤如图8-3-41所示。

图8-3-41　查看相关人物画作

六、理科综合类智慧教学工具

理科类综合智慧教学工具主要满足学习者虚拟仿真实验、操作性知识讲解、获取直观学习资源等需求，常用的理科综合类教学工具如表8-3-6所示。

（一）理科综合类智慧教学工具介绍

表8-3-6　理科综合类智慧教学工具介绍

工具名称	主要功能介绍
NOBOOK化学实验	■ 仿真实验环境：提供化学模拟实验环境； ■ 配套实验资源：提供配套实验简介、实验报告和实验器材指导资源； ■ 智能实验点评报告：每完成实验后平台会给予点评报告。
物理实验室	■ 全真实验环境：提供电学、天体、电磁等模拟实验环境； ■ 完整实验流程：支持学习者设置、读取、保存和发布实验； ■ 个性化学习：提供个性化在线实验与交流讨论。
识花君（微信小程序）	■ 拍照识花：会智能识别花的种类，根据识别结果，推送该花在植物百科、植物价值、养护方法、形态特征、生长环境植物趣闻、植物科属方面的学习资源。
生物记（微信小程序）	■ 拍照识别生物：支持对鸟类、蝶蛾类、植物等生物的拍照识别，并根据识别结果推送该生物的形态描述等学习资源。

（二）物理实验室

1. 工具介绍

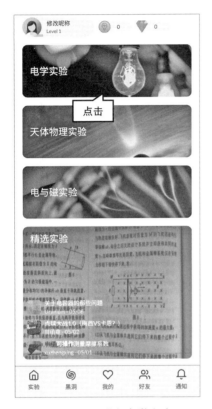

图 8-3-42 进入电学实验

物理实验室是一款物理实验学习软件，学习者可以在软件中进行各类虚拟仿真实验，包括电学实验、天体物理实验和电与磁实验。除了可以跟随教程学习实验操作和物理原理之外，软件也支持学习者 DIY 各类实验。

2. 主要功能介绍

下面主要介绍物理实验室软件的模拟实验操作、保存发布实验、在线社区讨论功能。

（1）模拟实验操作

学习者可以利用软件创作属于自己的物理实验。以电学实验为例，学习者可以随意添加各种电路元件，通过线路连接将它们组合成为正确的电路，进而调整参数或线路来观察实验变化。具体操作步骤如下。

第一步：进入电学实验。打开物理实验室，点击实验类型【电学实验】，如图 8-3-42 所示。

第二步：添加物理元件。点击物理元件并把它拖拽到屏幕中央，如图 8-3-43 所示。

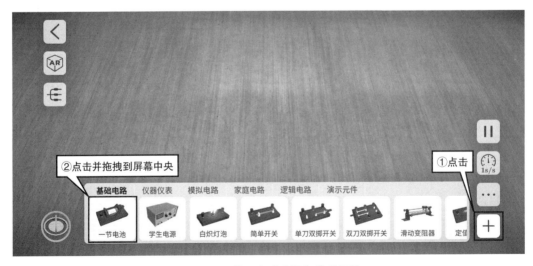

图 8-3-43 物理实验室添加物理元件

第三步：连接元件。点击接线柱，选中导线颜色，再点击另一接线柱，连接元件，如图 8-3-44 所示。

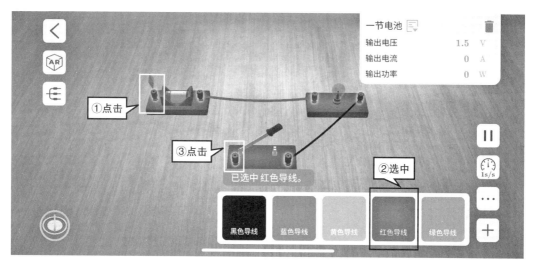

图 8-3-44　连接物理元件

（2）保存发布实验

学习者在创建实验之后可以选择将其发布到软件平台中，供全球物理爱好者欣赏。具体操作步骤如下。

第一步：保存实验作品。点击【更多】菜单按钮 …，选择【保存到本地】，如图 8-3-45 所示。

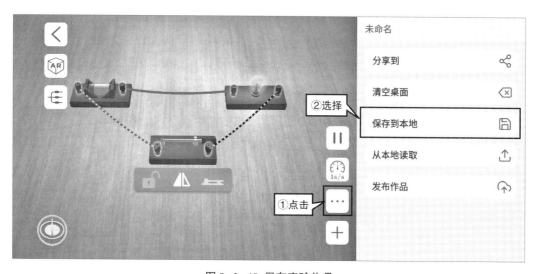

图 8-3-45　保存实验作品

第二步：为作品命名。如图 8-3-46 所示。

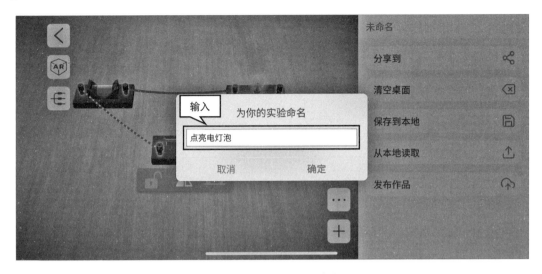

图 8-3-46 为实验作品命名

第三步：选择标签并发布。 选择【讨论标签】与【实验标签】，点击【发布】，如图 8-3-47 所示。

图 8-3-47 选择标签并发布

（3）在线社区讨论

物理实验室为全球的物理爱好者搭建了在线社区讨论，学习者可以在社区中创建话题，与其他学习者交流学习。具体操作步骤如下。

第一步：选择讨论话题。 进入【黑洞】界面，选择想要讨论的话题，如图 8-3-48 所示。

第二步：参与讨论。 点击【参与讨论】，输入要发表的内容并发送，如图 8-3-49 所示。

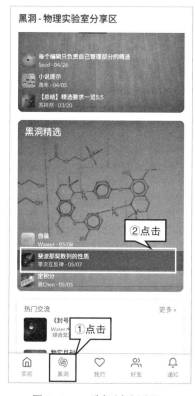

图 8-3-48　选择讨论话题

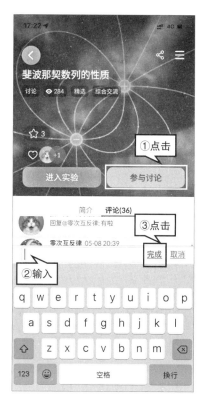

图 8-3-49　参与讨论

（三）生物记

1.工具介绍

生物记是由中国科学院动物研究所生物多样性信息学研究组开发的小程序，专为生物记录打造。通过这款软件，学习者可以尽情探索生物的多样性。

2.主要功能介绍

生物记小程序能够帮助学习者快速识别生物物种。目前在线的鸟类模型能够识别超过一千三百八十种鸟类，昆虫模型能够识别三百多类鳞翅目昆虫，与花伴侣小程序对接整合的植物识别模型能够识别一万种中国植物。学习者可以轻松利用它认识不同生物，辅助学习课本教学内容。

第一步：选择识别生物种类。点击【植物类】。

第二步：拍摄被识别生物。将拍摄主体放入框内，点击拍摄。

第三步：调整取景框范围。拖拽取景框四角使其达到合适大小和位置，随后点击拍摄。

以上三个操作步骤如图 8-3-50 所示。

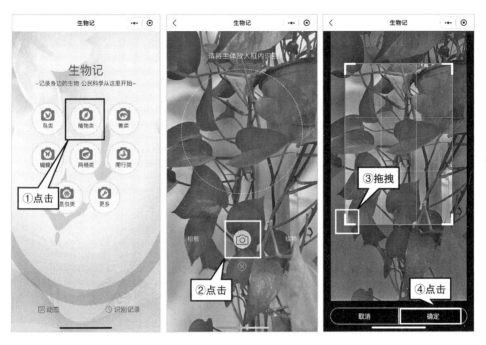

图 8-3-50 生物记识别生物

第四步：查看识别结果。 如图 8-3-51 所示。

图 8-3-51 查看识别结果

小贴士

亲爱的读者：

您好！若需要了解更多教学工具的应用，请参考《微学习资源设计与制作》所在系列中的另一本教材：《信息化教学工具应用案例》。